PETIT TRAITÉ

D'AGRICULTURE TROPICALE

PAR

363

H.-A. Alford NICHOLLS M. D., F. L. S., C. M. Z. S.

MEMBRE CORRESPONDANT DE L'ACADÉMIE DES SCIENCES DE NEW-YORK
DE LA CHAMBRE D'AGRICULTURE DE LA BASSE-TERRE (GUADELOUPE)
MEMBRE HONORAIRE DU BUREAU CENTRAL D'AGRICULTURE DE LA TRINIDAD

TRADUIT DE L'ANGLAIS

Par E. RAOUL

Professeur du cours de cultures et productions tropicales à l'École coloniale
Délégué des chambres d'Agriculture et de Commerce des établissements français de l'Océanie
Ancien directeur de jardins botaniques dans la zone intratropicale.

PARIS

AUGUSTIN CHALLAMEL, ÉDITEUR

LIBRAIRIE COLONIALE

5, RUE JACOB, ET RUE FURSTENBERG, 2

1895

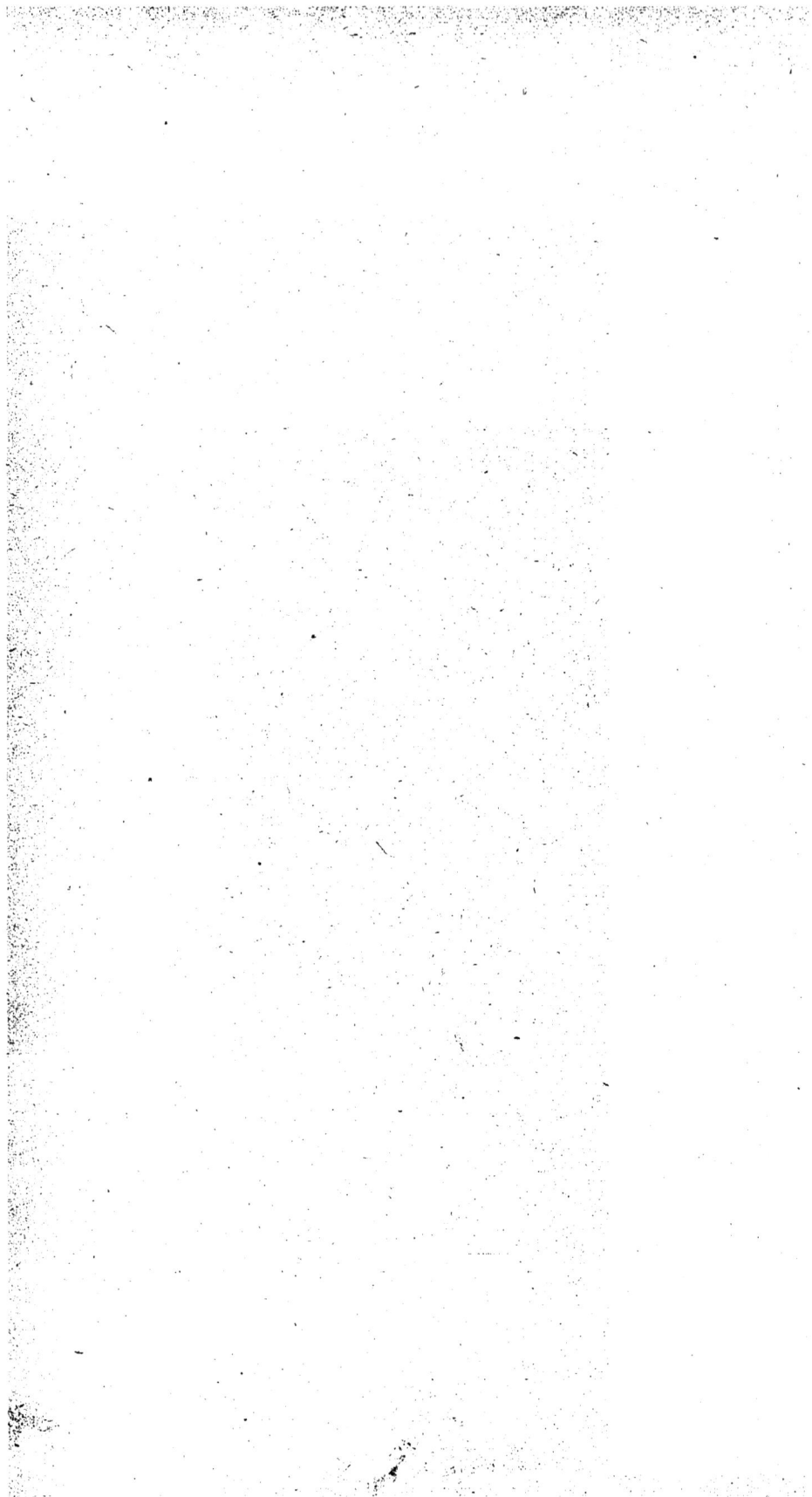

PETIT TRAITÉ

D'AGRICULTURE TROPICALE

Typographie Firmin-Didot et Cⁱᵉ. — Mesnil (Eure).

PETIT TRAITÉ
D'AGRICULTURE TROPICALE

PAR

H.-A. Alford NICHOLLS M. D., F. L. S., C. M. Z. S.

MEMBRE CORRESPONDANT DE L'ACADÉMIE DES SCIENCES DE NEW-YORK
DE LA CHAMBRE D'AGRICULTURE DE LA BASSE-TERRE (GUADELOUPE)
MEMBRE HONORAIRE DU BUREAU CENTRAL D'AGRICULTURE DE LA TRINIDAD

TRADUIT DE L'ANGLAIS

Par E. RAOUL

Professeur du cours de cultures et productions tropicales à l'École coloniale
Délégué des chambres d'Agriculture et de Commerce des établissements français de l'Océanie
Ancien directeur de jardins botaniques dans la zone intratropicale.

PARIS

Augustin CHALLAMEL, Éditeur

LIBRAIRIE COLONIALE

5, RUE JACOB, ET RUE FURSTENBERG, 2

——

1895

« Si vous voulez le succès, faites de la persévérance votre ami intime, de l'expé-
« rience votre conseiller, de la précaution votre frère aîné, et de l'espérance votre
« génie familial. » ADDISON.

« Il est à la fois du devoir et de l'intérêt de chaque propriétaire ou cultivateur du
« sol, d'étudier les meilleurs procédés pour rendre ce sol profitable à ses propres
« besoins et aux besoins généraux de la communauté, celui qui introduit avec succès
« dans une contrée des graines, plantes ou arbustes nouveaux ou utiles est un bien-
« faiteur et est aussi un honneur pour son pays. » SIR J. SENCLAIR.

PRÉFACE

Le Gouvernement de la Jamaïque ayant institué un prix à décerner au meilleur traité élémentaire qui serait écrit sur l'agriculture tropicale, l'auteur adressa au Jury le manuscrit d'une partie de son livre avec la devise « Respice finem ». Le prix lui fut accordé, sous la réserve qu'il exécuterait la promesse d'étendre son ouvrage, en y étudiant la culture des plantes tropicales qui n'était pas traitée dans le premier manuscrit. Telle fut l'origine de ce petit livre.

Dans la préface de l'édition de la Jamaïque, l'auteur exprimait l'espoir que son ouvrage rendrait service aux colons, aux possesseurs de petites exploitations, et à ceux qui veulent aller s'établir dans les contrées intra-tropicales. Cet espoir s'est réalisé : toujours soucieux des intérêts économiques, et de tout ce qui a trait à l'agriculture — seule base sur laquelle se fonde la prospérité des colonies — les gouvernements des colonies britanniques ont adopté ce manuel pour les collèges et les écoles supérieures et l'ont encouragé de toutes façons.

Les encouragements qui ont été prodigués par les
hauts fonctionnaires des colonies et par la presse à ce
petit livre tiennent à ce qu'au lieu d'être une compila-
tion écrite par un homme n'ayant jamais quitté l'Europe,
il est le résultat d'une expérience acquise par l'observation et la pratique de la culture au cours de longues
années passées dans la zone intratropicale. Mais le succès si grand et si légitime de l'ouvrage que nous pré-
sentons au public n'est pas dû seulement à la compé-
tence de ceux qui l'ont écrit, il tient aussi à ce qu'il est
venu à son heure. Depuis quelques années la production du sucre de canne lutte péniblement contre la concurrence que lui fait le sucre de betterave. Les planteurs
ont donc songé à se retourner d'un autre côté, c'est-à-
dire à étudier les autres cultures décrites dans le présent
ouvrage.

La Jamaïque, entrée la première dans cette voie, y a
retrouvé la prospérité d'antan, après avoir été pendant
plusieurs années en proie au plus désastreux malaise.
Cette bonne fortune, elle l'a due en grande partie à ce
que la colonie a bien voulu suivre les conseils du distingué ami des auteurs de cet ouvrage; nous avons nommé
le docteur Morris à qui nous nous plaisons à rendre
cet hommage. Il y a quinze ans, quand l'auteur de ce
petit traité porta son attention sur l'agriculture tropicale,
il n'y avait aucun livre pratique qui pût lui apporter un
secours au milieu de toutes les difficultés sans cesse re-
naissantes sous ses pas. Connaissant donc les obsta-

cles qui assaillent ordinairement le planteur inexpérimenté, qui ne veut pas suivre les vieux errements de
l'agriculture empirique, l'auteur a écrit la seconde
partie de son livre, pour fournir les informations qui
lui ont grandement manqué à lui-même dans son ap-
prentissage de planteur. Il a été ainsi forcé d'entrer dans
des détails qui, pour l'agriculteur expérimenté, peuvent
paraître superflus ou puérils; mais ce livre est destiné
à servir de guide aux jeunes et aux inexpérimentés, à
qui de semblables détails seront d'une utilité capitale.

Dans l'édition anglaise de cet ouvrage M. A. Nicholls
adresse l'expression de sa reconnaissance à M. le docteur Morris, M. A., F. L. S., au directeur-adjoint du
Jardin royal de Kew, et au Directeur du service botanique de la Jamaïque, qui se sont très gracieusement
chargés de revoir l'ouvrage et de le présenter à la presse.
Non seulement il exprime à M. Morris sa sincère reconnaissance pour son aide et pour l'intérêt qu'il a pris
à la publication, mais il le remercie encore d'avoir ajouté
une grande valeur au livre en permettant de le présenter au public avec un permis d'imprimer délivré par une
si haute autorité en botanique économique. Il exprime
aussi sa gratitude au professeur Oliver et aux autorités
des jardins de Kew pour lui avoir permis d'illustrer son
ouvrage de quelques gravures établies scientifiquement,
les gravures du café, du cacao, de l'oranger, du grenadier, du quinquina, du riz et du tania ont été reproduites d'après le guide du Jardin royal.

Celle de la coca et le diagramme de la fleur du vanillier sont extraits des bulletins de Kew; toutefois il est bon de remarquer, à propos du diagramme, qu'il contient quelque chose de plus que l'original, puisqu'il montre le lamellum poussé sous l'anthère. Les autres planches ont été dessinées par l'auteur.

L'édition française de cet ouvrage a été beaucoup augmentée par M. E. RAOUL qui, en dehors de nombreuses, mais très courtes additions répandues çà et là, a ajouté à l'ouvrage des chapitres entiers complètement inédits sur les plantes qui produisent l'arachide, l'huile de palme, la noix d'arec, etc.., toutes cultures qui pour l'Extrême-Orient et la côte d'Afrique sont d'une importance considérable. Son œuvre a été facilitée par l'aide qu'a bien voulu lui prêter, pour la traduction, le savant professeur et publiciste colonial LÉON DESCHAMPS qui a poussé la gracieuseté jusqu'au point de mettre à la disposition de M. E. Raoul les notes de toutes natures et le travail auquel il s'était livré sur cet ouvrage. C'est grâce à ce précieux concours que l'édition française a pu être terminée aussi rapidement. M. LÉON DESCHAMPS s'est ainsi acquis la reconnaissance de tous ceux qui attendaient anxieusement la publication de ce livre et on ne saurait trop le remercier de son dévouement à la cause coloniale.

A SIR JOSEPH DALTON HOOKER

M. D., K. C. S. I., C. B., F. R. S., F. L. S., ETC., ETC.

Cher Monsieur,

Comme un gage de ma reconnaissance pour l'aide gracieuse et les encouragements que vous m'avez donnés alors que, dans les dernières années de votre direction au Jardin royal botanique, je me trouvais en qualité de correspondant de Kew à la Dominique, permettez-moi de vous dédier l'édition de Londres de mon *Manuel d'agriculture tropicale*.

Si vous ne m'aviez, à la mort de notre ami commun le Dr Imray, en 1880, pressé d'essayer de remplir sa charge, ou ce qu'on peut appeler une suppléance honoraire de Kew dans l'administration coloniale, je n'aurais probablement jamais dirigé mes études vers la botanique économique. La très aimable lettre que vous m'écrivîtes alors m'a engagé dans cette voie, et si les pages suivantes contiennent quelque chose d'utile, le mérite vous en revient en grande partie.

En vous dédiant ce livre, j'obéis au sincère plaisir de vous montrer, dans la tranquillité de votre retraite, que l'influence de votre action comme directeur de Kew dure toujours et porte des fruits, même dans ces lointaines contrées.

Croyez-moi toujours fidèlement et sincèrement votre

H.-A. ALFORD NICHOLLS.

Saint-Aroment (île de la Dominique, 30 mai 1892).

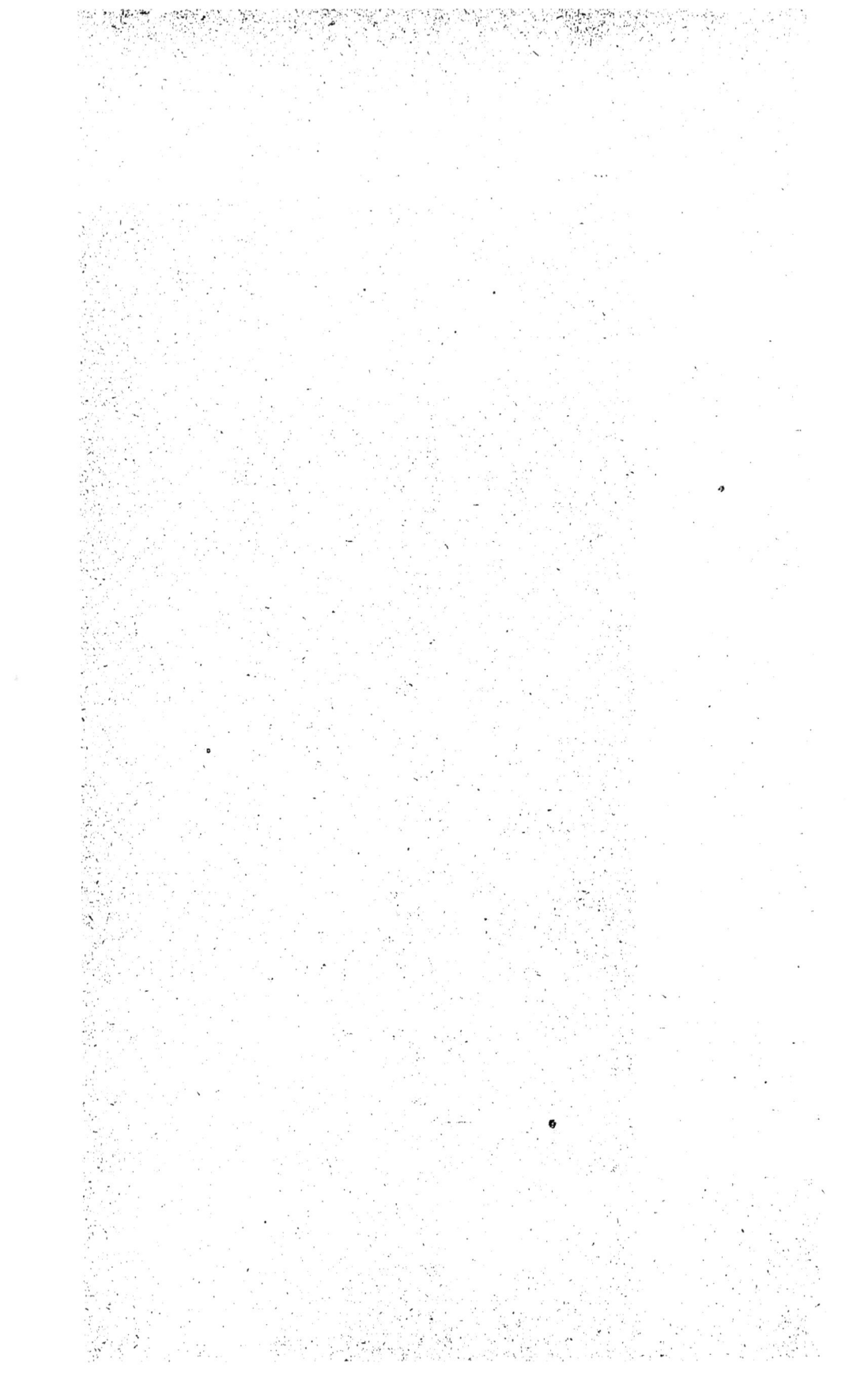

TABLE DES MATIÈRES

PARTIE I. — ÉLÉMENTS D'AGRICULTURE

PARTIE II. — PRODUITS AGRICOLES

FIN DE LA TABLE DES MATIÈRES.

PETIT TRAITÉ
D'AGRICULTURE TROPICALE

PREMIÈRE PARTIE.

ÉLÉMENTS D'AGRICULTURE.

CHAPITRE PREMIER.

INTRODUCTION.

Agriculture est un mot composé de deux mots latins Sens du mot Agriculture. (*ager*, champ, et *cultura*, culture ou aménagement du sol), mais comme la plupart des mots empruntés aux langues mortes pour constituer les termes scientifiques des langues modernes, il a une signification plus étendue que ses deux racines latines, prises séparément, ne le feraient supposer. On entend par *agriculture* l'art de cultiver ou d'aménager le sol, de façon à lui faire produire la plus grande quantité possible de végétaux propres à l'usage de l'homme et des animaux domestiques.

Dès les temps les plus reculés dans l'histoire du L'agriculture est une noble et utile profession. monde, l'homme cultivait la terre et l'agriculture a toujours été considérée comme l'occupation la plus noble et la plus utile de l'humanité. Le baron Liebig, le grand chimiste agricole, a dit : « Il n'est pas de profession qui puisse être comparée en importance à l'agriculture : d'elle dépend l'alimentation de l'homme et des animaux; sur elle reposent la santé et le développement de l'espèce humaine tout entière, la richesse des États et toute l'industrie manufacturière et commerciale. Il n'est aucune profession où l'application des principes rationnels produise des effets plus profitables et soit d'une influence plus grande et plus décisive. » Si tant de choses dépendent de l'agriculture, combien n'est-il pas nécessaire à tous de posséder une connaissance précise de ses principes! En fait, l'expérience a prouvé que là où les cultivateurs ont les connaissances de leur art, la récolte est plus abondante, la richesse particulière plus grande, la prospérité plus générale que dans les contrées où les principes de la bonne culture sont communément ignorés.

La connaissance précise des principes est nécessaire pour le succès.

Aux Antilles, un planteur qui est industrieux et possède la science de l'agriculture, ne doit jamais désespérer de s'enrichir, car la plus grande partie des terres y est aussi bonne qu'en aucune autre région tropicale. A l'agriculture rationnelle des pays tropicaux, le savoir-faire et la science promettent le succès et la prospérité; cette idée doit être bien dans l'esprit de tous ceux qui projettent de se consacrer à la noble occupation de cultiver le sol.

Les planteurs des Indes occidentales doivent réussir.

Toutes les plantes, herbes minuscules et arbres gigantesques grandissent, comme les animaux, c'est-à-dire que dans leur jeunesse elles sont beaucoup plus petites que lorsqu'elles ont poussé. Tout ce qui grandit a besoin d'aliment. Les animaux se nourrissent des plantes ou des animaux qui ont vécu des plantes;

La plante grandit et a besoin de nourriture.

mais ces plantes elles-mêmes tirent leur aliment du sol et de l'atmosphère. A l'état sauvage, comme on l'expliquera en détail plus loin, les plantes se procurent assez d'aliments pour vivre et grandir; mais quand elles sont cultivées en assez grandes quantités pour que leurs produits puissent être utilisés par l'homme, la somme ordinaire d'aliments fournie par le sol et par l'air ne suffit plus pour nourrir leurs tissus; ce fait explique l'insuffisance des récoltes quand une espèce de plante a poussé durant un certain nombre d'années sur la même terre, sans qu'on ait fait aucune tentative pour suppléer à l'aliment que la plante a tiré du sol.

L'objet de ce livre est précisément de montrer comment tout cela se passe, et d'expliquer par quels moyens l'aliment utile à la plante peut être rendu au sol et offert à l'absorption des racines, qui le recherchent toujours.

L'aliment fourni par la nature est insuffisant pour les plantes cultivées longtemps à la même place.

CHAPITRE II.

LE SOL.

La connais-
sance du sol est
nécessaire. L'agriculteur, ou planteur (nom qu'on lui donne ordinairement dans les contrées tropicales), doit d'abord
diriger son attention vers le sol, et il est nécessaire
qu'il en connaisse la nature, avant de se mettre à le
cultiver.

Les sols sont
formés par des
débris de ro-
ches. **Comment les sols sont formés.** — Tous les sols,
quelle qu'en soit la nature, ont été formés par l'émiettement sur place ou le déplacement au loin des roches
qui, à l'âge primitif, composaient la terre. Pendant un
nombre incalculable d'années le transport des roches
s'est effectué, il s'effectue encore à présent, et continuera
tant que le globe restera ce qu'il est. La surface de ces
Ces débris
sont portés à
de grandes dis-
tances. roches s'effrite lentement, mais sûrement; les molécules
en sont entraînées par les eaux au fond des plaines et
des vallées, et s'y déposent, ou bien elles sont portées à
de grandes distances, et même à la mer, par les courants que forment les pluies ou la fonte des glaces et
des neiges. L'effritement des roches résulte de l'action
de divers agents, que nous allons maintenant examiner.

La neige
devient glace. **Action des glaces.** — Dans les régions arctique et
antarctique et dans les régions montagneuses des autres
parties du globe, la neige entassée sur les points les plus

élevés, se transforme en glace, par l'effet de son propre poids. De nouvelles neiges venant à tomber sur les premières, la masse devient trop lourde pour demeurer sur les versants des montagnes; elle glisse progressivement dans les vallées, entraînant avec elle les roches énormes qu'elle rencontre, érodant tout du long le lit rocheux sur lequel elle glisse. La masse de neige et de glace ainsi formée se nomme *glacier*, et son lent mouvement d'écoulement sur le flanc de la montagne *action des glaciers*. Quand l'extrémité d'un glacier atteint les régions plus chaudes des plaines ou vallées, elle se fond et donne naissance à un torrent; les gros blocs de roches qui ont été entraînés dans le glissement trouvent bientôt un point d'arrêt où ils demeurent; mais les petites parties de ces roches sont transformées en boue par l'eau, et cette boue est entraînée plus bas dans les vallées, disposée sur les terrains de surface plane ou portée à la mer par les cours d'eau.

Formation des glaciers.

Aux âges primitifs la terre était très différente de ce qu'elle est aujourd'hui. Le sol était presque entièrement composé de roches brutes qui, en maints endroits, étaient recouvertes de neiges et de glaces. En effet, dans plusieurs parties du globe où le climat est actuellement chaud où la terre est en pleine culture, on retrouve des traces évidentes de l'action des glaciers; la grande majorité des habitants ne se doute guère que leur sol si riche a été en grande partie formé par le lent glissement des glaciers sur les rochers sauvages qui couvraient autrefois leur pays.

Transformation de la surface terrestre et variations des climats.

L'atmosphère est un des principaux agents de la formation du sol. Il est composé, pour les trois quarts, de deux gaz, l'*oxygène* et l'*azote*, avec une petite quantité *d'acide carbonique.* C'est ce dernier qui, avec le concours de l'eau, sous forme de pluie, de neige, de brouillard, de rosée, agit sur les roches calcaires et autres et les fait se désagréger progressivement. Les portions les plus tendres sont les premières attaquées : ainsi s'expliquent les trous et crevasses qu'on rencontre fréquemment dans les roches exposées à l'air. Mais les parties dures s'usent elles-mêmes avec le temps. Tout ce travail peut être observé sur les constructions en pierre, où l'on voit, après un laps de temps, les angles saillants s'arrondir et les parties polies se creuser sous l'influence de l'atmosphère ou des variations de température. L'action du temps sur les matériaux de pierre peut être encore observée dans les cimetières : les inscriptions sur les tombes sont, au bout d'un certain temps, complètement oblitérées par l'effet destructif de l'air et de l'humidité, alors que de semblables inscriptions à l'intérieur des églises se conservent sans altération durant un grand nombre d'années.

Roches désagrégées par l'atmosphère.

Les variations de température ont aussi une puissante action sur la formation des terrains. Les roches se dilatent sous l'action de la chaleur et se contractent sous l'action du froid. Ainsi, sous le soleil brûlant des tropiques la surface des roches se dilate, puis elle se contracte durant les fraîcheurs nocturnes : de là désagrégement et chute de parcelles, et par suite, petite mais certaine et constante addition au sol. Dans les contrées plus froides, la gelée a une action très destructive sur toutes les roches. L'eau se contracte sous l'action du froid jusqu'à ce qu'elle soit voisine du point de congélation ; mais une fois gelée, elle se dilate. Dans les climats froids, cette dilatation soudaine de la glace fait souvent éclater les conduites d'eau, la

Roches désagrégées par les variations de température.

La gelée.

force produite par cette dilatation est même assez grande pour briser un puissant canon de fer. On comprend alors aisément que les roches soient fendues et brisées par la gelée. L'eau de pluie, s'insinuant dans les trous et crevasses des roches et se dilatant soudainement avec une grande force sous l'action de la gelée, fait sauter des fragments et laisse de nouvelles surface exposées aux intempéries atmosphériques qui s'exerceront par les moindres ouvertures.

Végétation. — La vie des plantes contribue à la formation des terrains de deux façons. Quand les racines d'une plante touchent une roche, leur sécrétion acide attaque la surface en dissolvant certains éléments qu'elle absorbe et en rendant libres les particules sableuses, qui s'ajoutent au sol. D'autre part, les racines pénètrent dans les interstices des roches et par leur grossissement graduel écartent les deux parties, agissant dans l'espèce comme un coin. La force ainsi exercée est très grande ; des plantes délicates et faibles comme les champignons peuvent en grossissant produire une assez forte pression pour soulever de gros poids. Il y a quelques années, dans une ville d'Angleterre, on plaça un pavage en pierre ; au bout d'un certain temps, à la surprise générale, les pavés furent trouvés sortis de leurs trous ; en examinant le phénomène, on s'aperçut que la terre qui soutenait le pavé était mêlée de spores de champignons ; ces spores s'étaient développées et les champignons, en grandissant, avaient repoussé le pavé. Dans les Indes occidentales, où la végétation est si vigoureuse, le brisement des roches par la pénétration des racines dans les interstices et crevasses peut être facilement observé par tout le monde.

La formation du sol par l'action combinée de l'atmos-

Sol formé par l'action des plantes.

phère et de la végétation est un très important facteur
de la production de ce qu'on nomme l'humus. Une combinaison chimique qu'on pourrait assimiler à une lente
combustion est produite par l'action de l'oxygène de
l'atmosphère sur les corps organisés humides, de façon
qu'ils sont graduellement consumés et décomposés en
leurs principaux éléments. Sous les tropiques, la putréfaction des arbres et végétaux est très rapide : de là les
énormes quantités d'humus (terre végétale) qu'on trouve
dans les forêts tropicales. Ce phénomène peut s'observer
en petit dans les creux de rochers ou dans les val-
lons. Les lichens, sorte de plante plate s'attachent aux
roches et se nourrissent à leur surface ; ils meurent et se
putréfient et ajoutent ainsi un peu de matière végétale
à la mince couche de terre formée par eux avec le
secours de l'atmosphère et de l'humidité. Les mousses poussent ensuite, puis à leur tour meurent et se
décomposent; elles ajoutent au sol par leur action
pendant leur vie, et par leurs débris après leur mort.
Alors paraissent sur la scène de petites plantes robustes,
qui font bientôt place à des plantes plus grosses, jusqu'à
ce qu'enfin un arbrisseau ou un arbre s'élève, envoie
ses racines dans les interstices et crevasses de la roche, et
produise ce résultat final que la roche se désagrège, et se
brise en éclats qui vont former un sol pouvant nourrir
une végétation plus vigoureuse. Tout cela, sans doute,
demande un temps très long, mais le phénomène se produit depuis l'origine du monde et a, par suite, exercé
une influence considérable sur la formation des terrains.

Exemple de formation des terrains.

Le vent, la mer, les rivières. — Le vent, dans certaines contrées, est un agent de la formation du sol, plus

Action des vents.

spécialement en temps de sécheresse : le sable et la poussière sont emportés parfois à de grandes distances par les brises fortes. Le vent emporte aussi au loin des pailles, des feuilles ou autres objets légers, et ajoute ainsi souvent de fécondantes matières à un sol pauvre.

Les cours d'eau contribuent constamment à la formation du sol de plusieurs façons. Dans les régions montagneuses, les particules enlevées des roches sont entraînées dans les bas-fonds par les eaux courantes ; celles-ci, devenant des torrents usent les roches ou les pierres en les roulant et les heurtant les unes contre les autres. On peut voir en effet que, dans le lit des rivières, les pierres sont lisses et arrondies : cela est dû au roulement : le frottement continu arrondissant les aspérités. La boue et le gravier, entraînés en temps de crue, par les rivières au cours lent, sont déposés dans les plaines ou au fond des vallées et y forment le *sol d'alluvion,* tandis que les rivières, au cours rapide, les transportent à la mer ou elles se déposent le long des rivages.

Action des cours d'eau.

Dépôts d'alluvion.

La mer. — En certains endroits, la mer empiète graduellement sur la terre, en rongeant le rivage par l'action incessante des vagues ; en d'autres le phénomène contraire se produit, la mer se comble peu à peu et, au bout d'un certain temps, fait place à la terre ferme. Les boues et graviers apportés par les rivières et les glaciers forment pour ainsi dire, un sol sous-marin ; par les actions volcaniques ou autres, ce sol a été, ici et là, élevé au-dessus de la mer et est devenu une terre propre à la culture. En plusieurs contrées des Indes occidentales, le fait que la terre a été primitivement recouverte par la mer est amplement démontré par les lits de coraux trouvés à quelque distance du rivage. A la Dominique, par exemple,

Le fonds de mer devenu terre ferme.

Parties de la
Dominique au-
trefois immer-
gées. qui est une terre volcanique, il y a des récifs et des lits de coraux à deux ou trois cents pieds au-dessus du niveau de la mer; or, le corail est formé dans la mer par un animal marin, il est donc évident que ces parties de la Dominique étaient primitivement immergées.

Distribution des terrains. — Nous avons vu que le sol a été formé, pour la plus grande partie, par l'érosion graduelle des roches vives, et nous savons maintenant que le sol ainsi formé est enlevé des hauteurs par les cours d'eau, les glaciers, les averses de pluie, c'est-à-dire par l'eau, libre ou glacée. Il va sans dire qu'une partie de ces débris d'érosion reste sur le flanc des montagnes, quand la déclivité est médiocre; mais la majeure partie est emportée plus loin dans les bas-fonds. En règle générale, plus les débris sont petits, plus ils sont emportés loin. Les grosses pierres et les rochers, brisés par les glaciers, ou par les autres causes que nous avons indiquées — sont laissées en arrière, les plus petites pierres sont entraînées et forment les graviers; le sable fin, sous forme de boue, est transporté à de grandes distances et déposé sur les terres à l'état de sable ou d'argile. Prenez un peu de cette boue, mettez-la dans un verre d'eau et laissez reposer : vous verrez, après un moment, la boue se déposer au fond du verre et l'eau rester claire au-dessus. C'est ce qui arrive, et c'est ce qui est arrivé, depuis que le monde existe, pour les particules des roches enlevées des hautes terres par les torrents, rivières et glaciers; la boue s'est déposée sur la terre a formé le sol que nous cultivons maintenant. Pour le bien comprendre, il faut se rappeler que le globe n'a pas toujours été tel que nous le voyons à présent. La forme et le relief ont été altérés, la mer a couvert une grande partie de la sur-

Sols de montagnes.

Sol des terres basses.

Limon.

face actuelle et la surface ancienne est en maints endroits
recouverte aujourd'hui. Le climat de plusieurs contrées,
comme nous le remarquons de nos jours, est fort différent
de ce qu'il était, il y a seulement quelques années. Cela
est prouvé par les dépouilles d'éléphants et autres animaux des pays chauds, qu'on a trouvées emprisonnées
dans les glaces de Sibérie et autres régions de climat
glacial. A moins de se rappeler ces prodigieux changements et de songer aux milliers d'années durant lesquelles les forces naturelles que nous avons examinées
ont été en activité, on ne peut comprendre comment le
sol a pu être formé par la lente érosion des granits et
autres roches dures. Plus on étudie ces grandes questions, plus la nature nous apparaît merveilleuse.

Fossiles.

Les merveilles
de la nature.

Sols locaux et sols transportés. — Comme nous
l'avons vu, le sol peut être transporté à de grandes distances par les eaux et les vents; il peut donc être
trouvé fort différent, dans ses caractères propres, du sol
formé par les roches situées dans le voisinage. Quand
cela arrive, le sol est dit *de transport*. Quand le sol formé
en un endroit n'a pas été entraîné au loin et est resté à
l'endroit où il a été formé, il est dit *local* ou *indigène*
ou *sédimentaire* — ce qui veut dire que ce sol est à
proprement parler un enfant de la maison et non un
enfant adoptif.

Sol de surface et sous-sol. — Si l'on fait un trou
profond dans la terre, on trouvera généralement qu'à
quelque distance au-dessous de la surface, le caractère
du sol est différent. A la surface, le sol est plus foncé
et beaucoup plus facile à creuser, étant moins compact :
on l'appelle *sol de surface.* Sa couleur foncée provient
des détritus de feuilles, racines et tiges, qu'il contient.

Sols de surface.

Le sol plus clair et plus compact qui est au fond du

Sous-sol. trou se nomme *sous-sol;* ses caractères varient considé-rablement. Il peut être formé de sable, de gravier, d'argile ou ressembler au sol de surface; il peut être un sol *local,* et le sol de surface un sol *transporté* ou inversement. Quand cela arrive, leur nature est fort dif-férente. Le sol de surface a une épaisseur variable sui-vant sa situation et les influences environnantes. Dans les forêts et dans les terres à culture intensive, il est ordinairement profond; il l'est peu, au contraire, sur les pentes rapides et dans les lieux secs.

Les vers de terre aident à la formation du sol. **Vers de terre.** — Le grand naturaliste Darwin a montré que les vers de terre exercent une étonnante influence dans la formation du sol de surface. Ces très utiles animaux se nourrissent des feuilles et autres par-ties des plantes et vont se terrer sous le sol, dans toutes les directions, parfois même à une profondeur de cinq à six pieds. Dans le but soit de se protéger contre leurs

Ils traînent les débris de feuil-les dans leurs galeries. ennemis, soit de s'assurer un supplément de nourri-ture, ils entraînent les feuilles à demi consumées dans leurs galeries où ils se blottissent à une profondeur de cinq à huit centimètres. Ainsi les vers de terre fertilisent le sol en y ajoutant des matières organiques. Les petites mottes de terre qu'on voit souvent à l'orifice des gale-ries, surtout en temps humide, s'appellent déjections; elles sont formées de parcelles très fines de terreau mêlées de débris de matière végétale. Les vers font leurs galeries en avalant la terre et ils la transportent ensuite

Ils retournent et mêlent la terre. à la surface, où ils s'en débarrassent sous la forme de ces déjections. De cette façon ils tournent et retournent le sol. De plus, leurs galeries permettent à l'air et à l'eau de pénétrer plus aisément dans la terre, et forment des canaux, grâce auxquels les racines des plantes peuvent s'allonger sans difficulté. On voit donc que l'humble ver de terre travaille pour le profit du cultivateur, et pour cette raison, aucun d'eux ne devrait être intentionnellement blessé ou tué.

Parties constitutives du sol. — Tous les sols sont formés par cinq substances, savoir *sable, argile, chaux, matières végétales, roches.*

Sable. — Tout le monde connaît cette substance. Elle consiste en menues particules de roches dures, qui ne s'agglomèrent pas à l'état humide, et qui tombent rapidement au fond quand elles sont plongées dans un vase plein d'eau. Si l'on grossissait le sable, on verrait qu'il est formé de petites pierres lisses, aux bords arrondis, c'est-à-dire de très petits galets roulés par l'eau. On en rencontre de plusieurs sortes. Les *sables calcaires* se composent soit de fragments de pierres à chaux et de coraux, soit de coquilles brisées, comme il s'en trouve des quantités au bord de la mer : de là les *sables coralliens* et les *sables coquilliers*. Les sables micacés sont en grande partie composés d'une substance dure nommée mica. Mais les sables sont principalement formés de la substance vitreuse que tout le monde connaît sous le nom de quartz, cristal, silice ou cristal de roche. Il est rugueux et raie facilement les corps durs comme le verre. Cette propriété est parfois mise à profit, comme dans le « papier-émeri » qui se vend dans tous les magasins. Le sable rend le sol friable et permet ainsi à l'air et à l'eau de cheminer à travers la terre, et aux racines des plantes de pénétrer dans toutes les directions.

L'*argile* est composée de deux corps chimiques, la silice et l'alumine, combinés avec l'eau. A l'état sec,

Nature du sable.

Sable de quartz.

Nature de l'argile.

l'argile peut être réduite en poussière ; à l'état humide, elle devient consistante et peut être alors moulée en formes diverses ; cette propriété se nomme *plasticité*. Mais quand elle est chauffée, elle perd sa propriété plastique et devient rude et cassante. Il y a plusieurs espèces d'argile : l'une, presque blanche, employée pour fabriquer la porcelaine ; l'autre jaune, dont on fait la brique ; d'autres rouges, employées pour les poteries gargoulettes et objets en terre cuite. L'argile est plus froide et retient mieux l'humidité que le sable.

Variétés d'argile.

La *chaux* se rencontre ordinairement dans le sol combinée avec l'acide carbonique, sous forme de carbonate de chaux. Elle doit sa première origine aux anciennes roches, mais elle se présente aujourd'hui sous des formes variées : craie, pierre à chaux, corail. Elle est contenue en grande quantité dans les coquilles de limaçons et dans celles de plusieurs animaux marins, sans parler des coraux ; beaucoup de pierres à chaux du globe sont entièrement composées de ces coquilles et des dépôts calcaires accumulés au fond des mers pendant les âges primitifs.

Variétés de calcaires.

La *matière végétale* existe sur tous les sols dans lesquels ont poussé des plantes. Les feuilles, racines et tiges se décomposent aussitôt après leur apparition et forment une substance d'un brun foncé qu'on appelle *humus* ou terreau. Il se rencontre en abondance à la surface du sol, dans les forêts, et en moindre quantité dans les terres cultivées. Dans les lieux humides et creux, où les mousses et plantes similaires foisonnent, le sol est composé presque entièrement d'humus : les mousses, en effet, croissent, meurent, se décomposent, d'autres mousses poussent sur les premières, si bien

Humus et terres végétales.

qu'enfin, après un certain nombre d'années, l'humus remplit le creux et forme ce qu'on nomme la tourbe.

Les *pierres* sont simplement des fragments de la roche primitive qui a formé le sol, elles varient beaucoup de taille et de forme. Les unes sont arrondies, les autres frustes et irrégulières. S'il n'y en a pas en trop grande quantité, elles sont utiles au sol : elles le rendent plus léger, y retiennent l'humidité, y ajoutent de nouvelles matières par leur émiettement graduel. Les pierres, en effet, sont traitées par l'atmosphère et les autres agents, comme les roches qui ont formé le sol.

Utilité des pierres dans le sol.

CHAPITRE III.

LE SOL (*suite*).

Classification des terrains. — Les terrains ont été divisés en classes, sous-classes, ordres et espèces, à peu près comme on l'a fait pour les nombreux sujets des règnes animal et végétal. Pour ne pas sortir du cadre de cet ouvrage, il nous suffira d'étudier ici les huit principales classes, avec leurs subdivisions principales, classes entre lesquelles sont généralement répartis les différents terrains.

Sols argileux. La *première classe* comprend l'*argile :* les *terres argileuses,* comme on les appelle souvent, contiennent au-dessus de 50 % d'argile. Elles sont froides et difficiles à travailler à cause de leur consistance. L'eau ne les pénètre pas facilement; aussi faut-il les bien drainer pour les approprier à la culture. Comme l'argile perd sa propriété plastique ou consistance, sous l'action de la chaleur, il est bon de soumettre au feu le sol argileux, c'est-à-dire d'en brûler un monceau et de l'épandre ensuite sur le sol. Les sols argileux peuvent, ou non, contenir de la chaux, dans la proportion de 5 % ; aussi les divise-t-on en deux sous-classes.

Alluvions. La *deuxième classe* comprend les *terrains d'alluvion* qui contiennent de 30 à 50 % d'argile. Ces sols peuvent aussi se rencontrer avec ou sans calcaire.

La *troisième classe* est celle des *alluvions sablonneuses* contenant de 20 à 30 % d'argile. Ces terrains sont aussi subdivisés, suivant qu'ils ont ou n'ont pas de chaux.

La *quatrième classe* est celle des *sables alluvionnaires;* elle contient de 10 à 20 % d'argile, et, comme dans les trois autres classes, la chaux peut y être présente ou absente.

La *cinquième classe* comprend les *terrains sablonneux* qui contiennent plus de 70 % de sable; ils peuvent être également avec ou sans chaux.

La *sixième classe* ou *terrains marneux* contient de 5 à 20 % de chaux et peut participer aux caractères des quatre premières classes ou de la huitième. Il y a donc cinq subdivisions des terrains marneux.

La *septième classe* ou des *terrains calcaires* contient plus de 20 % de chaux et peut participer aux caractères des 1re, 2e, 3e, 4e, 5e et 8e classes. Ainsi un *terrain calcaire alluvionnaire* contient 30 à 50 % d'argile et plus de 20 % de chaux. Un *terrain calcaire sablonneux* aura plus de 70 % de sable et plus de 20 % de chaux.

La *huitième classe* contient les variétés des *terrains végétaux* dans lesquels l'humus ou matière végétale se rencontre au moins à la quantité de 5 %. Les terrains végétaux peuvent à leur tour participer des caractères des terrains argileux, alluvionnaux ou sablonneux, ou bien être composés presque entièrement de matière végétale, comme dans les marais et tourbières.

Dans chacune des subdivisions des sept premières classes, les terrains peuvent être rapportés à trois groupes et être dits *pauvres, intermédiaires* ou *riches,* suivant la quantité de matière végétale qu'ils contiennent.

Marginalia: Alluvions sablonneuses. — Sables alluvionnaires. — Terrains sablonneux. — Marnes. — Terrains calcaires. — Terrains végétaux.

Prenons pour exemple la première classe celle des terrains argileux : Si la matière végétale ou humus n'ex-
cède pas 1/2 % ce sera une *argile pauvre ;* si elle existe
entre 1/2 et 1 1/2 %, ce sera une *argile intermédiaire ;*
si elle s'y trouve entre 1 1/2 et 5 %, ce sera une *argile
riche ;* au-dessus de 5 %, le terrain aura les caractères
de la huitième classe et deviendra une terre végétale.

CLASSIFICATION DES TERRAINS

(D'APRÈS SCHUBLER ET WRIGHTSON.)

Classes.

I. Argile et sols argileux.............	1° Avec chaux.
(au-dessus de 50 % d'argile)...	2° Sans chaux.
II. Sols d'alluvion.................	1° Avec chaux.
(30 à 50 % d'argile).........	2° Sans —
III. Alluvions sablonneuses........	1° Avec —
(20 à 30 % d'argile)........	2° Sans —
IV. Sables alluvionnaires..........	1° Avec —
(10 à 20 % d'argile)........	2° Sans —
V. Terrains sablonneux............	1° Avec —
(au-dessus de 70 % de sable)..	2° Sans —
VI. Terrains marneux.............	1° Marne argileuse.
(de 5 à 20 % de chaux)......	2° Marne alluvionnaire.
	3° Marne d'alluvion sablon- neuse.
	4° Marne de sables alluvion- naires.
	5° Marne végétale.
VII. Terrains calcaires.............	1° Calcaires argileux.
(plus de 20 % de chaux).....	2° — alluvionnaires.
	3° — d'alluvions sa- blonneuses.
	4° — de sables allu- vionnaires.
	5° — à humus.
	6° — purs (sans ar- gile ni sable).
VIII. Terres végétales.............	1° Humus argileux.
(plus de 50 % d'humus).....	2° — alluvionnaire.
	3° — sablonneux.
	4° Marécages ou tourbières.

Chacune de ces 21 sous-classes est divisée en 3 groupes, suivant la quantité d'humus qu'elle contient, savoir :

1° Pauvre (moins de 1/2 % d'humus).
2° Intermédiaire (de 1/2 à 1 1/2 %).
2° Riche (de 1 1/2 à 5 %).

Étude des terrains. — Nous avons vu que les terrains sont classés d'après la proportion d'argile, de sable, de chaux et d'humus qu'ils contiennent. La présence de ces substances dans le sol peut être facilement établie par les simples expériences suivantes.

Comment on examine mécaniquement les terrains.

Prenez 1/4 de livre de terre bien séchée, faites la bouillir un petit moment dans une pinte d'eau (113^{gr},3 de terre dans 0^{litre},56 d'eau) et versez le tout dans un bocal en verre. Plongez-y une feuille de papier bleu de tournesol. Si le papier tourne au rouge, cela prouve que l'humus du sol est acide et que la chaux est nécessaire pour contrebalancer l'acidité. Ajoutez alors une nouvelle quantité d'eau, mêlez bien le tout, décantez l'eau boueuse dans un grand bocal en prenant soin qu'aucune parcelle du sable déposé au fond ne s'en aille ; décantez alors dans un bocal plus grand, et ainsi plusieurs fois, jusqu'à ce que le sable soit bien net et purifié de toute boue. On laissera le contenu du plus grand bocal se reposer durant quelques heures jusqu'à ce que la boue fine se dépose au fond, et l'on videra soigneusement l'eau claire. On séchera et on pèsera séparément le sable et la boue, et la comparaison de leur poids à $\frac{1}{4}$ de livre donne la proportion exacte de sable et d'humus dans le sol. Pour

La chaux devient effervescente sous l'action de l'acide.

découvrir la présence de la chaux dans un terrain, il suffit de jeter dessus un peu d'acide chlorhydrique, il se produira un bouillonnement s'il y a de la chaux, et l'intensité de ce bouillonnement donnera à un observateur expérimenté une indication approximative de la quantité de chaux. Pour établir la quantité exacte, il faut laisser l'acide un certain temps en contact avec le sol, puis y ajouter alors une solution d'ammoniaque. Toute la chaux par ce moyen sera dissoute et séparée de la terre, elle restera en suspension dans le liquide d'où elle pourra être précipitée au moyen d'une solution de carbonate de potasse ou d'oxalate d'ammoniaque. Mais cette opération ne peut être essayée que par une personne ayant quelque connaissance de la chimie. La proportion de matière végétale ou humus dans le sol est établie d'une matière très simple. On chauffe au rouge une quantité donnée de terre, préalablement asséchée dans une cornue de fer ou d'argile, jusqu'à ce que la matière soit brûlée. La terre est alors refroidie et pesée : la perte de poids représentera la proportion d'humus dans le sol.

Matière organique détruite par la chaleur.

Sols lourds et sols légers. — Nous avons montré, dans l'analyse mécanique des terrains, que le sable, qui est la partie la plus lourde, tombe au fond du vase quand il est mélangé avec l'eau, et que l'argile, étant plus légère, reste en suspension dans l'eau pendant un moment, mais peut être isolée et se séparer spontanément du sable. Cela prouve que les terrains sablonneux sont plus lourds que les terrains argileux; et, de fait, un pied cube de sable (0^{mc},028) pèsera de 30 à 35 livres (13^{kg},590 à 15^{kg},855) de plus que la même quantité d'argile. Mais les agriculteurs appellent *terre lourde* le sol argileux, et *terre légère* le sol sablonneux. Ces expressions se rapportent non au poids comparatif, mais à la facilité avec laquelle les terrains sont travaillés. L'argile étant tenace et compacte, il est beaucoup plus difficile de labourer ou de bêcher un sol argileux qu'un sol sablonneux; dans celui-ci les particules de sable se meuvent plus aisément les unes sur les autres et laissent les instruments passer plus aisément à travers la terre. Parfois ces terrains sont appelés *compactes* et *meubles* au lieu de *lourds* et *légers :*

Sol argileux difficile à travailler.

ces dénominations sont peut-être meilleures par la raison

qu'elles ne donnent lieu à aucune confusion. Les sols argileux retiennent beaucoup mieux l'humidité que les sols sablonneux : cela est bien connu. De là une grande différence dans leur température. Les terres argileuses ont, pour ce motif, été appelées *froides* et les terres sablonneuses *chaudes*. Mais une terre argileuse bien drainée peut être plus chaude qu'une terre sablonneuse non drainée occupant un bas-fond, ce qui montre la nécessité du drainage approprié à la terre. Comme on le verra plus loin, un certain degré de chaleur est nécessaire à la vie des plantes et à leur propagation.

La faculté de conserver l'humidité est possédée par tous les terrains à un degré variable. Si l'on plonge, dans l'eau, l'extrémité d'un papier buvard, l'eau montera dans le papier à une certaine hauteur. Le même phénomène se produit quand l'extrémité d'une mèche de lampe est plongée dans l'huile. Cette propriété s'appelle *attraction capillaire*. Tous les terrains sont capables d'exercer une semblable action, qui est de la plus grande importance au point de vue de l'agriculture. Le sable possède cette propriété à un faible degré et l'argile au plus grand : cela donne l'explication de ce fait bien connu que la terre argileuse est toujours plus humide que la terre sablonneuse, toutes conditions égales.

Pour trouver à quel degré un sol a le pouvoir de retenir l'eau, il suffit de placer une quantité connue de terre, bien pesée et séchée, dans un bocal en verre et de verser de l'eau dessus jusqu'à ce qu'elle soit plus que couverte; on laisse reposer un jour et on vide soigneusement l'eau qui reste au-dessus de la terre. Le poids du résidu

Les sols argileux retiennent l'humidité.

Pouvoir d'absorption du sol pour l'eau.

comparé au poids de la terre sèche donnera une idée du
pouvoir d'absorption du sol pour l'eau. Un autre procédé facile est de prendre un pot à fleurs, de l'emplir
jusqu'au bord de terre sèche et de le peser (il faut connaître, bien entendu, le poids du pot mouillé ou sec),
puis d'y verser petit à petit de l'eau jusqu'à ce qu'il commence à suinter par le fond, aussitôt qu'il a cessé de
filtrer, on pèse le tout, et ainsi la proportion d'eau
retenue par le sol est approximativement obtenue.

Composition chimique des terrains. — Nous
avons montré que la plus grande partie des divers terrains a été formée par la dislocation et l'émiettement
des roches dures; naturellement les mêmes substances
qui se rencontrent dans les roches se trouveront aussi
dans les terrains. Les chimistes ont établi que chaque
chose, en ce monde, est composée de substances soit   Éléments
élémentaires, soit combinées ensemble de façon à former   chimiques.
des composés ou corps complexes. Les substances élémentaires ou corps simples s'appellent *éléments;* elles
sont de deux sortes, les *métaux* et les *métalloïdes.* Il y a
une grande quantité de corps simples, mais il n'est pas
nécessaire de les énumérer tous ici ; plusieurs d'entre eux,
utiles dans les arts et manufactures, ne sont d'aucun emploi en agriculture. Quelques éléments sont dits *organi-*
ques, parce qu'ils étaient supposés autrefois se trouver
toujours dans les êtres organiques, c'est-à-dire dans les
plantes et les animaux. Les autres sont dits *inorganiques,*
parce qu'ils ne sont pas nécessairement présents dans les
êtres doués de vie. Mais les éléments organiques se rencontrent en énormes quantités dans les substances inorganiques, et les éléments inorganiques existent dans les
substances organiques, en sorte que les termes organi-

ques et inorganiques sont usités aujourd'hui simplement comme terme de convention.

Corps se trou-
vant dans le sol. Les éléments organiques sont *l'oxygène*, *l'hydrogène*, *l'azote* et le *carbone*. Ce dernier disparaît sous forme de vapeur ou de fumée quand un corps organisé est comburé dans l'air. Les trois premiers sont des gaz, le quatrième est une substance, dont une des formes, le charbon de bois, est familière à tous. Outre les précédentes, il existe deux autres substances, le *soufre* et le *phosphore*, qui sont parfois appelées éléments organiques secondaires, parce qu'on les rencontre fréquemment dans les corps organisés. Il y a donc en tout, Six éléments
nécessaires. six non-métaux, suivant l'expression consacrée, qui sont toujours présents dans les sols fertiles. En plus d'eux, on trouve toujours cinq métaux, combinés avec les autres éléments, dans les terrains favorables à la culture ; ce sont : le *potassium*, le *sodium*, le *magnesium*, le *calcium* et le *fer*.

Composés
d'oxygène. L'*oxygène* est un gaz invisible qui entre en grande quantité dans la composition de l'atmosphère ; combiné avec un autre gaz, l'hydrogène, il forme l'eau. Il se combine facilement avec les autres éléments pour for- Oxydes. mer des composés appelés *oxydes*. Si le fer est exposé à l'air et à l'humidité, sa surface se rouille ; or cette rouille n'est autre que la combinaison du fer avec l'oxygène, c'est en réalité de l'oxyde de fer. L'oxygène se combine aussi avec le carbone pour former le bioxyde de carbone, vulgairement appelé acide carbonique, gaz composé qui joue un rôle très important dans la vie des plantes. En combinaison avec l'élément silicium, l'oxygène forme la *silice*, qui est la base de tous les sables ; avec le potassium, il forme la *potasse ;* avec le sodium,

la soude ; avec le magnésium, la magnésie ; avec le calcium, la chaux ; avec l'aluminium, l'alumine qui est la
base de toutes les argiles.

L'*hydrogène* est le plus léger de tous les éléments. Il
se combine avec le gaz oxygène pour former l'eau ; en
combinaison avec l'azote, il forme l'ammoniaque. Il
entre aussi pour une proportion importante dans les
acides nitrique, hydrochlorique, sulfurique et phosphorique.

Composés
d'hydrogène.

L'*azote*, comme l'oxygène et l'hydrogène, est un gaz
invisible, et, comme eux, il joue un grand rôle dans
la vie générale. L'air que nous respirons est composé
de 1/5 d'oxygène et de 4/5 d'azote. Les deux gaz ne
sont pas combinés comme l'oxygène et l'hydrogène
dans l'eau ; ils sont l'un et l'autre indépendants dans
l'atmosphère ; en d'autres termes; ils sont mélangés
mécaniquement, et non combinés chimiquement.

Le *carbone* n'est pas un gaz ; mais en combinaison
chimique avec l'oxygène, il forme un gaz important,
l'acide carbonique, dont il a déjà été question. Le carbone forme la plus grande partie du corps des plantes
et il est absorbé par elles, non à l'état pur, mais à l'état
d'acide carbonique. Les plantes, sous l'influence de la
lumière solaire, décomposent, divisent l'acide carbonique en ses deux éléments, et tandis qu'elles gardent
le carbone solide pour former leurs tissus, elles rendent
l'oxygène à l'atmosphère. C'est exactement le contraire
de ce que font les animaux, qui aspirent l'oxygène et
expirent l'acide carbonique. Ainsi, par une merveilleuse prévoyance de la nature, l'acide carbonique,
qui est un poison, est rendu à l'air par la respiration
des animaux et pris par les plantes, qui s'assimilent

Respiration
des animaux.

le carbone et rendent à l'air l'oxygène, source de vie.

L'atmosphère. — Nous avons déjà beaucoup parlé de l'atmosphère. Mais elle a une telle action sur la croissance des plantes, la formation des terrains et les procédés par lesquels on peut conserver leur fertilité, qu'il est nécessaire à un agriculteur d'avoir une connaissance exacte de sa nature. Nous savons que l'atmosphère, ou l'air que nous respirons, est composé d'un simple mélange de deux gaz principaux, oxygène et azote, dans la proportion de 1/5 d'oxygène et 4/5 d'azote. L'oxygène, bien qu'en moindre quantité, est l'élément le plus actif, et l'azote ne sert en réalité qu'à l'atténuer et à empêcher qu'il n'ait un effet trop actif. Outre ces deux gaz, l'air contient de l'*acide carbonique*, de l'*ammoniaque,* de l'*acide nitrique*, du *chlore*, de l'*acide sulfurique* et de l'eau sous forme de *vapeur*. Les quantités de ces substances, en comparaison de l'oxygène et de l'azote, sont si petites qu'elles sont à peine perceptibles. Mais l'atmosphère est si vaste qu'une proportion extrèmement petite dans une quantité donnée représente en réalité une masse énorme dans l'ensemble.

Composition de l'atmosphère.

L'*acide carbonique*, comme nous l'avons vu, est absorbé par les plantes pour en composer leurs tissus : les racines, la tige, les feuilles, les fleurs, le fruit sont, en effet, pour la majeure partie, composés du carbone fourni par l'acide carbonique de l'air.

Composition de l'ammoniaque.

L'*ammoniaque* dans l'atmosphère provient de la décomposition des animaux et végétaux, des volcans en activité et de la combustion des substances par la chaleur, comme par exemple lorsque le bois ou le charbon est comburé dans le feu. On peut conclure de là naturellement que l'ammoniaque est plus abondant dans l'air d'une grande cité qu'à la campagne, et des expériences minutieuses ont prouvé la réalité du fait.

L'*acide nitrique* est formé principalement par l'électricité qui se manifeste si souvent aux yeux de tous par des effets de lumière. Après un orage accompagné de tonnerre, l'air contient toujours une plus grande quantité d'acide nitrique qu'auparavant.

Formation de l'acide nitrique.

Le *chlore*, sous forme de *chlorure*, — communément appelé chlorure de sodium ou sel, — se trouve dans l'atmosphère, et sa présence provient presque exclusivement de l'influence de la mer. De petites particules de sel, comme une fine brume, sont emportées par les vents et courants atmosphériques à d'étonnantes distances à l'intérieur.

Sel dans l'atmosphère.

L'*acide sulfurique* dans l'air est dû à la même cause que l'acide nitrique et il est aussi fourni en grandes quantités par les volcans en activité.

La *vapeur d'eau* de l'atmosphère est souvent précipitée sous forme de pluie et de brouillard dans les régions chaudes et tempérées, et sous forme de neige ou de grêle dans les régions plus froides. Elle est constamment fournie par les feuilles des plantes et la respiration des animaux, mais ses sources principales sont les rivières, lacs, mers, d'où elle s'élève par évaporation durant la chaleur du jour.

Causes de la vapeur d'eau dans l'air.

L'ammoniaque, l'acide nitrique, le chlore et l'acide sulfurique de l'atmosphère sont apportés à la terre par les pluies et rendus ainsi utilisables pour les plantes.

L'*azote* est un très important constituant des plantes. Il se trouve, nous le savons, dans l'atmosphère à l'état libre ; il y est aussi en combinaison avec d'autres éléments sous forme d'ammoniaque et d'acide nitrique, les-

Comment les plantes absorbent l'azote.

quels sont apportés à la terre par les pluies; il existe encore dans le sol en combinaison chimique avec d'autres
substances, comme dans les nitrates. L'ammoniaque est
ui-même formé dans le sol par la décomposition des
plantes et des animaux morts; mais il n'y reste pas à l'é-
tat pur; lorsqu'il entre en contact avec les sels de potassium, il agit sur eux et forme des composés d'acide nitrique, qui sont promptement absorbés par le chevelu des
racines des plantes : c'est ainsi qu'est obtenu l'azote que
les plantes s'assimilent.

L'aliment des plantes doit être soluble.

Constituants actifs et passifs des plantes. —
Toutes les substances extraites du sol, par les plantes
doivent être solubles dans l'eau, à l'aide de l'acide carbonique ou de quelque acide organique. Si l'on plonge
une motte de terre sèche dans de l'eau pure pendant un
moment, l'eau qu'on retire aura changé de caractère et de
goût, parce qu'elle aura tiré de la terre quelques-unes des
substances *actives* ou *solubles* qui servent d'aliment aux
plantes. Peut-être que, pour une terre fertile, ces substances ne dépasseront pas la proportion de $\frac{2}{1000}$ et que
$\frac{998}{1000}$ seront insolubles. Mais si l'on ajoute des acides à
l'eau, une quantité bien plus grande de matières pouvant
servir à la nutrition des végétaux sera dissoute. C'est ce
qui arrive pour les plantes : le chevelu délicat des racines dissout dans le sol les éléments actifs grâce à une
excrétion acide dont sont toujours imprégnées les parties les plus ténues de la racine. Si toutefois la terre,
dont toutes les substances assimilables par les végétaux
et solubles par les acides ont été enlevées, était exposée
à l'air et au soleil pendant quelques semaines et de nouveau plongée dans l'eau pure ou dans une solution acide,
on trouverait qu'une nouvelle portion est devenue soluble

et par suite utilisable pour la nutrition des plantes. Cette partie était donc, dans la première expérience, à l'état passif ou latent. Le changement produit par l'exposition à l'air sera facilement compris si l'on se rappelle de quelle façon les roches sont altérées par les variations atmosphériques. Les petites particules de terre ne sont, en effet, que de minuscules fragments de roches, sur lesquels les mêmes influences destructives agissent de la même façon qu'elles ont agi sur les grandes masses de roches brutes dont le sol a été originairement formé. Ces faits expliquent pourquoi les opérations de labour, en exposant les parties inférieures du sol à l'air et au soleil, le rendent plus fertile et pourquoi le repos, ou jachère de la terre, rétablit la fécondité en laissant à l'air le temps de pénétrer le sol et d'accroître le nombre des éléments solubles.

Les particules de terre ne sont que des fragments de roches.

Pourquoi le labour améliore le sol.

Les silicates doubles. — Tous les terrains contiennent de la silice et de l'alumine et ces éléments sont, en proportions considérables, combinés avec d'autres pour former ce qu'on nomme les *silicates doubles*. Ils sont au nombre de quatre, savoir : 1° Silicate d'alumine et d'ammoniaque; 2° silicate d'alumine et de potasse; 3° silicate d'alumine et de chaux; 4° silicate d'alumine et de soude. Or, toutes ces substances sont utilisées par les plantes, à l'exception de l'alumine, qui est la base de l'argile. Mais bien que l'alumine ne soit pas un aliment pour les végétaux, elle est, sous sa forme de silicate, un agent important de la nutrition, parce qu'elle se combine avec l'ammoniaque, la chaux et la soude, de façon à fournir aisément aux racines des plantes, ces éléments à l'état soluble. Ainsi, placez le silicate d'alumine et de potasse au contact d'ammoniaque, il aban-

Importance des silicates doubles.

donnera la potasse pour l'ammoniaque et deviendra un silicate d'alumine et d'ammoniaque. De même la soude, dans un double silicate de soude, sera abandonnée pour la chaux, ou la potasse, ou l'ammoniaque ; la chaux, dans un double silicate de chaux, sera abandonnée pour la potasse ou l'ammoniaque, si ces substances sont à proximité. Cette propriété des doubles silicates est très importante pour l'agriculteur et il en a été fait un grand usage dans le procédé des cultures artificielles.

CHAPITRE IV.

LA VIE DES PLANTES.

L'agriculture étant l'art de cultiver le sol de façon à récolter les plantes variées dont l'homme fait usage, il est nécessaire à l'agriculture d'avoir la connaissance de tout ce qui concerne la vie des plantes.

Nécessité de connaître la vie des plantes.

La plupart des végétaux comprennent cinq parties distinctes, savoir : la racine, la tige, les feuilles, les fleurs et les fruits. Il est quelques plantes pourtant qui manquent d'une ou plusieurs de ces parties. Mais il est inutile de les étudier dans cet ouvrage, parce que l'agriculteur des tropiques n'a presque absolument à s'occuper que des plantes de composition normale.

La **racine**, ou axe descendant de la plante, est de forme et de nature variable. Dans les herbes et autres plantes, la racine se compose d'une quantité de fibrilles plongeant en terre dans toutes les directions. Quelques-unes sont beaucoup plus longues que la tige : c'est le cas du maïs, dont la racine s'enfonce parfois de quinze pieds ($4^m,56$). D'autres racines, appelées racines pivotantes, ne sont que le prolongement de la tige qui pénètre toute droite en terre et pousse quelques radicelles de place en place : le meilleur type de ce genre est la carotte ; mais le caféier et le cacaoyer ont aussi des racines pivotantes. Les racines ont deux importantes fonctions : premièrement elles attachent la plante au sol ou à la substance sur laquelle elle grandit ; deuxièmement elles vont quérir la nourriture qui permet à la plante de vivre et de se développer. A leurs extrémités, toutes les racines deviennent minces et elles poussent des radicelles fines comme des cheveux et que, pour cela, on appelle *chevelu*. Le bout de la racine est garni d'une gaîne, d'un tissu plus fort, destinée à protéger la pointe qui pousse, sans l'empêcher de tracer sa voie dans le sol. Le chevelu de la racine s'applique aux particules de terre, et, au moyen du suc acide qui garnit ses minces cloisons, il dissout les éléments actifs, les absorbe et les introduit dans la sève, qui fait croître et nourrit la plante. Le chevelu de racine meurt aussitôt après avoir extrait les parties solubles du sol sur lequel il était appliqué, mais de nouveau chevelu surgit des parties extrêmes de la racine, de façon à rechercher les substances nutritives des autres particules du sol, et ainsi de suite sans interruption : la terre est fouillée dans toutes les directions en vue de la nourriture nécessaire aux plantes vivaces.

La **tige** est parfois appelée l'axe ascendant de la plante parce que, la semence commençant à se développer, la menue tige s'élève toujours de plus en plus vers l'air et la lumière, tandis que la racine pénètre de plus en plus dans le sol en évitant la lumière et l'air. Dans quelques espèces, cependant, la tige court le long du sol, comme dans quelques herbes et autres plantes ; elle s'étend même parfois au-dessous de la surface, ressemblant par là à la racine.

Les **feuilles** sont des prolongements aplatis de la

(marginalia:) Chevelu de la racine.

(marginalia:) Il absorbe l'aliment de la plante.

(marginalia:) Meurt ensuite.

(marginalia:) De nouveau chevelu le remplace.

tige, dans lesquels s'accomplissent quelques-unes des plus importantes fonctions de la plante. Elles sont composées d'une mince couche de tissu végétal appelé *parenchyme* retenu par les *nervures*, ou squelette de substance ligneuse appelée improprement les veines ; cette trame de substance ligneuse est recouverte sur chaque face par une mince pellicule de matière beaucoup plus fine, connue sous le nom d'*épiderme*. Dans l'é-

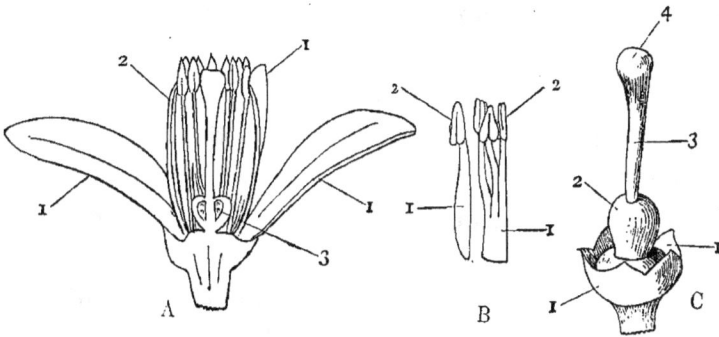

DÉTAIL DES ORGANES D'UNE FLEUR D'ORANGER.

Fig. A. — Coupe verticale d'une fleur.
1. 1. 1 Pétales. 2 Étamines. 3 Pistil,

Fig. B. — Étamines.
1. 1 Filets. 2. 2 Anthères.

Fig. C. — Fleur dont on a enlevé les pétales et les étamines.
1. 1 Sépales. 2 Ovaire. 3 Style. 4 Stigmate.

piderme se trouvent des pores ou ouvertures appelées *stomates*, par lesquelles l'acide carbonique, l'oxygène et la vapeur d'eau sont aspirés ou expirés. Les fonctions des feuilles ont été présentées comme une combinaison des fonctions des poumons et de l'estomac chez les animaux. Les feuilles, en effet, non seulement aspirent les gaz et les expirent sous différentes formes, mais aussi elles digèrent les aliments extraits par les racines et les transforment de façon à les approprier à la nutrition de la plante et à la formation de tous ses tissus.

Les fleurs sont les parties de la plante qui préparent la formation du fruit; elles sont remarquables par leur éclat, leur parfum et leur forme originale. La fleur type se compose de quatre séries distinctes d'organes dispo-sés en cercle autour de l'axe du pédoncule de la fleur. On peut voir aisément cette disposition dans les fleurs de l'oranger et du citronnier.

(marginale : Quatre organes de la fleur.)

En examinant l'une de ces fleurs attentivement, on trouvera cinq petits organes grisâtres, semblables à des feuilles non développées, dans la partie inférieure et ex-térieure de la fleur. L'ensemble de ces organes extérieurs se nomme le *calice* et chaque partie prise séparément *sépale.* Dans la fleur de l'oranger, le calice se compose de cinq sépales. A l'intérieur du calice et dans le même ordre est la *corolle*, composée de cinq organes en forme de feuilles, de couleur blanche et d'un parfum délicieux, qu'on appelle *pétales;* la corolle est donc composée de cinq pétales. A l'intérieur de la corolle est un groupe d'organes d'une forme très particulière, appelés *étamines* les étamines portent à leur sommet des renflements jaunes et creux, les *anthères*, qui sont remplies d'une matière fine semblable à la poussière. Le quatrième et dernier groupe d'organes se nomme les *carpelles*, dont l'ensemble forme le *pistil.* Chaque carpelle se compose d'une cavité appelée *ovaire* dans laquelle on trouve un ou plusieurs corps appelés *ovules.* Les carpelles sont sépa-rées dans beaucoup de fleurs, mais dans la fleur d'oran-ger, ils sont soudés l'un à l'autre et forment un tout qui se termine par un prolongement en forme de mas-sue, appelé *style.* A l'extrémité du style se trouve une

surface formée de glandes visqueuses, qu'on nomme
le *stigmate* et très fréquemment quelque parcelle de
la poussière qui vient des anthères s'y trouve adhérente.

Cette poussière qui est appelée *pollen* agit dans son
adhérence au stigmate de façon à fertiliser la fleur, c'est-
à-dire qu'elle amène les pistils à se développer en fruit
contenant des graines. Si ce procédé de fertilisation
n'existait pas, aucun fruit ne se formerait et les fleurs ne
tarderaient pas à se dessécher, à mourir et à se détacher
de l'arbre. Aussitôt que les ovules sont fertilisés par le
pollen, le pistil composé de l'orange commence à grossir en fruit; les sépales restent attachés au pédoncule à
la base du fruit; les pétales se dessèchent et tombent,
ainsi que les étamines; l'ovaire grossit rapidement et
forme le fruit ou enveloppe de la graine, et les ovules
deviennent en même temps les graines qui donneront
naissance à de nouvelles plantes.

*Fertilisation
des fleurs.*

Un grand nombre de fleurs ont un arrangement de
leurs parties semblable à celui de la fleur d'oranger;
avec la description ci-dessus donnée, il ne sera pas difficile de déterminer quelle est l'enveloppe florale (sépales et pétales) et quels sont les étamines et pistils. Mais
une multitude de fleurs diffèrent considérablement du
type de la fleur d'oranger. Par exemple, l'enveloppe florale, au lieu d'être composée de deux séries d'organes
(sépales et pétales), peut n'en avoir qu'une, comme dans
les lis, et cette enveloppe unique s'appelle *périanthe;*
c'est un *calice pétaloïde* dont les folioles sont ordinairement de couleurs vives. Les parties du calice, corolle et périanthe, peuvent être des organes séparés en
forme de feuilles, ou soudés ensemble et formant une

L'enveloppe florale peut manquer.

enveloppe de forme infiniment variée. Les enveloppes florales peuvent aussi être imperceptibles ou manquer entièrement. Dans l'arum, le taro (colocase), l'inflorescence — nom donné à la collection des fleurs sur le pédoncule florifère — consiste en un axe central ou spadice qui porte à sa base des étamines et un peu au-dessus des pistils ; or chacune de ces étamines forme à elle seule une fleur staminée et chacun de ces pistils équivaut à une fleur pistillée ; il n'y a à la vérité ni calice ni corolle ni périanthe, mais toute l'inflorescence est protégée par une sorte de large feuille ou bractée jaunâtre enroulée en cornet qu'on nomme *spathe*.

Arrangement des étamines et pistils.

Dans quelques plantes, étamines et pistils ne se trouvent pas réunis sur la même fleur, et sont même portés sur des pieds distincts ; il est des arbres, comme le muscadier, qui ne produisent que des fleurs à étamines ou fleurs *mâles*, et d'autres que des fleurs à pistil ou fleurs *femelles*. Quand cela se produit, les plantes sont dites *dioïques* et la fertilisation ne peut se faire que par le vent qui applique le pollen sur la surface du stigmate des pistils ou par les insectes et autres animaux qui transportent le pollen des fleurs mâles aux fleurs femelles.

Fertilisation du palmier-dattier.

Fertilisation par le vent. — Le palmier-dattier dont le fruit forme le fond de la nourriture dont se contentent la plupart des populations habitant la région tropicale de l'ouest asiatique et du nord africain, est un arbre dioïque ordinairement fertilisé par l'intermédiaire des vents. Les indigènes assurent souvent une bonne récolte de dattes, en grimpant sur les arbres femelles, et en secouant le pollen des fleurs mâles sur les fleurs femelles. Il a même été observé que les tribus africaines

étant en guerre les unes contre les autres, détruisent
les dattiers mâles de leurs ennemis, parce qu'ils sont
moins nombreux que les femelles et ainsi répandent la
famine dans la contrée. Un palmier femelle a grandi
dans une serre à Berlin pendant huit ans sans rapporter
de fruits; on apprit alors qu'un palmier mâle, ou à
étamines de la même espèce, était en fleurs à Dresde;
quelques pollens furent envoyés par la poste et furent
secoués sur les fleurs de pistils; l'arbre fructifia et donna
une bonne récolte. Quand le pollen est transporté par
le vent pour la fertilisation des fleurs, il est excessivement sec et léger; il peut donc être entraîné à de grandes distances. Un étonnant exemple de fertilisation par
le vent s'est produit en Italie : un palmier poussa à
Otrante; il portait chaque année quantité de fleurs femelles, mais point de fruits, bien que l'arbre fût grand
et vigoureux. Quelques années après un pied mâle de
la même espèce vint à fleurir à Brindisi; bientôt l'arbre
d'Otrante fut couvert de fruits; le vent avait transporté
le pollen à une distance de 24 milles (38^k 616^m).

> Le pollen transporté par le vent.

Fertilisation par les insectes. — Il y a une quantité innombrable de plantes dont les fleurs ne peuvent
se fertiliser spontanément, ni être fertilisées par l'intermédiaire du vent. Il arrive aussi parfois que des étamines et des pistils bien constitués se trouvent sur la
même fleur, mais ne se développent pas en même temps;
aussi les pistils d'une fleur doivent-ils être fertilisés par
le pollen d'une autre. Ce phénomène appelé *fertilisation croisée*, est très fréquent, et c'est une sage précaution de la nature pour permettre aux plantes de
produire de meilleures graines. Dans d'autres plantes,
comme les orchidées, les aristoloches etc., les étamines

sont disposées de telle sorte qu'elles sont parfaitement
incapables de laisser tomber leur pollen sur leur propre
stigmate, ni sur celui d'autres fleurs; aussi les pistils
ne pourraient-ils être fertilisés, les plantes produire de
fruit ni partager leur espèce sans l'intervention des
insectes et des oiseaux.

Tout le monde, dans les Indes occidentales, a eu
l'occasion de remarquer les papillons, les abeilles, les
colibris, voltigeant d'une fleur à une autre dans un
rayon de soleil. Les papillons dardent leurs longues
trompes dans les corolles; les abeilles se glissent dans
les fleurs; les colibris, sans paraître bouger mais en
réalité en battant des ailes avec une étonnante rapidité,
se posent sur le bord d'une fleur et se laissent balancer
tout en fouillant au moyen de leurs longs becs effilés
jusqu'au fond de la fleur. Les colibris, abeilles, papillons, coléoptères, phalènes, tous pénètrent dans les
fleurs pour chercher le nectar, liquide sucré, sécrété au
moment de la pollination, c'est-à-dire lorsque le stigmate est prêt à recevoir le pollen. Ce nectar est in-
dustrieusement recueilli par les abeilles qui l'élaborent
sous forme de miel. Il est sécrété par des glandes situées sur les pétales ou les étamines mêmes. Au microscope, ces organes apparaissent comme de petites
saillies ou canaux ou éperons, d'où suinte le nectar.
Toutes ces glandes, de forme variée, sécrétant l'exquise
liqueur qu'on vient de dire, se nomment uniformément
nectaires.

Nous avons vu comment les insectes et les oiseaux
vont aux fleurs pour leur dérober leur nectar; mais
la nature a sagement établi qu'ils rendraient en même
temps service à la plante en facilitant l'importante

Les colibris et les fleurs.

Le nectar attire les oiseaux et les insectes.

Les oiseaux et les insectes fertilisent les plantes en se nourrissant de leur nectar.

fonction de la fertilisation. Les fleurs sont d'une infinie variété de formes ; mais peu importe la disposition de leurs nombreuses parties, car les insectes ne peuvent atteindre au nectar sans toucher aux anthères, et le pollen se détache alors et recouvre ces insectes. Quand ils visitent alors une autre fleur, le pollen étant frotté contre le stigmate gluant, y reste fixé pour accomplir son importante fonction. Telle est la façon la plus commune dont les fleurs sont fertilisées par les insectes. Mais, dans d'autres cas, l'arrangement de la fleur pour effectuer la fécondation est vraiment merveilleux. *L'aristolochia trilobata* est une curieuse plante rampante qui pousse à l'état sauvage à la Jamaïque, la Dominique et dans les autres îles occidentales. La fleur est très belle ; il n'y a pas de corolle, mais le calice coloré est fait comme une urne avec un col recourbé en forme de cou de cygne. Ce col a une sorte de couvercle ou opercule qui se prolonge en panache s'agitant au vent et servant à attirer l'attention des insectes. Le couvercle empêche la pluie d'entrer dans l'urne, mais laisse l'accès libre aux mouches et autres petits animaux. L'intérieur du col forme un tube qui conduit au fond renflé de la fleur ; il est garni de poils disposés en sens inverse de l'entrée, la pointe tournée à l'intérieur, de sorte qu'ils n'opposent aucun obstacle à l'insecte qui pénètre dans la cavité de la fleur, mais l'empêchent d'en sortir. Une mouche entrée dans l'urne pour chercher le nectar est retenue prisonnière, jusqu'à ce que, par ses mouvements, elle ait forcé le pollen à s'appliquer sur le stigmate ; quand cela est fait, la mouche peut sortir en emportant avec elle quelques grains de pollen qui peuvent servir à une fertilisation croisée

Merveilleux exemple des précautions de la nature pour assurer la fertilisation par les insectes.

Couleurs et odeurs des fleurs.

dans une autre fleur. Les brillantes couleurs des fleurs et leur parfum semble attirer les insectes et les autres animaux qui contribuent à la fertilisation ; on a observé que les fleurs, qui ont besoin pour être fertilisées de l'intervention des animaux, ont dans la couleur, la forme ou l'odeur, quelque chose de caractéristique qui sert à attirer l'attention et à provoquer la visite de leurs précieux hôtes.

La graine et l'embryon de la plante.

On voit combien sont sages les agencements de la nature : les fleurs nourrissent les insectes et les insectes fertilisent les fleurs, de sorte que les espèces peuvent être propagées et que l'homme et les animaux peuvent recueillir une plus ample moisson du sol.

La **graine** ou, comme on l'appelle quelquefois, *l'œuf de la plante,* se compose d'un très petit corps, l'*embryon* ou jeune plante, et d'une masse nutritive faite généralement d'amidon ou d'huile, destinée à nourrir la plante-enfant jusqu'à ce qu'elle puisse prendre d'elle-même la nourriture. L'embryon et la nourriture sont entourés de deux enveloppes dures qui les protègent contre toute offense.

La graine contient la nourriture pour la jeune plante jusqu'à ce que les racines soient formées.

L'*embryon* est la plante en miniature ; il est composé d'une *radicelle* ou racine, d'une *caulicule* ou tigelle, d'une ou deux feuilles, les *cotylédons*, et d'un germe ou *plumule* ordinairement enveloppé dans une petite cavité placée à la base des cotylédons. Naturellement toutes ces parties qui correspondent aux parties similaires de plante adulte sont très rudimentaires ; elles sont comme la miniature ou l'esquisse de la plante parfaite. L'aliment emmagasiné dans la graine pour la première nourriture de la jeune plante peut être contenu dans les cotylédons qui sont alors gros et charnus comme dans les fèves, ou bien il peut être à côté des cotylédons comme dans le maïs ou le cocotier ; mais toutes les graines en contiennent une provision sans quoi elles ne

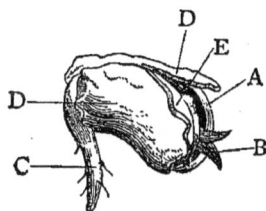

Fig. 1.

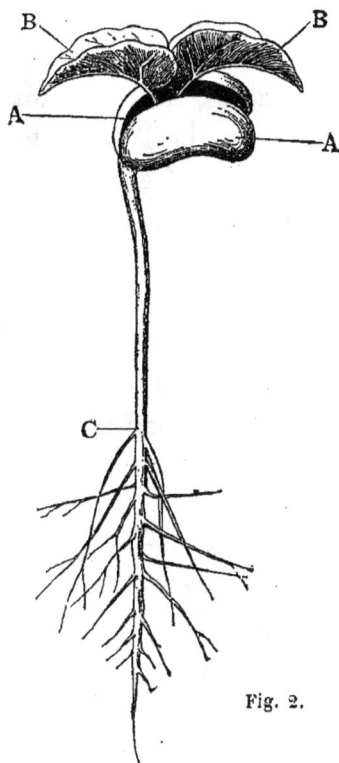

Fig. 2.

PHASES DE LA GERMINATION D'UNE GRAINE.

Fig. 1. — A Cotylédons. B Plumule et formation des feuilles. C Radicelle et formation de la racine. D. D Enveloppe externe de la graine. E Enveloppe interne de la graine.

Fig. 2. — A. A Cotylédons. B. B Feuilles développées de la plumule. C Racines développées de la radicelle.

pourraient se développer en plantes, la radicelle ne pouvant extraire du sol la nourriture avant de s'être développée en racine parfaite.

Germination. — Placé dans des conditions favorables, l'embryon commence à prendre la forme de la
plante, et cette action vitale se nomme *germination*. Les
conditions nécessaires pour la germination sont au
nombre de trois, savoir : *humidité, chaleur et air*. Quand
ces trois conditions requises se présentent en proportions
convenables, il se produit le phénomène suivant : la
graine absorbe l'humidité qui amollit et gonfle toutes
les parties, de façon à briser l'enveloppe et à permettre
à l'embryon de grandir ; en même temps s'accomplissent certaines transformations chimiques : l'amidon insoluble ou l'huile qui est dans la graine se change en une
substance soluble comme le sucre, substance dont se
nourrit la plante-enfant ; le carbone devenu libre dans
cette combinaison chimique se combine avec l'oxygène
de l'air pour former de l'acide carbonique ; pendant
tous ces changements il se dégage de la chaleur et ainsi
la graine est échauffée, dans une certaine mesure, par
sa propre action vitale ; mais la chaleur du dehors est
nécessaire tout d'abord, car, sans elle, la vie qui est
dans la graine en sommeil ne pourrait, pour ainsi dire,
être réveillée.

L'embryon une fois dégagé des enveloppes de la
graine, la radicelle pousse de haut en bas dans la
terre et devient racine, la plumule croît de bas en haut et
forme la tige et les feuilles. La nature a doué l'embryon
de cette propriété, et il n'est rien au monde qui
puisse empêcher la radicelle de pousser en bas dans le
sol ou la plumule en haut dans l'air. Si une graine est
plantée de façon que les radicelles se trouvent en haut,
elle se retournera aussitôt qu'elle commencera à grandir : cela peut être souvent observé pour le cacao et

Conditions de
la germination.

Le phénomène
de la germina-
tion.

Action
chimique.

Croissance
de l'embryon.

pour les autres graines qui ont été plantées à l'envers.

Nutrition des plantes. — On a vu que la plante-enfant est nourrie par l'aliment contenu dans la graine. Mais à la longue, quand les racines et les feuilles sont formées, cette réserve est épuisée et la feuille doit chercher dans le sol et dans l'air son aliment. Les feuilles empruntent la nourriture à l'air ambiant; les racines la tirent du sol au moyen du fin chevelu qui recouvre leurs plus petites radicelles. Toutefois, pour que ces fonctions s'accomplissent, il faut que l'aliment soit dissous par l'eau; car ni la racine, ni aucune autre partie de la plante ne peut absorber d'aliment solide. Le sucre, le sel et autres corps solides similaires peuvent être facilement dissous dans l'eau; mais ils y existent toujours sous une autre forme et peuvent être reconnus au goût. Or, l'eau, dans le sol, de concert avec l'acide carbonique et l'excrétion acide du chevelu de la racine, dissout les substances solubles de la même manière qu'elle dissout le sucre. L'ammoniaque, l'acide carbonique, les composés de chaux, de potasse, etc., sont toujours présents à l'état soluble dans un sol fertile et peuvent être absorbés par les racines pour servir à la nutrition et à la croissance des plantes. L'acide carbonique et l'ammoniaque dans le sol proviennent de la pluie (qui les a apportées de l'atmosphère) de la décomposition ou putréfaction dans la terre des matières animales et végétales. Mais les composés inorganiques dérivent du sol lui-même, lequel, comme nous le savons, a été formé des roches primitives.

Composition des plantes. — Le phénomène de la nutrition des plantes sera mieux compris quand on connaîtra leur composition. Si l'on prend une plante avec ses racines, sa tige, ses feuilles, et qu'on la jette au feu, il n'en restera rien qu'une petite quantité de cendres : environ 5 parties pour 95 brûlées. Ces 95 parties ont disparu sous forme de gaz et vapeur; on les appelle portions *organiques* ou *volatiles;* elles proviennent principalement de l'atmosphère. Les cendres se nomment portions *inorganiques* ou *minérales* et proviennent du sol. Quelquefois, les cendres sont en proportion supérieure ou inférieure à 5 %, les limites étant de 1 à 11 %, mais le taux de 5 % peut être pris pour quantité moyenne.

Les parties volatiles de la plante sont de deux sortes : l'une contient tous les éléments organiques, moins l'azote, et ces parties sont pour cela appelées non-azotées; l'autre contient les quatre éléments organiques, et les parties sont dites azotées. Dans la première classe se rencontrent la *cellulose* ou matière ligneuse, l'*amidon*, le *sucre*, les *gommes*, etc.; dans la seconde le *protoplasma* et la *chlorophylle*. Le protoplasma est la partie de la plante où se concentrent les principales fonctions vitales, et la chlorophylle est la matière colorante des feuilles. Cette dernière est l'agent principal de cette décomposition de l'acide carbonique qui fait que le carbone est absorbé par la plante et que l'oxygène retourne à l'atmosphère.

Les portions inorganiques des plantes sont la *silice*, le *chlore*, la *potasse*, la *soude,* la *magnésie*, la *chaux*, l'*oxyde de fer*, l'*acide phosphorique*, l'*acide sulfurique* et parfois le *manganèse*, et d'autres substances minérales qui se rencontrent en minime proportion. Ces éléments organiques ne se présentent pas d'eux-mêmes ou à l'état libre; ils s'unissent les uns aux autres pour former des composés; par exemple, le superphosphate de chaux est

Cendres des plantes.

Les parties organiques sont volatiles.

Importance du protoplasma.

un composé de phosphore, de calcium, d'hydrogène et d'oxygène. L'analyse des cendres des plantes est de la plus grande importance pour les planteurs; elle les met à même de discerner si une plante déterminée peut être cultivée avec succès dans une partie donnée de leurs terres. Si, par exemple, la terre manque de chaux et que le planteur désire cultiver une plante qui en absorbe beaucoup, il sait que la plante ne viendra bien que s'il fournit du calcaire au sol d'une manière ou de l'autre. Les parties inorganiques des plantes, ainsi que le montre la quantité des cendres sont peu considérables, mais elles sont aussi nécessaires à la bonne venue des plantes que l'eau qui est contenue dans les tissus en si grande abondance. Un sol dans lequel tout existe à l'exception d'un des éléments inorganiques nécessaires ne nourrira pas la plante; l'absence de cet élément constatée dans la petite quantité de cendres rend le sol incapable de produire une abondante végétation de l'espèce désirée. Cela explique le remarquable appoint qu'apporte la chimie agricole au cultivateur ou planteur. D'abord elle établit quelle est la composition de la plante qu'il désire cultiver; puis elle analyse le sol de façon à reconnaître s'il contient tous les éléments nécessaires à l'alimentation des plantes et si ces éléments existent à l'état actif; ou encore, comme nous le verrons plus loin, elle reconnaît quand le labour ou la jachère développent dans le sol toutes les substances nécessaires en quantité suffisante et sous une forme soluble propre à l'absorption par les racines.

Importance de l'analyse chimique.

Le sol doit contenir les éléments inorganiques trouvés dans les plantes.

Importance de la chimie agricole.

CHAPITRE V.

PROPAGATION DES PLANTES.

A l'état naturel, les plantes se propagent par graines, bulbes, tubercules, rejetons, stolons et bourgeons. L'homme par sa science a accru les moyens de propagation, soit en divisant la plante, soit en pratiquant des divisions de la tige et des racines, soit en employant le procédé connu sous nom de marcottage. Il y a donc deux procédés de propagation, l'un naturel, l'autre artificiel. On les emploie tous deux en agriculture.

Propagation par graines. — Dans la plupart des cas, les plantes se reproduisent d'elles-mêmes par leurs graines, et beaucoup de cultures créées par l'homme se perpétuent d'elles-mêmes de cette façon. — La production de la graine est le but et souvent le terme de la vie de la plante. La graine tombe à terre et germe ; la plante pousse, mûrit, produit des fleurs et des graines, et souvent cette production de la graine est le suprême effort de l'organisme. Tel est le cycle de la vie des plantes depuis d'innombrables années comme aujourd'hui. On remarque que beaucoup de plantes de même espèce varient considérablement en taille, en vigueur de pousse, en apparence de santé, en qualité et en quantité de graines et de fruits. Tandis qu'une plante croissant dans un bon sol, et dans de favorables conditions, sera d'apparence luxuriante et se montrera féconde en fruits, graines, feuilles et racines, une autre plante de même espèce, croissant dans de mauvaises conditions et dans un milieu désavantageux sera pauvre, sèche, rabougrie, stérile ou à peu près. Or le but de l'agriculteur est d'obtenir des plantes bien portantes et robustes, qui lui donneront de bonnes récoltes ; l'une des choses les plus nécessaires pour assurer ce résultat, après qu'on a reconnu que le sol et le climat sont favorables, est de *choisir de bonnes semences*. Pour faire couver une poule avec l'espoir d'obtenir une belle couvée de gros poulets, personne ne choisira les œufs les plus petits et de moins belle apparence ; de même aucun agriculteur intelligent ne peut attendre d'une mauvaise semence des plantes fortes et prolifiques. Pour avoir des graines de choix, il faut les recueillir des plantes les plus vigoureuses, parce que des parents robustes ont d'ordinaire une progéniture robuste : la loi est la même dans le règne végétal que dans le règne animal. La graine doit donc être prise sur les plus belles plantes ; c'est d'elles que proviennent les graines les plus grosses et les meilleures. Le planteur s'assurera donc d'une large proportion de belle semence. Si cette sélection était pratiquée pendant plusieurs années de suite dans les Indes occidentales, il y aurait des chances pour que nos productions fussent grandement améliorées ; on a jusqu'à présent accordé trop peu d'attention à cette question importante, ce qui explique l'infériorité relative des productions de nos contrées.

Propagation par les bulbes et tubercules. — Les bulbes et les tubercules tiennent à la plante sur ou sous la terre. Chez les ignames, les deux modes se ren-

Importance de la bonne graine.

Prendre les graines des plantes les plus vigoureuses.

Amélioration des productions.

Bulbes de l'igname.

contrent sur le même sujet. Si les ignames sont laissées
à elles-mêmes elles donnent des tubercules et la tige
meurt, puis les tubercules grossissent et forment un
groupe d'ignames au même endroit; mais comme ces
pousses seraient trop serrées pour grandir, quelques-
unes périssent. La plante se reproduit ainsi d'elle-même,
mais seulement dans une certaine mesure. L'homme
intervient alors, sépare les tubercules, les place tous
dans des conditions favorables; il peut même par une
méthode artificielle augmenter le nombre des rejetons
de l'igname-mère, et il obtient ainsi une production
beaucoup plus grande. C'est un des cas où les procédés
naturels de reproduction sont employés par l'homme
a son avantage.

Propagation par stolons. — Ce mode de propagation peut s'observer sur les fraisiers et autres plantes
stolonifères. Une pousse sort du pied de la tige, rampe
sur le sol et s'enracine à son extrémité, pour former
une nouvelle plante; cette pousse ou *coulant* se dessèche
après que la nouvelle plante est enracinée. Quelques
végétaux émettent aussi des tiges rampantes qui s'enracinent tout le long de leur surface inférieure; chez
ces végétaux les bourgeons qui se produisent à la face
supérieure, développent de nouvelles plantes.

Tiges
rampantes.

Propagation par rejetons. — Les rejetons ne sont
qu'une modification des stolons : ce sont des branches,
ou plus exactement des tiges souterraines qui peuvent
être ou très longues ou très courtes, mais qui poussent
sous terre, et qui, après avoir pris racine, s'élèvent dans
l'air et deviennent des plantes indépendantes par le
fait du dépérissement ou de la séparation des tiges
souterraines qui les rattachaient à la plante-mère. Le

bananier est un exemple connu de ce procédé de propagation. Les races cultivées donnant des graines sont très rares ; l'on ne peut donc se passer des rejetons pour propager la plante et s'assurer l'important aliment qu'elle produit. Les botanistes font plusieurs divisions parmi les stolons et les rejetons et leur donnent différents noms, suivant leurs caractères ; mais dans la pratique, l'agriculteur peut considérer la division en stolons et rejetons comme essentielle.

Surgeons du bananier.

Propagation par marcotte. — En certains cas, le marcottage qui est très usité par les jardiniers pour propager les plantes, est un procédé naturel. Quand les branches d'une plante, par leur propre poids ou par quelque circonstance accidentelle, s'inclinent jusqu'à terre et restent en contact avec le sol humide, les racines se développent sur la face inférieure, et au bout de quelque temps, la branche devient une plante indépendante. Ce procédé a été imité par l'homme qui maintenant propage à volonté les plantes par ce moyen. La branche à marcotter est inclinée jusqu'à terre ou jusqu'au terreau placé en pot ou en caisse, puis retenue par une fourche ou quelque autre entrave, et afin de stimuler la branche à la production de racines, la partie qui la relie à la tige-mère est coupée à demi, ou tordue ou même rompue ; au bout d'un certain temps, les racines seront formées et l'on pourra couper entièrement la partie qui les réunissait.

Le marcottage est souvent un procédé naturel.

Propagation par division. — C'est là un moyen très simple et très sûr de propagation pour les plantes qui ont de nombreuses racines et de nombreuses tiges, comme l'herbe de Guinée, la cardamome, le gingembre, l'arrow-root, etc... La plante est dépiquée et la terre

secouée des racines, puis on fait autant de divisions que
la plante le permet. On doit prendre soin qu'il reste
au moins un bourgeon sur chaque division, autrement
la nouvelle plante ne pousserait pas bien.

Propagation par boutures. — Ce procédé de
propagation a une grande valeur ; grâce à lui, on peut
conserver les propriétés caractéristiques des plantes.
Dans les plantes à graines, souvent le semis ne reproduit
pas exactement la plante-mère ; on y remédie en reproduisant les sujets par boutures. La canne à sucre s'obtient par boutures ; de même le bambou, la patate
douce, le manioc, etc. Les boutures doivent toujours
être coupées en travers aussi doucement que possible,
juste au-dessous d'un œil ou d'un bourgeon, sur la
tige ou sur une branche de la plante ; de cette façon il
y a plus de chances pour que la bouture prenne racine.
Dans la reproduction des plantes par boutures opérée
sur une grande échelle comme aux Indes occidentales,
on ne prend pas assez de soin pour choisir de bonnes
plantes-mères. L'auteur de cet ouvrage a souvent vu
des « plants » de canne à sucre (c'est ainsi qu'on nomme
parfois les boutures) pris sur les plus mauvaises et les
plus courtes cannes du champ ; les planteurs s'éton-
naient ensuite de trouver leurs cannes chétives et de
lente venue. La bouture reproduisant toujours les
qualités propres de la plante-mère on ne peut donc
attendre des cannes vigoureuses, de boutures prises sur
des sujets inférieurs. Dans les régions tempérées et
froides de l'Europe et de l'Amérique, où les plantes
tropicales ne peuvent vivre qu'en serre chaude, leur
reproduction est assurée exclusivement par le bouturage,
et les jardiniers ont acquis une grande adresse dans la

*Les plantes se-
mées diffèrent
souvent des
plantes mères.*

*Prendre la
bouture sur les
meilleurs sujets.*

multiplication des plantes par ce procédé. Beaucoup de plantes peuvent à la vérité être reproduites aujourd'hui par simple bourgeon, ou même par feuille ou portion de feuille; mais le planteur des tropiques n'a pas à utiliser de ce procédé. Pourtant notons que le principe de ce procédé peut être aisément vérifié pour le begonia commun; un simple feuille de begonia placée ou piquée dans une terre humide donne ordinairement plusieurs plantes se développant parfaitement.

Plantes reproduites par les bourgeons ou les feuilles.

CHAPITRE VI

LE CLIMAT.

Les plantes poussent sous les climats qui leur conviennent. Le climat est le principal régulateur de la végétation; et l'une des premières questions que doit examiner le planteur est de savoir si le climat convient à la culture qu'il veut entreprendre. Le sol de certaines parties de la Hollande peut parfaitement convenir à la canne à sucre, comme celui de la Jamaïque à la betterave. Mais dans les deux cas, le climat rendrait le succès impossible, si quelqu'un était assez inconsidéré pour en faire l'essai; les habitants de la Jamaïque s'enrichissent avec le sucre de canne, comme les Hollandais avec celui de betterave, pour cette raison toute simple que le climat de la Jamaïque est approprié à la canne à sucre et celui de la Hollande à la betterave.

Ce qu'est le climat. Le climat représente la plus grande ou la moindre somme de chaleur, de lumière et d'humidité, c'est-à-dire les principales conditions qui influent sur la végétation et rendent une contrée habitable pour l'homme Latitude. et les animaux. Le climat est généralement déterminé par la latitude; il est plus chaud à l'équateur et de plus en plus froid à mesure qu'on s'avance vers les pôles. Toutefois, cette règle générale souffre beaucoup d'exceptions : la principale exception est déterminée par l'élé-

vation au-dessus du niveau de la mer ou *altitude*. Près Altitude.
de l'équateur, il y a des sommets dépassant 16,000 pieds
(4,800ᵐ) qui sont couverts de neige toute l'année. Le
grand explorateur allemand, Humboldt, a posé en principe que le thermomètre descend d'un degré par 343
pieds (102ᵐ) d'élévation, en sorte que, dans les pays de
montagnes, le climat dépend en réalité de l'altitude. Il Climat des
montagnes.
est remarquable que, dans les petites îles montagneuses,
comme la Jamaïque ou la Dominique, le climat est
chaud et tropical aux environs du niveau de la mer,
et que dans les parties hautes il devient frais et tem-
péré. Sur le littoral poussent le manguier, la canne à
sucre, le cocotier, et les fruits européens n'y peuvent
venir; mais sur les hauteurs, ni le manguier, ni la
canne ne réussiront, alors que les plantes européennes
vivent, fructifient et même se reproduisent librement,
comme par exemple les fraisiers dans les plantations
de quinquina des Antilles.

Les forêts exercent une notable influence sur le cli- Forêts.
mat, surtout sous les tropiques : leur feuillage épais
empêche les rayons du soleil d'échauffer le sol, de sorte
que l'atmosphère est imprégnée de fraîches vapeurs.
Lorsque les forêts ont été défrichées et la terre mise Terres culti-
vées plus sèches
et plus chaudes.
en culture, l'air devient plus sec et plus chaud; le
sol également. Un effet semblable se produit quand
on a drainé et cultivé une terre humide et marécageuse.

Lorsque l'atmosphère est obscurcie de nuages et de
vapeurs, comme dans les contrées maritimes, le climat
est beaucoup plus égal qu'à l'intérieur des continents.
Mais les lacs et les marais ont une fâcheuse influence
sur les climats; ils donnent naissance, surtout la nuit,

à des brouillards qui refroidissent le sol et rendent en outre le pays malsain.

Exposition.   L'orientation influe aussi sur le climat : une localité exposée au nord ou à l'est est en général plus froide et plus humide qu'une localité exposée au sud ou à l'ouest. Mais l'exposition dépend du soleil ; aussi dans les pays de montagne est-elle souvent contrariée par la disposition du sol ; les crêtes alternant avec les vallées ou les ra-vins, il y a d'énormes différences climatériques entre

Les vallées.   les endroits les plus voisins. Dans une vallée, le versant qui reste le plus souvent dans l'ombre est froid et hu-mide ; l'autre est chaud et sec. La vie des plantes dif-férera donc sensiblement d'une vallée à l'autre.

Influence des vents.   Les régions exposées aux vents ont un climat diffé-rent de celui des régions abritées, quand bien même les conditions de nature du sol, de pluie, d'orientation seraient les mêmes. Mais dans la plupart des cas, l'agri-culteur peut corriger ce défaut. Une ceinture d'arbres, formant abri, transformera souvent un champ mal ex-posé et improductif en une plantation prospère.

Sol.   Le sol a une grande action sur le climat. Les terres sablonneuses, par exemple, ont une température beau-coup plus élevée que les terres argileuses. Dans les contrées sablonneuses telles que l'Égypte, le Bengale, l'Arabie et autres parties du monde ayant des déserts de sable, la chaleur est intolérable à certaines saisons de l'année.

CHAPITRE VII.

ENGRAIS.

Épuisement du sol. — On a vu que les plantes en croissant absorbaient certaines substances qu'elles trouvaient dans le sol à l'état soluble. Mais ces substances, qu'on nomme éléments actifs, n'existaient dans le sol qu'en petite proportion. Si la terre est continuellement mise en culture et si on ne remplace pas par un procédé quelconque les substances enlevées par les moissons, le sol finit par *s'épuiser*, la terre perd sa fertilité. A l'état de nature, cet épuisement ne se produit pas; dans les forêts en effet, les éléments constitutifs enlevés du sol sont rendus par la décomposition des feuilles, branches ou troncs qui tombent à terre; dans les prairies et les savanes, où les animaux errent en liberté, le retour à la terre des substances enlevées comme nourriture est sans cesse assuré; car les animaux engraissent la terre par leurs excréments pendant leur vie, et par leurs cadavres après leur mort.

La terre doit être regardée par le planteur comme une banque dans laquelle il a un compte ouvert. S'il tire continuellement des chèques sur cette banque et n'effectue pas de nouveaux dépôts pour compenser les sorties, il arrivera tôt ou tard à épuiser son capital :

il en est de même pour le sol. Dans les plantations de cacaoyer ou de caféier, aux Indes occidentales, et surtout dans l'intérieur des terres, on voit souvent le planteur enlever sa récolte chaque année et ne faire rien ou à peu près rien pour combattre l'épuisement de sa terre ; au bout d'un certain temps, voyant la récolte diminuer, il croit que les arbres sont mauvais, ou que le sol n'est pas propre à la culture, tandis que la faute en est à lui seul qui a pris tout à la terre, et ne lui a rien rendu.

L'épuisement peut en certains cas être prévenu par la *jachère* ou par une *culture* rationnelle, comme par exemple lorsque la terre est bêchée ou labourée dans le but de rendre actifs les éléments passifs ou bien lorsque la culture est interrompue et le champ laissé en jachère. Mais ce moyen ne peut être employé que dans les cultures de canne à sucre ou de blé. Le cacaoyer, le caféier et les plantes similaires sont des plantes de longue durée en sorte qu'avec elles la terre ne peut se reposer ni la récolte être interrompue, c'est alors que les engrais et les opérations de labour sont utiles et même nécessaires.

Action des engrais. — Le principal effet des engrais est de *restaurer la fertilité* d'un sol épuisé, *d'enrichir* un sol naturellement pauvre, de *prévenir l'épuisement* en rendant au sol, sous une forme appropriée, les divers éléments enlevés avec la récolte. Les engrais n'agissent pas seulement en introduisant dans le sol des matériaux assimilables par les plantes; ils agissent en outre chimiquement sur les constituants organiques et inorganiques du sol, rendent quelques-unes de leurs substances d'inactives, actives, et rendent aussi libre l'aliment de la plante qui était en quelque sorte dans la terre à l'état latent. Ils ont une troisième action très importante, *l'action mécanique*. Les engrais, en effet, améliorent la condition physique du sol, en rendant plus légère et plus perméable l'argile tenace et lourde, en agglomérant les sables et les rendant capables de retenir l'humidité.

Engrais généraux et spéciaux. — Les engrais sont ordinairement divisés en deux classes.

L'*engrais complet* est celui qui fournit au sol tous les constituants absorbés par les plantes qui s'accroissent aux dépens du sol et de l'air ; il contient par conséquent tous les éléments organiques et inorganiques qui se trouvent dans les plantes ; c'est l'engrais le plus précieux pour le planteur.

Les *engrais spéciaux*, qu'on appelle aussi artificiels, contiennent un ou plusieurs des constituants nécessaires de l'alimentation végétale, et sont employés pour remplacer dans le sol ces constituants, qu'ils soient absorbés par les récoltes abondantes ou qu'ils se trouvent en trop faible proportion naturellement. Le baron Liebig a établi ce qu'il appelle la « loi du minimum » ; l'obtention d'une récolte nécessite impérieusement la présence dans le sol d'une « quantité minima » de un ou de plusieurs des éléments inorganiques qui servent à la nutrition de la plante cultivée, d'un ou de plusieurs des éléments inorganiques des aliments des plantes. Un sol peut contenir en excès tous les constituants nécessaires à la prospérité d'une plante sauf un seul ; si celui-là est fourni artificiellement, la fertilité du sol est assurée. L'emploi d'un engrais contenant en large proportion le constituant qui manque constitue le mécanisme de l'amendement général et spécial ; il découle de tout cela l'indispensable nécessité d'une connaissance exacte du sol et de la vie végétale, afin de déterminer quelle doit être la composition de l'engrais artificiel dont ou veut faire usage. L'emploi irrationnel ou inconscient de ces engrais n'augmente pas la récolte et peut être même préjudiciable au sol; c'est donc une dépense inutile pouvant même produire une perte.

Engrais généraux. — Ces engrais peuvent être divisés en trois classes : 1° le fumier de ferme ; 2° les engrais verts; 3° les produits inutilisés.

Le *fumier de ferme*, n'est autre chose que la litière de paille ou d'émondes de canne piétinée par les chevaux, bêtes à cornes, pourceaux, moutons, dans les écuries, les étables, les porcheries, les bergeries et mêlée aux excréments solides et liquides des animaux. C'est le meilleur engrais qui puisse être mis en terre ; il enrichit le sol plus qu'aucune autre substance ; son action sur le sol est à la fois chimique et mécanique ; aucun autre engrais n'a une action aussi complète. Sa qualité, et par suite son efficacité varient beaucoup suivant les animaux qui le produisent et le genre de nourriture qu'on leur donne. Les animaux jeunes emploient la plus grande partie de la nourriture qu'ils consomment au développement de leurs tissus; aussi leur fumier n'est-il pas aussi bon que celui des animaux adultes. Les animaux qui consomment une bonne nourriture produisent un fumier plus riche que ceux qui sont pauvrement nourris. Les chevaux, par exemple, qui sont nourris en partie d'orge et d'avoine ou de tourteaux de graines produisent un meilleur fumier que les animaux qui ne mangent que de l'herbe. En Angleterre et ailleurs, les bêtes à cornes reçoivent souvent une nourriture forte

Supériorité du fumier.

Les animaux bien nourris donnent un meilleur fumier.

dans l'unique but d'augmenter la valeur du fumier; il a été reconnu qu'il était moins coûteux de procéder ainsi que d'acheter des engrais artificiels.

Quand le fumier est mis en tas, il fermente. Cette fermentation est produite par la rapide formation de myriades de petits organismes végétaux du genre des moisissures ; la fermentation dégage de la chaleur et détermine d'importantes transformations dans le fumier qui est ainsi rendu plus propre à concourir à l'alimentation des végétaux. Quand on commence à percevoir une odeur d'ammoniaque, c'est un signe que le tas est trop sec et il faut alors le mouiller. Quand le tas est exposé à l'air et au soleil, un flot de liquide noirâtre en découle; cette matière est d'une grande valeur et ne doit pas être perdue; il faut la recueillir et la répandre sur le tas de fumier ou bien sur le sol, où son action hautement fertilisante doit être employée. *Ce fumier liquide nommé purin* contient de l'ammoniaque et autres substances organiques : de là sa valeur comme aliment de la plante. Autant que possible le tas de fumier doit être tenu à couvert pour que les pluies trop abondantes ne puissent diluer et entraîner ses substances utiles.

Dans les pays de langue anglaise on réserve le nom de *compost* à une espèce de fumier composé de tous les débris animaux et végétaux que le cultivateur a pu recueillir; mauvaises herbes, feuilles mortes, boues des routes et des cours d'eau, cadavres d'animaux, déchets de cuisine, et toutes choses de ce genre sont mises en tas et laissées à pourrir jusqu'à ce qu'elles forment un bon fumier. Pour en augmenter la valeur, on répand dessus un peu de fumier liquide (purin) ou on le retourne de temps à autre, afin d'y faire pénétrer l'air

Fermentation.

Purin.

Tenir à couvert le tas de fumier.

dans le but de faciliter la fermentation. L'addition d'une petite quantité de chaux à l'intérieur du tas augmente considérablement la valeur de l'engrais, en aidant à la formation du nitre (ou nitrate de potasse) qui est une excellente substance fertilisante, trop chère pour être employée comme engrais artificiel. Il ne faut pas oublier que les tas de fumier ou de « compost » ne doivent pas être gardés trop longtemps ; l'exposition à l'air et la fermentation excessive diminuent à la longue la valeur du fumier en tant que matière nutritive des végétaux.

Les détritus des bourgs et villages constituent un excellent amendement et un bon planteur devra s'estimer heureux de les obtenir pour les épandre sur sa terre. Le sang, les os et autres déchets des abattoirs, les viandes pourries, les cheveux, laines, chiffons, la sciure de bois, les balayures, les vidanges, etc., tout sert à accroître la fertilité du sol. Épandues sur la terre, mêlées à elle par le bêchage ou le labourage, ces ordures paieront largement les dérangements et la légère dépense qu'aura dû faire le planteur pour se les procurer.

Engrais verts. Par cette expression on entend l'enfouissement par la bêche ou la charrue des plantes en herbe, de façon que les racines, tiges et feuilles puissent se décomposer dans le sol et accroître ses principes nourriciers. En Angleterre et en d'autres contrées, le trèfle, le gazon, les navets, le seigle, la moutarde, les vesces et autres plantes semblables sont produites uniquement dans le but de les enfouir plus tard par le labour comme engrais vert. Ce système a été reconnu excellent pour restaurer la fertilité des sols épuisés. Il

produit cet effet en donnant au sol l'azote pris à l'atmosphère. De récentes recherches scientifiques ont prouvé
que les plantes légumineuses, spécialement celles voisines du trèfle, des pois, des fèves ont la propriété
d'absorber l'azote et de fournir un bon fourrage azoté;
après leur enfouissement le sol devient plus riche et plus
capable de produire d'autres récoltes. Ce procédé réussit
admirablement sur les terres légères et fertiles; il ne serait pas bon de l'employer dans une terre lourde et compacte. Avec certaines modifications, on l'a essayé avec
succès aux Indes occidentales dans la culture de la
canne à sucre. Les ambrevades (pois-cajan) et ce qu'on
appelle les fèves du Bengale sont cultivées à Saint-Kitts
pour être ensuite coupées et enfouies dans la terre avec
la charrue. Mais le système n'est pas suivi aussi généralement qu'il le mériterait. Une autre façon d'appliquer
ce procédé consiste à enfouir en terre les mauvaises
herbes sarclées, que les pluies sous les tropiques
ne manquent jamais de faire pousser en abondance.
Les mauvaises herbes doivent être enlevées à la houe
avant d'être en graines; car, comme dit un vieux proverbe : « la graine d'une année produit de mauvaises
herbes pendant sept ans ». Mettre les graines en terre,
c'est simplement les préserver pour une germination
prochaine.

Les plantes marines, les feuilles de fougères et autres
végétaux qu'on peut aisément recueillir, forment un
excellent engrais vert; les planteurs des Indes occidentales dont les terres sont à proximité des forêts ou sur
un littoral garni d'algues marines, ne doivent pas
négliger les facilités qui leur sont offertes de se procurer
un engrais abondant et peu coûteux, lequel contient un

*Les plantes lé-
gumineuses for-
ment l'engrais
vert.*

*Ne pas laisser
les herbes grai-
ner.*

bon nombre, sinon la totalité des éléments nécessaires à la nourriture des plantes de culture.

Engrais spéciaux. — Ils sont souvent appelés artificiels, non parce qu'ils sont fabriqués artificiellement, mais pour les distinguer du fumier et des engrais naturels. Il y a beaucoup d'espèces d'engrais spéciaux, mais on peut les ramener à quatre classes principales, savoir : 1° les engrais azotés ; 2° les engrais phosphatés ; 3° les engrais calciques ; 4° les engrais potassiques. Si le fumier pouvait être obtenu en quantité suffisante par tous les cultivateurs, on ne sentirait nullement le besoin des engrais spéciaux ; mais il est tout à fait exceptionnel que les engrais généraux soient obtenus sur une plantation en quantité suffisante, et l'agriculteur qui veut réussir est forcé de se rabattre sur les divers engrais spéciaux que la chimie a montré contenir les éléments de fertilité faisant défaut dans le sol.

Les **engrais azotés**, comme leur nom l'indique, sont riches en azote ; celui-ci, nous le savons, est un important aliment pour la plante ; il est apporté de l'atmosphère à la terre sous la forme d'ammoniaque et d'acide nitrique. Comme les matières azotées sont parcimonieusement réparties dans la plupart des terres, elles se trouvent vite épuisées quand on tire du sol des récoltes continuelles, d'où la nécessité de les rendre sous la forme d'engrais spéciaux, si l'on veut maintenir la fertilité du terrain. Le plus important et le plus connu des engrais azotés est le *guano* qui, comme fertilisant, prend rang immédiatement après le fumier. On appelle guano les excréments secs d'un oiseau de mer qui se trouve principalement sur les côtes des îles voisines du Pérou. Il contient de 8 à 20 % d'ammoniaque. Comme il pleut

Les matières azotées du sol s'épuisent promptement.

rarement et pour ainsi dire jamais dans ces régions, les excréments ont gardé leurs constituants azotés solubles, lesquels donnent à l'engrais sa valeur. Quelques-uns des meilleurs dépôts de guano sont épuisés; aussi l'engrais qu'on fournit aujourd'hui sous ce nom est-il très souvent de qualité inférieure. De là la nécessité d'apporter un soin particulier à l'achat de cette substance; quelques acheteurs poussent même la précaution jusqu'à exiger une analyse chimique de l'engrais mis en vente. Le guano contient des phosphates de chaux et de magnésie, et ces substances peuvent se trouver en assez forte proportion pour rendre l'engrais en partie phosphaté. La pluie et l'eau de mer dissolvent la substance azotée, et quand le guano est recueilli dans les lieux soumis à ces influences, on s'aperçoit que les matières azotées sont en très petite quantité, tandis que les phosphates abondent. Il y a donc deux sortes de guano : l'une riche en matières azotées et qu'on appelle *guano azoté*, l'autre ayant une surabondance de phosphates et qu'on nomme *guano phosphaté*.

Les autres principaux engrais azotés sont le *sulfate d'ammoniaque et le nitrate de soude*. Ils sont plus riches en ammoniaque que le guano lui-même, et comme ils sont très solubles, on les emploie pour stimuler et, pour ainsi dire, fouetter le sol, afin de lui faire accomplir plus de travail. Aussi les appelle-t-on « stimulants » ou « fouets ». Leur effet est immédiat et bien marqué. Peu de jours après l'application de l'engrais, le feuillage devient plus vert, de nouvelles feuilles poussent en grand nombre et la récolte qui suit est copieuse.

Le sulfate d'ammoniaque était primitivement un des sous-produits des usines à gaz.

Deux sortes de guano.

Stimulants du sol.

Le nitrate de soude ou « salpêtre du Chili » est une substance blanche, semblable au sel que l'on trouve en gisements énormes ayant jusqu'à huit pieds d'épaisseur dans les parties du Pérou et du Chili qui ne reçoivent jamais de pluies.

Engrais phosphatés. — Le phosphore, sous la forme d'acide phosphorique, est un aliment important pour les végétaux; on le range parmi les éléments organiques secondaires. Il ne peut être obtenu de l'air et il n'existe ordinairement dans le sol qu'en très petite quantité; aussi est-il une des substances susceptibles de s'épuiser par suite des récoltes continues et doit-il être restitué sous forme d'engrais. Il existe dans tous les engrais généraux et quelques engrais spéciaux le contiennent en grandes quantités, d'où leur nom d'engrais phosphatés. Le phosphore est un constituant très important des os des animaux et du lait des vaches. Quand les bestiaux sont laissés dans un pâturage pendant assez longtemps, ils absorbent l'acide phosphorique du sol en paissant l'herbe et le fixent dans leur corps. C'est la principale raison qui rend les pâturages « pauvres » ou « détruits » ou « épuisés ». Or, l'expérience a démontré que l'application d'un engrais phosphaté sur un pâturage épuisé lui rend promptement son aspect verdoyant. Les principaux engrais phosphatés sont les *os*, les *superphosphates* et les *sous-phosphates*.

Les *os* contiennent presque la moitié de leur poids de phosphate de chaux, qui a été pris entièrement au sol par les animaux en pâturant. Il y a bien longtemps que les os sont employés comme engrais. Autrefois on les cassait au marteau en petits morceaux qu'on épandait à la surface; cela s'appelait « ossuer » le sol. Mais les os

Les phosphates du sol sont susceptibles de s'épuiser.

Pâturages épuisés.

Sol « ossué ».

ne se désagrègent pas aisément, c'est pourquoi l'on s'est mis à les réduire en poudre. Dans cet état ils agissent promptement. On s'est ensuite aperçu qu'ils fermen- Fermentation des os. taient quand ils étaient mouillés ou gardés en tas à l'air, et que la fermentation les décomposait et isolait leurs éléments constitutifs; c'était déjà un grand progrès. Puis le baron Liebig, à qui la science de l'agriculture doit tant, inventa un procédé rapide et peu coûteux pour transformer les os en engrais. Il les soumit à l'acide sulfurique et ainsi il obtint un engrais d'os à l'état liquide; dans cet état, le phosphate de chaux est tout à fait soluble et prêt à servir d'aliment aux plantes.

Phosphates minéraux. — Les demandes d'engrais phosphatés sont devenues si nombreuses, en raison de leur action énergique sur le sol, que les provisions d'os ne pouvaient plus suffire aux besoins et qu'on a dû chercher d'autres sources de phosphates. Heureusement de grandes quantités d'organismes fossiles et d'excré- Fossiles phosphatées. ments pétrifiés, contenant du phosphate, les *coprolithes* ont été découverts dans les comtés de l'Est en Angleterre et dans plusieurs parties du continent européen; on les a bien vite utilisés comme engrais phosphaté. Outre les coprolithes, des gisements de minéraux riches en phosphates ont été découverts en quantité inépuisable dans plusieurs contrées de l'Europe et de l'Amérique. Dans les Indes occidentales, les phosphates mi- Phosphates des Indes occidentales. néraux sont extraits des mines situées dans les îles de Sambero, Redonda, Saint-Martin, Aruba et Navassa. Sauf pour les dépôts de Redonda, l'acide phosphorique dans les phosphates minéraux, est combiné en proportions variées avec le calcium; à Redonda il est combiné avec l'alumine et forme du phosphate d'alumine. Les phosphates minéraux forment ordinairement une roche très dure ; il faut les pulvériser avant de les employer. Mais, comme les phosphates qu'ils contiennent sont pour la majeure partie insolubles et par suite difficiles à assimiler par les plantes, on a reconnu nécessaire de les dissoudre dans l'acide sulfurique qui, en même temps, accroît leur valeur comme engrais.

Superphosphates. — La découverte du procédé qui permet de convertir le phosphate insoluble de chaux, de calcium, d'os et de minerai en phosphate soluble, a rendu un immense service à la science de l'agriculture. Le phosphate insoluble est composé de trois équivalents de chaux en combinaison avec l'acide phosphorique et il est appelé *phosphate tribasique* ou *tricalcique,* parce que la base du composé, la chaux, est triple ; on peut le figurer ainsi :

(marginal note: Analyse chimique des phosphates.*)*

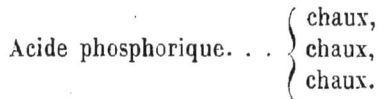

$$\text{Acide phosphorique.} \ldots \left\{ \begin{array}{l} \text{chaux,} \\ \text{chaux,} \\ \text{chaux.} \end{array} \right.$$

Si les os sont simplement brisés et éparpillés sur le sol, au bout d'un certain temps, le phosphate tribasique se transforme en phosphate bibasique, rendu médiocrement soluble par l'action de l'acide carbonique et de l'eau. De cette façon,

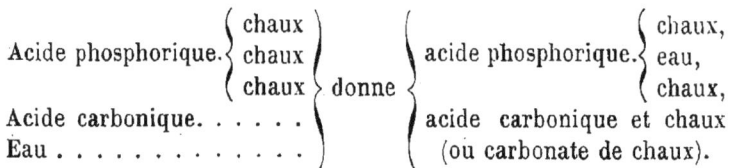

$$\left. \begin{array}{l} \text{Acide phosphorique.} \left\{ \begin{array}{l} \text{chaux} \\ \text{chaux} \\ \text{chaux} \end{array} \right. \\ \text{Acide carbonique.} \ldots \ldots \\ \text{Eau} \ldots \ldots \ldots \ldots \end{array} \right\} \text{donne} \left\{ \begin{array}{l} \text{acide phosphorique.} \left\{ \begin{array}{l} \text{chaux,} \\ \text{eau,} \\ \text{chaux,} \end{array} \right. \\ \text{acide carbonique et chaux} \\ \text{(ou carbonate de chaux).} \end{array} \right.$$

Mais si l'on répand de l'acide sulfurique sur le phosphate tribasique, on obtient un *phosphate monobasique* parfaitement soluble et un sulfate de calcium ou gypse.

La réaction chimique est clairement exprimée par l'équation suivante :

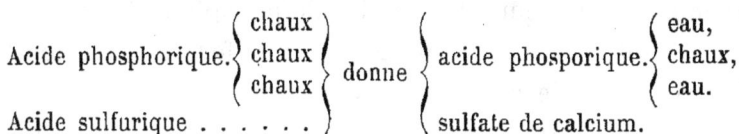

$$\text{Acide phosphorique.}\begin{cases}\text{chaux}\\\text{chaux}\\\text{chaux}\end{cases} \quad \text{donne} \quad \begin{cases}\text{acide phosporique.}\begin{cases}\text{eau,}\\\text{chaux,}\\\text{eau.}\end{cases}\\\text{sulfate de calcium.}\end{cases}$$

Acide sulfurique . . . . . .

Le phosphate monobasique est appelé superphosphate parce que la proportion de l'acide phosphorique à la chaux est supérieure à ce qu'elle est dans les autres phosphates.

Phosphates réduits. — Les superphosphates sont très solubles; on a reconnu que pour cette raison ils ne conviennent pas à tous les terrains; ils sont trop aisément dilués par la pluie. On a découvert aussi qu'ils sont trop acides pour devenir propres à l'alimentation des plantes, et qu'à moins qu'ils ne soient modifiés par d'autres substances du sol, on ne doit pas les employer. Dans les sols calcaires, les superphosphates sont modifiés par la chaux qui, en même temps, atténue leur acidité; ils deviennent des phosphates bibasiques qui sont les meilleurs pour les plantes. Mais pour les sols pauvres en chaux, où la modification ne peut se produire, les chimistes agricoles ont fabriqué des *phosphates réduits* qui ne sont autre chose que les phosphates de chaux bibasiques.

Les scories Thomas Gilchrist. — Dans ces dernières années, un engrais phosphaté de valeur a été retiré des scories autrefois inutilisées qui étaient un produit des opérations de purification de la fonte en saumon. Cette scorie est une substance noire poreuse qui se recueille en grandes quantités à la surface du fer fondu. Elle contient une forte proportion de phos-

[marginalia : Objection contre les superphosphates.]

[marginalia : Les phosphates bibasiques sont les meilleurs.]

[marginalia : Autrefois produit perdu.]

[marginalia : Sa composition.]

phate de chaux avec du fer et ses oxydes, de la silice, de la magnésie et de l'oxyde de magnésie. L'engrais se nomme vulgairement « Poudre de phosphate Thomas ». Il est obtenu en séparant le métal de fer de la scorie et en réduisant le résidu en poudre fine : c'est sous cette forme qu'il est répandu sur le sol, comme les autres engrais. On l'a employé avec succès dans les plantations de cannes de la Guyane anglaise et dans d'autres régions des tropiques; on en use couramment en Europe. Mais comme il contient beaucoup de fer, on le considère comme impropre aux sols ferrugineux.

Est un engrais excellent pour les sols qui ne sont pas ferrugineux.

Engrais calcaires. — La chaux est un important constituant de toute plante; mais bien qu'elle existe en abondance dans la plupart des terres, elle manque dans quelques unes. Il est aussi des terres, telles que les argiles compactes et lourdes où l'emploi de la chaux produit un effet salutaire par son action chimique et mécanique. Elle rend solubles les substances insolubles; fait que l'argile froide et compacte devient plus chaude, plus friable, plus pénétrable. On l'épand sur le sol en sa forme ordinaire comme « chaux vive » à l'état brut comme la craie, la marne, les coquilles qui sont des carbonates de chaux, ou enfin à l'état de gypse ou sulfate de chaux.

La chaux agit sur le sol chimiquement et mécaniquement.

Quand le corail, les coquilles ou les pierres à chaux sont chauffés au four l'acide carbonique se dégage, il ne reste que de la chaux pure ou « chaux vive ». Si l'on jette de l'eau sur la chaux vive, elle se délite en augmentant de volume et en produisant une grande chaleur, puis elle s'affaisse en une matière blanche poudreuse, encore plus volumineuse cependant que ne l'était la chaux vive; c'est là le produit qu'on nomme la chaux éteinte,

Chaux éteinte.

celle-ci ne brûle pas comme la chaux vive. On emploie les deux formes comme engrais. La chaux vive s'applique aux sols contenant des acides végétaux nuisibles ; elle neutralise les acides et forme d'utiles composés dans le sol. La craie, les coquilles brisées et les pierres à chaux, ainsi que les marnes et calcaires, sont appliquées aux sols qui manquent de chaux. Tous ces engrais — car un sol ajouté à une autre terre pour en accroître la fertilité est toujours un engrais — doivent être laissés à la surface et non enfouis profondément, la chaux pénétrant dans le sol et tendant par suite à s'éloigner des racines des plantes.

Disposer la chaux à la surface du sol.

Le *gypse* ou sulfate de chaux est souvent employé comme engrais. Il concourt à la formation des superphosphates, et les engrais phosphatés sont en une certaine mesure des engrais calcaires. Le gypse, qui se compose de chaux, d'acide sulfurique et d'eau, se trouve à l'état de nature dans plusieurs contrées du globe. Rendu anhydre, il forme le « plâtre de Paris » qui est bien connu. Autrefois le gypse, mélangé à la fiente, était étendu sur l'aire des étables ; on croyait qu'il avait le pouvoir de « fixer l'ammoniaque » en l'empêchant de s'évaporer. Maintenant on l'applique directement au sol et il a été reconnu être un excellent amendement pour les champs de pommes de terre.

Usages du gypse.

Engrais potassiques. — La potasse entre largement dans les constituants inorganiques des plantes, comme le prouve sa présence parmi les principales substances trouvées dans les cendres. Elle est ordinairement abondante dans le sol, et c'est seulement après une récolte excessive qu'il devient nécessaire d'en compenser la perte par l'application d'engrais de potasse. Comme la

Importance
des engrais de
potasse.

potasse est contenue en grande quantité dans toutes les plantes, elle retourne à la terre par la décomposition des graines et feuilles des arbres et arbustes. La valeur d'un engrais général, se chiffre par sa contenance en potasse. Quand on a besoin d'engrais de potasse, on emploie ordinairement la cendre de bois. Mais dans quelques contrées d'Allemagne, on a découvert de vastes gisements de sels de potasse appelés *kainites*; on les a extraits

Composition de
la kainite.

et l'on s'en sert comme engrais. La kainite contient des sels de magnésie et de sodium en plus des sels de potassium. Toutefois, dans la plupart des contrées des Indes Occidentales, les engrais potassiques ne sont pas nécessaires, parce que la potasse peut être obtenue abondamment de détritus végétaux qu'on trouve partout. Les cendres des plantes, les tiges décomposées, les engrais verts y fourniront toute la potasse nécessaire aux plantes, sauf le cas — comme dans quelques plantations de cannes, — où l'on a demandé à la terre plusieurs années de suite les mêmes récoltes et où l'on obtient difficilement des engrais végétaux.

Le **sel commun** s'emploie parfois comme engrais; mais il n'entre dans aucune des classes d'engrais spéciaux. C'est un composé de deux éléments, le sodium et le chlore qui se trouvent l'un et l'autre dans les cendres des plantes. Il est toujours en suspension dans l'atmosphère près des côtes où il est entraîné dans le sol par

Comment on
emploie le sel.

les pluies. Il ne faut pas l'appliquer directement aux plantes tendres, car il les ferait probablement mourir; mais pour les cannes et le cocotier on peut l'employer largement et sans précautions, soit à l'état pur, soit sous forme d'eau de mer. Dans les plantations de cannes à sucre éloignées de la mer, on a reconnu qu'il était avantageux de verser un peu d'eau de mer dans les trous de cannes au moment de la plantation. Quand les cocotiers sont cultivés à l'intérieur et qu'ils ne prospèrent pas, une application de sel ou d'eau de mer suffit souvent à les faire pousser et rapporter.

CHAPITRE VIII.

ROTATION DES CULTURES.

Constituants actifs et latents. On a montré dans les pages précédentes qu'une petite portion du sol seulement peut être dissoute par l'eau et que les parties solubilisées ainsi ou autrement sont les seules propres à l'alimentation des plantes. D'autres fractions beaucoup plus considérables demeurent à l'état inactif et peuvent par conséquent, après un certain temps, sous l'action de l'eau et de l'air, devenir assimilables pour les plantes. Mais lorsque des récoltes excessives d'une seule sorte de plante sont exigées du sol, la transformation des constituants latents ne peut s'accomplir aussi vite que se produit l'épuisement du sol amené par l'accroissement des plantes; celles-ci La fertilité peut deviennent faibles rabougries et improductives. En laisêtre rendue par la jachère. sant la terre se reposer, c'est-à-dire en la mettant en *jachère* durant quelque temps, quelques-uns des constituants latents deviennent actifs et la fertilité est rétablie. Mais quand on n'a pas beaucoup de bonnes terres, la perte d'une année de récolte est souvent une très grosse affaire; aussi a-t-on cherché les moyens de tourner la difficulté. L'un de ces moyens est l'emploi de l'engrais. Mais l'engrais coûte de l'argent, et l'on n'en a pas toujours; alors on a eu recours à un autre système,

la *rotation des cultures*, et on l'a employé avec succès dans bon nombre d'exploitations.

Les cendres des plantes ne présentent pas toutes la
même composition; d'où on conclut que les principes dont
se nourrissent les végétaux ne sont pas toujours requis
dans les mêmes proportions. Quelques plantes, comme
on le voit par leurs cendres, exigent une grande proportion de potasse et d'acide phosphorique ; d'autres encore
manquent en grande quantité de chaux et de magnésium
et en quantité moindre des autres éléments organiques.
Par exemple, les navets prennent au sol cinq fois autant
de potasse que le blé ; l'orge vingt-six fois autant de
silice que le froment ; le trèfle huit fois autant de chaux
et de magnésie et seulement le seizième de silice. Conséquemment si une terre produit une année des navets,
de l'orge ou du trèfle et trois années de suite du blé
on trouve que le sol, dans les quatre années, a donné
un rendement beaucoup plus grand, tout en fatiguant moins la terre, que si l'une des récoltes y était
obtenue durant quatre années consécutives. C'est le
système employé couramment dans le Norfolk, en Angle-   Système de ro-
terre ; aussi l'appelle-t-on système de rotation de Nor-   tation de Norfolk. Dans quelques contrées du globe, comme dans   folk.
l'île de Tahiti le sol est si profond et si riche qu'avec une
préparation convenable les mêmes productions peuvent
être obtenues pendant un grand nombre d'années sans le
secours d'aucun engrais ; mais, même avec ce sol particulièrement fertile, le temps vient où l'épuisement se
produira. Dans certains districts des États-Unis d'Amérique, la terre qui fut autrefois excessivement fertile a été
ruinée par une culture constamment uniforme. Le principe du système des rotations de cultures est que deux

récoltes de grains ne doivent pas se suivre, et doivent être séparées par une récolte de racines ou de fourrages.

Système de rotation proposé pour régions tropicales. Il serait donc mauvais de tirer deux années de suite deux récoltes de maïs d'un même champ, mais avoir des taros ou des ignames la première année, du maïs la seconde, des patates douces la troisième, du ricin ou autres plantes semblables la quatrième, c'est là une très bonne rotation. Malheureusement dans les régions tropicales, on s'est fort peu préoccupé, contrairement à ce qui se fait en Europe et dans l'Amérique du Nord, de choisir un système de rotation convenable; aussi est-il impossible d'établir une règle précise pouvant servir de guide au planteur, mais chacun peut faire par lui-même des expériences, il n'est pas nécessaire pour cela de planter plus de cinquante à cent pieds carrés de terre ($4^{mq},6450$ à $9^{mq},2900$). Un bon planteur pratiquera sans cesse des essais d'une façon ou d'une autre, afin d'établir l'action des engrais sur sa terre, ou le résultat des rotations. En réalité ce n'est que par des expériences faites par des savants ou des planteurs que l'agriculture est devenue ce qu'elle est aujourd'hui. Dans les régions tropicales, le champ est plus ouvert aux améliorations et aux découvertes; chaque planteur, si humble que soit sa position, est capable de faire par tâtonnement des découvertes fort utiles à ses voisins et même au monde entier. Quelques-unes des plus merveilleuses découvertes scientifiques à toutes les époques, sont l'œuvre d'humbles travailleurs n'ayant eu à leur disposition aucun laboratoire perfectionné.

Repos des diverses couches du sol. Un important résultat des rotations est le repos des diverses couches du sol. Par exemple, le maïs pousse ses racines profondément en terre et ainsi tire en grande partie sa substance du sous sol. Les patates et taros au contraire sont des consommateurs de sol superficiel ; c'est donc de la surface du sol qu'ils extraient les constituants solubles qui étaient en grande partie négligés par les racines du maïs.

La rotation exerce aussi une action mécanique favorable sur le sol et cela de deux façons ; d'abord, dans la préparation annuelle de la terre pour les différentes cultures, le sol est retourné et se trouve exposé à l'air. Les constituants passifs reçoivent par suite l'action de l'oxygène de l'atmosphère et il en résulte que les constituants actifs et solubles sont accrus. En second lieu, les racines des plantes moissonnées en pénétrant dans le sol ont formé des canaux par où l'air et l'eau entrent dans toutes les directions. Le sol est rendu plus poreux et l'atmosphère peut exercer son action bienfaisante, non seulement à la surface mais presque dans le sous-sol. *Effet mécanique sur le sol.*

Outre ces avantages, une bonne rotation a celui de prévenir les maladies parasitaires et d'éloigner les insectes destructeurs qui se confinent dans une plante en particulier. Quand la rotation amène la culture de plantes sur lesquelles ces insectes ne peuvent vivre ; ils meurent d'inanition et l'on s'en débarrasse ainsi. Même résultat pour les parasites végétaux qui se présentent ordinairement sous la forme de végétation microscopique appartenant à l'espèce des moisissures ou des champignons. On a remarqué qu'en général, les plantes cultivées pendant plusieurs années sur la même terre sont prédisposées aux atteintes du parasitisme végétal et des insectes. Dans la nature, la diversité des plantes sur le même sol est la loi ordinaire ; or quand les lois naturelles sont trop interverties, il y a toutes chances pour qu'il s'ensuive des conséquences désastreuses. *La rotation préserve des parasites.*

Danger de modifier les lois de répartitions établies par la nature.

CHAPITRE IX.

DRAINAGE.

Ainsi qu'on a pu le voir dans les pages précédentes la pluie produit des effets multiples. D'abord elle absorbe et entraîne l'acide carbonique, l'ammoniaque et l'acide nitrique de l'atmosphère et les porte aux racines des plantes, en second lieu, en pénétrant dans le sol, elle permet à l'air d'y pénétrer à sa suite en remplissant la place qu'elle occupait, et de descendre jusqu'au sous-sol. Un sol poreux contient de petits conduits ou canaux entre les particules de terre ; le sol en effet n'est pas à proprement parler un solide, il se compose d'une quantité innombrable de très petits fragments de roches effritées qui ne sont pas agglomérées, mais seulement juxtaposées, et qui par suite laissent entre elles dans toutes les directions des espaces libres. Or quand le sol est sec, ces espaces sont pleins d'air, quand il a plu, ils sont pleins d'eau ; mais à mesure que l'eau pénètre dans le sous-sol, de l'air nouveau vient remplir ces intervalles qui ne peuvent rester vides ; cela explique ce qu'on entend par *porosité* du sol et montre combien il est avantageux pour un planteur de transformer un sol argileux qui est lourd, compact et imperméable, en un sol poreux.

Une autre propriété physique du sol est la *capillarité*

Effet de la pluie.

Le sol n'est pas un solide.

Sol poreux.

qui a été étudiée au chapitre III, la capillarité ou attraction capillaire est due à la même cause que la porosité; mais dans le cas de la capillarité, les particules du sol sont plus fines et plus étroitement serrées les unes contre les autres, et chaque particule est entourée d'une petite couche d'eau. L'attraction capillaire peut être facilement démontrée. Prenez deux petites plaques de verre et appliquez leurs faces l'une contre l'autre de façon à les faire presque toucher ; plongez-les dans l'eau, celle-ci montera rapidement sur les faces intérieures jusqu'à une certaine hauteur, c'est l'effet de l'attraction capillaire ; à elle est due ce fait que toute l'eau n'est pas chassée d'un sol drainé ; une partie reste qui sert à la végétation.

Particules du sol entourées d'un petit réservoir.

Quand la pluie qui tombe sur la terre pénètre dans le sol et ne le sature pas d'eau, la terre est drainée naturellement, mais il arrive que l'eau rencontrant des obstacles dans sa pénétration, reste dans le sol, le maintient froid, empêche l'air d'y pénétrer, apporte un temps d'arrêt à la transformation des constituants latents en constituants actifs, s'imprègne à la longue des acides végétaux qui nuisent à la vie des plantes et fait pourrir les racines. Qu'un sol humide soit froid, cela s'explique par plusieurs raisons : d'abord l'eau est plus froide que l'air ambiant et l'eau empêchant l'air de pénétrer dans le sol l'empêche de le réchauffer ; en second lieu, la terre est refroidie par l'évaporation de l'eau. Chacun sait en effet que l'eau dans un plat aussi bien que dans l'atmosphère passe graduellement à l'état de vapeur et finit par se sécher. Or la conversion de l'eau en vapeur absorbe beaucoup de calorique ; c'est le principe des vases réfrigérants ou gargoulettes. Ces vases sont faits de terre poreuse au travers de laquelle l'eau filtre lentement pour venir s'éva-

porer à la surface; cette évaporation absorbant beaucoup de calorique, l'eau du vase et le vase lui-même
deviennent beaucoup plus froids que l'air ambiant. Le
même phénomène se produit dans le sol saturé d'eau.
L'objet du drainage est d'enlever au sol son excès d'humidité et de le rendre par là plus chaud, de rétablir sa
porosité, de le rendre plus doux par la disparition ou
l'atténuation des acides végétaux, bref d'augmenter sa
fertilité..

La plupart des terres dans les Antilles appartien-
nent à la catégorie des *mornes;* aussi est-il aisé de les
drainer en creusant de profondes tranchées ouvertes qui conduisent le trop plein d'eau dans les parties
basses de la plantation ou dans un étang voisin. La profondeur de la principale tranchée ou rigole dépendra
de la nature du sol, de la quantité de l'eau et de la
pente du terrain; mais elle ne devra pas être inférieure
à 3 ou 4 pieds (0^m,96 à 1^m,28), car les racines de beaucoup
de plantes de culture s'enfoncent très profondément
dans le sol, et cela leur fait beaucoup de mal de rester
dans l'eau.

Drains ou tuiles
de partage.

Une méthode beaucoup plus coûteuse est d'employer
des drains couverts. On procède ainsi : on creuse une
tranchée plus large au faîte et en pente jusqu'au
fond, lequel doit être lisse et en pente douce. Sur le
fond on dispose des drains ou des tuiles. Ces tuiles
sont en terre cuite, courbées en demi-cercle, elles
forment une arche permettant à l'eau de couler librement et supportent les terres qui remplissent la tranchée; de petites pierres et des galets seront préalablement placés le long des tuiles ou, à leur défaut, des
broussailles, de la paille, des émondes de cannes; la

terre de surface (mais non l'argile de la tranchée) sera
ensuite jetée sur le tout et le drainage sera complet.
L'issue doit être maintenue libre ; à cette condition il
est peu à craindre que le drainage s'obstrue. Un autre
procédé consiste à remplir la tranchée jusqu'au bord
avec des pierres en plaçant les plus grosses au fond et
les plus petites dessus.

Garder l'issue libre.

Il va sans dire que dans le drainage comme dans
toutes les opérations agricoles, l'expérience donnera souvent d'utiles leçons. En creusant des rigoles et y plaçant
des drains, on peut accroître la fertilité du sol d'un terrain, à la condition de ne pas trop le dessécher. L'objet
du drainage n'est pas en effet d'assécher complètement le
sol, mais bien d'empêcher la stagnation de l'eau, c'est-à-
dire d'obtenir que l'eau filtre lentement à travers le sol,
en laissant sur son passage assez d'humidité pour que la
terre reste moite au-dessous de la surface. Dans un terrain léger et poreux, le drainage ne doit pas être établi
à une aussi grande profondeur que dans une terre compacte et argileuse ; la porosité du sol et sa faculté d'absorber l'humidité indiqueront toujours à une personne
intelligente connaissant les principes de l'agriculture,
quelle est la profondeur à laquelle il convient que le
drainage soit établi.

CHAPITRE X.

IRRIGATION.

Le drainage a pour but d'enlever l'eau des terrains qui en ont en surcroît; l'irrigation a un objet tout contraire; elle a pour but de fournir de l'eau à la terre qui en manque ou d'augmenter la quantité d'eau de façon à favoriser la végétation. On a suffisamment expliqué pourquoi les plantes ne peuvent vivre sans eau. Dans les pampas du Pérou, de la Bolivie, du Chili et dans les autres parties du globe privées de pluies, il n'y a de végétation que dans les endroits où l'eau a été amenée par l'irrigation. On amène sur les terres par canaux, tuyaux ou conduites, l'eau empruntée, soit à des rivières, soit à des lacs, soit à des étangs; on peut encore l'extraire des puits au moyen de pompes et la répandre ensuite sur le sol.

Régions arides.

L'art de l'irrigation comprend deux parties essentielles : donner un supplément d'eau aux jeunes plantes, empêcher que ce supplément ne soit assez abondant pour saturer le sol d'humidité. Par suite, en établissant les canaux ou tranchées destinés à conduire l'eau d'irrigation, il faut avoir soin de les disposer de façon que l'eau qui a traversé le sol, n'y stagne point; parfois on se contente de conduire l'eau sur la terre dans des

canaux, le sol s'imprégnant par le fait de la pénétration de
l'eau à travers les interstices du sol. Un autre procédé
consiste à disposer par séries des tranchées transversa-
les sur une terre en talus; l'eau est amenée dans la
tranchée ou rigole la plus élevée; elle coule sur toute sa
longueur puis se déverse dans la seconde tranchée;
quand elle l'a remplie elle déborde dans la troisième
et ainsi de suite jusqu'à la dernière, d'où elle se rend
à la rivière ou dans un bassin inférieur où elle ne
pourra nuire; cette irrigation est dite à eau perdue.
Dans quelques contrées où de grands fleuves traversent
des terres basses, comme le Nil en Égypte, et le Gange
dans l'Inde, on laisse le fleuve couvrir le sol quand il
est en crue et que ses eaux charrient un riche limon; ces
eaux séjournent sur la terre jusqu'à ce que le limon se
soit déposé et la fertilité est ainsi considérablement accrue. Le nombre de mètres dont les eaux du Nil dépassent
l'étiage est un indice certain de l'abondance des moissons que peut espérer l'Égypte. Une petite crue indique une maigre récolte et la famine; une forte crue
promet de grosses récoltes et la prospérité. De même
dans l'Inde, une faible crue du Gange menace souvent
d'une terrible famine les contrées que le fleuve ne peut
irriguer. Les grands travaux d'irrigation exécutés par
le gouvernement de l'Inde ont heureusement prévenu
dans beaucoup de cas le retour des famines et ont transformé de pauvres districts à population misérable et
sans vigueur en terre de riches cultures, où se presse
une population bien portante et prospère.

CHAPITRE XI.

OPÉRATIONS DE LABOUR.

Si le sol n'était pas préparé par le labour, ses couches inférieures deviendraient si dures et si compactes que les graines semées ne pourraient germer, et que les racines jeunes et délicates des plants de café et de cacao, provenant de semences, ne seraient pas capables de pénétrer un sol trop dur, ce qui entraînerait la mort des plantes. Les opérations de labour, qui, en somme, consistent à couper et retourner la terre, préviennent ces résultats; elles rendent le sol meuble et friable de façon que les graines peuvent germer et les jeunes racines pénétrer facilement dans la terre. Mais, outre cette action importante, le labourage en exerce une autre sur le sol. Par le bêchage, le labourage ou autres opérations, la terre est retournée et exposée à l'action de l'atmosphère. De la sorte les parties du sol non assimilables sont rendues assimilables, c'est-à-dire appropriées à la nutrition des plantes. De plus, le sol est rendu plus meuble et plus poreux ce qui facilite la filtration de l'eau à travers le sol. Enfin le labourage est le moyen employé par les planteurs pour se débarrasser des mauvaises herbes qui sont toujours prêtes à absorber les principes nutritifs qui doivent être conservés pour leurs cultures. Un sol convenablement labouré est donc sarclé, perméable et poreux; un sol peu ou point labouré est dur à la surface, compact et rempli de mauvaises herbes et s'il est ensemencé, les plantes sont chétives et la récolte pauvre. Si un sol apprêté reste dur à la surface, après une pluie abondante, c'est que le labour a été mal fait; si au contraire la pluie pénètre dans le sol sans former « croûte », c'est une preuve que le labour est bon.

Plus le sol est labouré profondément, mieux cela vaut pour la venue des plantes, parce que l'air pénètre plus profondément, agit sur une plus grande surface et prépare une plus grande quantité de matières assimilables pour les plantes. Ainsi s'expliquent les avantages que procure le labourage du sous-sol et la trouaison de la terre. Cette trouaison, comme nous le verrons dans la seconde partie de ce livre, est le procédé qui convient à la préparation de la terre pour le cacaoyer, le caféier et les autres plantes cultivées à de grands intervalles.

Les opérations de labour sont de deux sortes : celles que l'homme peut pratiquer avec des instruments à main, celles qui se font avec des instruments actionnés par des chevaux, des bœufs, ou par la vapeur.

Les instruments à main sont : 1° le sabre d'abatis; 2° le râteau; 3° la houe; 4° la bêche; 5° la fourche; 6° la fourche à fumier; 7° la pioche; 8° le pic.

Le *sabre d'abatis* est un long, large et lourd couperet, muni d'un manche court; c'est un des plus utiles outils du laboureur, dans toutes les régions tropicales; il sert à couper la brousse, à ébrancher les arbres, à dégager le sol. Dans les terrains à pente raide où les pluies entraîneraient la terre travaillée à la houe, le sabre d'abatis sert à couper les plantes au ras des racines. En cas de besoin, le sabre d'abatis peut même servir à creuser de petits trous et à couper de grosses branches d'arbres. Il en est qui savent si bien manœuvrer cet outil qu'ils peuvent d'un seul coup rapide abattre une grosse branche, et la coupure est plus nette et plus unie que n'aurait pu le faire une scie.

Le *râteau* est une barre de fer sur laquelle des dents en fer sont disposées, comme les dents d'un peigne ; il est attaché à un long manche placé à angle droit avec les dents. On fait des râteaux de toutes dimensions. On s'en sert pour râcler les mauvaises herbes, et les décombres et pour briser les mottes de terre après que le sol a été retourné.

Usages de la houe.

La *houe* est aussi d'un grand usage dans les pays chauds. Cet outil varie de forme et de dimensions, le plus usuel est une plaque de fer longue de 7 pouces ($0^m,17$) fixée presque à angle droit à un manche d'environ 4 pieds ($1^m,28$) de long. On s'en sert pour creuser, pour sarcler et pour renouveler la terre auprès des racines des plantes. Un homme vigoureux peut faire beaucoup de travail avec une houe dans le cours d'une journée. Dans les endroits où l'on ne peut employer la charrue, c'est un instrument précieux pour les opérations de labour.

La *bêche* est une large plaque de fer fixée à un manche long de 2 pieds 9 pouces ($0^m,82$). A la partie supérieure de la plaque près du manche est fixée une pièce de fer étroite et forte appelé le *pas* sur laquelle le travailleur pose le pied afin de pousser plus fortement la bêche en terre. On n'emploie pas beaucoup la bêche dans les Antilles ; c'est pourtant un instrument excellent qui fait en réalité un meilleur travail que la charrue ordinaire, car avec cet instrument le sol est foui à 8 ou 9 pouces (0ᵐ,16 à 0ᵐ,18) de profondeur, et la pelletée de terre retournée complètement de façon à mettre en dessous la partie inférieure du sol.

La *fourche* est construite à peu près comme la bêche avec cette différence que la plaque est remplacée par 3 ou 5 pointes en fer appelées *dents* larges d'un pouce au moins (0ᵐ,02). C'est un instrument très commode que beaucoup préfèrent à la bêche pour certaines façons, parce qu'il est plus aisé à manier, pulvérise mieux la terre, ne coupe ni ne blesse les racines. Or, dans la plupart des terrains, la terre est aussi bien retournée à la fourche qu'à la bêche. On l'emploie aussi pour rafraîchir la terre autour des racines et pour entasser le fumier ou le terreau de feuilles dans la cour de la ferme.

La *fourche à fumier* est faite sur le même modèle que la fourche de culture, mais les dents au nombre de deux à six sont plus minces, plus courbes et de forme arrondie. C'est le seul instrument dont on puisse se servir avec facilité pour charger, tourner, mélanger, épandre le fumier, la litière et autres choses semblables. Légère bien que solide, elle n'est pas difficile à manœuvrer; les dents minces et aiguës pénètrent facilement dans le fumier compact, sans qu'il soit nécessaire de déployer baucoup de force.

La *pioche* est une forte barre de fer très légèrement recourbée, aux deux extrémités. Au milieu de cette barre est fixé un manche de bois, de façon que la concavité se trouve du côté du travailleur. Ordinairement l'un des bouts de la pioche est pointu, l'autre aplati en forme de hache. Le manche doit être en bois

La bêche fait un meilleur travail que la charrue.

Usages de la fourche à fumier.

dur et résistant bien que flexible; un bois cassant ne tarderait pas à se rompre. On se sert de la pioche comme levier, comme instrument à trancher la terre compacte, comme hache à couper les racines des arbres. Pour trouer et niveller, la pioche est presque indispensable.

Le pic sert pour les trouaisons. Le *pic* est un instrument très commode pour faire les trous nécessaires dans les plantations de cacaoyers, de citronniers, de caféiers, d'orangers et autres jeunes plants. C'est un fort et épais ciseau à froid de 4 pouces de large (0^m,10) fixé à un manche de bois dur long de 3 pieds (0^m,96). Pour percer des trous profonds quand la pioche et la houe ne peuvent être employées, le pic est indispensable.

Les principaux instruments manœuvrant à l'aide de bœufs ou de chevaux sont : la *charrue*, *l'extirpateur*, la *herse*, le *rouleau*. Tous font le même genre de travail que les instruments à main, mais comme ils travaillent beaucoup plus vite et plus économiquement, ils sont naturellement employés dans les cas où l'on doit faire des opérations de labour étendues.

La *charrue* est un instrument attelé servant à accomplir un travail analogue à celui de la bêche. Il se compose d'une plaque de fer courbé, le *versoir* ou *tournesillon*, laquelle se termine par une forte lame d'acier, le *soc*, disposée de façon à pouvoir pénétrer en terre sous l'effort de l'animal et sous la direction de l'homme. A son sommet, le soc porte une pièce tranchante appelée le *coultre* destinée à couper la terre et à faciliter la pénétration du soc, tandis que le versoir rejette les mottes de côté : ainsi sont coupées les herbes et la couche inférieure est exposée au soleil et à l'air. Une terre labourée est disposée en sillons et en ados parallèles; de cette façon une plus grande partie du sol se trouve exposée aux influences atmosphériques. Certaines charrues sont faites pour passer dans les sillons tracés à la charrue ordinaire, afin de briser le sous-sol. On a remarqué en effet que labourer la terre à une profondeur uniforme rend le sous-sol tellement dur et compact que les racines peuvent difficilement le pénétrer. Cette couche compacte est appelée plan de charrue, et l'emploi de la charrue de sous-sol a pour objet de la briser.

L'*extirpateur* est construit sur le modèle du râteau; il se compose d'un fort châssis auquel sont fixées de nombreuses dents en pointes dirigées obliquement à droite et à gauche; il sert à désagréger le sol après le labour, afin de multiplier les surfaces soumises aux influences atmosphériques; il sert aussi à enlever les mauvaises herbes déracinées par la charrue.

La *herse* a différentes formes; elle n'est elle-même qu'une modification du râteau; on se sert de la herse pour retourner et briser les mottes de terre, de façon que le sol soit pulvérisé, les parcelles exposées à l'air et au soleil. Quelques herses légères faites en treillis sont employées pour ratisser les herbes sur le sol ensemencé; d'autres servent à arracher les herbes déjà déracinées par la charrue ou l'essarteur.

Le *rouleau*, comme son nom l'indique, sert à égaliser le terrain; son mode d'emploi consiste à le rouler sur le sol. Il est un rouleau lourd appelé brise-mottes qui est muni de fortes dents proéminentes; il brise très bien les mottes de terre sur lesquelles on le roule. Il en est de plus légers qui servent à presser en terre les semences et à prévenir une trop grande évaporation de la terre en rendant la couche superficielle du sol plus compacte.

CHAPITRE XII.

TAILLE.

Nécessité de connaitre les principes de la taille. Il est indispensable pour les agriculteurs des régions tropicales d'avoir une connaissance générale des principes de la taille, s'ils veulent être en état d'améliorer leurs arbres et d'accroître leur production. Quand une branche d'arbre est coupée, une grande partie de la sève ou de l'aliment qu'elle aurait consommé s'en va aux branches restantes et plus spécialement aux branches voisines de la partie amputée. De plus, en enlevant les branches inutiles ou comme on dit « en éclaircissant » l'arbre, on fait parvenir plus d'air et de lumière aux parties restantes et l'on favorise ainsi l'assimilation de la nourriture que la plante tire de l'atmosphère.

Effets de la taille. L'effet de la taille ne se fait pas toujours sentir immédiatement; elle ne fait parfois qu'augmenter la quantité de la sève dans les branches et l'influence de cette opération culturale sur la production des fruits ne se produit qu'à la saison suivante.

La taille produit un surcroît de développement. Mais l'élagage d'une partie des plantes, branches, feuilles, fleurs ou fruits est toujours tôt ou tard suivi d'un progrès dans le développement. Par exemple, si l'on enlève les premières fleurs des jeunes cacaoyers, on augmente la production des fruits à la saison suivante;

de même si l'on ôte les premiers fruits de l'oranger, les fleurs repoussent et la récolte vient plus tard; cela est très important pour les planteurs des Indes Occidentales parce que les oranges se vendent beaucoup plus cher en Europe et dans l'Amérique du Nord dans une saison que dans l'autre. En enlevant les jeunes fruits, ou en élaguant les branches à fruits, l'époque de la récolte peut être modifiée presque au gré du planteur.

Pour tailler en vue de la production, il est nécessaire d'observer tout d'abord dans quelle partie de l'arbre ou de la plante se forme le fruit. Dans quelques plantes, le fruit naît sur les pousses de l'année; dans d'autres sur les pousses d'un an; dans d'autres encore sur le bois de la tige ou sur les maîtresses branches. Dans le premier cas, il faudra élaguer les branches qui poussent mal et qui donnent peu ou pas de jeune bois. Dans le second cas, on coupera le jeune bois pour permettre à la plante de pousser des fleurs au lieu de bois nouveau. Dans le troisième cas, les petites branches et les jeunes bois qui ne servent pas au développement de l'arbre seront retranchés. Dans tous les cas les « rejets ou gourmands » doivent être enlevés des arbres ou arbustes fruitiers, parce qu'ils dérobent à la plante beaucoup de la sève ou de l'aliment nécessaire à la formation des fleurs et des fruits. Tailler n'est pas élaguer grossièrement un arbre avec un sabre d'abatis pour en diminuer le branchage. La taille est une opération importante qui ne saurait être entreprise sans réflexion ni sans connaissance des principes. Une branche est-elle à enlever entièrement, elle devra être coupée au ras de la tige avec une serpette bien aiguisée, et il faudra avoir grand soin de ne pas déchirer l'écorce de l'arbre.

L'observation est nécessaire.

Partie de la plante qu'il faut tailler.

Enlever les gourmands.

Élaguer n'est pas tailler.

Couper les branches au bas de la tige.

Le bois a en effet besoin d'être recouvert par l'écorce, si elle a été déchirée ou fendue, il lui faut un plus long temps pour réparer le dommage et le bois peut pourrir.

Goudronner l'entaille.

Pour prévenir la pourriture causée par l'action de l'air et de l'humidité ou par celle des insectes, on fera bien de mettre sur l'entaille un enduit de goudron ou d'autre substance, si la branche enlevée est grosse. Pour les petites branches, la section en biais devra être faite juste au-dessus du bourgeon de façon à ce qu'elle forme avec la branche un angle presque droit. Voici le motif de cette précaution : aussitôt que le bourgeon se développera et il le fera à bref délai, la pousse dont la vigueur est accrue cicatrisera en peu de temps la coupure. Au contraire si l'on a laissé beaucoup de bois au dessus du bourgeon, ce bois mourra, formera une branche sèche et il faudra

Ne pas tailler en pleine sève.

une nouvelle taille pour le faire disparaître. Il faut avoir soin de ne pas tailler les arbres ou arbrisseaux en pleine sève car « ils saigneraient » au point d'affaiblir la plante. La circulation de la sève ne se fait pas dans le même temps chez toutes les plantes, ni chez la même plante dans des situations ou des climats différents. Il

Nécessité de l'expérience.

faut donc de l'observation et de l'expérience pour déterminer le moment propice à la taille. Une petite entaille dans la tige montrera toujours si l'écoulement de sève peut se produire.

CHAPITRE XIII.

ÉCUSSON ET GREFFE.

Nous avons vu au chapitre V que les plantes peuvent se propager par bulbes lesquels ne sont que des bourgeons modifiés, et par boutures. Bulbes et boutures sont piquées dans le sol, prennent racine au bout d'un certain temps et deviennent des plantes indépendantes de même espèce que la plante-mère.

La multiplication, par écusson et greffe, est au fond la même que celle par bulbes et boutures, avec cette différence que les écussons et greffes poussent sur des plantes déjà enracinées. L'avantage de l'écussonnage *Avantage.* et du greffage est de rendre plus résistantes les plantes délicates, notamment les arbres fruitiers, en faisant pousser leurs branches sur de forts *sujets* (on appelle sujet la plante qui reçoit l'écusson ou la greffe). Devenant plus robustes, elles produisent naturellement plus de fruits. En outre, certaines plantes, très difficiles *Utiles pour propager des espèces.* à propager par boutures, se multiplient aisément par écusson ou par greffe. Par ce procédé, des sauvageons d'arbres fruitiers, lents à rapporter, peuvent être amenés à fructifier beaucoup plus tôt. D'autre part, chez *La graine donne parfois* l'oranger et autres arbres fruitiers, les graines ne don- *des bâtards.* nent pas toujours des plantes produisant des fruits identiques à ceux de la plante mère; la variété n'est pas

conservée. La graine d'une très belle orange peut produire un arbre dont le fruit sera de très mauvaise qualité, de sorte que tous les soins pris pour élever l'arbre
depuis la semence et la longue attente du produit n'a-
boutiront qu'à un immense désappointement. Au contraire par écusson ou par greffe, le fruit peut être obtenu
en un temps beaucoup plus court et avec la certitude
que tous les caractères de la plante-mère seront conservés.

Ecussonnage. — Écussonner consiste simplement à
enlever sur un arbre, un bourgeon avec une portion d'é-
corce et à le placer sous l'écorce d'un autre arbre de façon
à ce qu'il adhère et pousse sur la branche comme il le
ferait sur la plante-mère. On peut, par ce moyen, multiplier rapidement la plante primitive. Voici comment on
opère : on coupe soigneusement sur une branche un bourgeon avec la base du pétiole et une parcelle d'écorce de
3/4 de pouce environ (fig. A). Si avec l'écorce, il est venu un
éclat de bois on l'en détachera avec précaution à l'aide
d'une pointe de canif et le bourgeon sera alors tout prêt
à être inséré sous l'écorce du sujet. Cette opération se fait
ainsi. On fait une incision en forme de T à long pied, au
dessous d'une feuille bien vivante du sujet (fig. B); cette
incision doit être rectiligne, et ne pas atteindre le bois;
on soulève ensuite avec précaution l'écorce, de chaque
côté, à l'aide du manche d'un canif à écussonner, puis
on introduit le bourgeon dans l'orifice et on le pousse
doucement à l'intérieur jusqu'à ce qu'il soit fermement
serré par les bords de l'incision (fig. C). S'il reste dehors
une portion de l'écorce du bourgeon, on la coupe de
façon à ce qu'elle s'adapte exactement à l'entaille faite
sur le sujet. On fait ensuite une ligature avec de la
filasse, de la laine ou un étroit ruban, de manière à ce

Comment
on écussonne.

que le bourgeon soit fixé solidement sans être trop serré ;

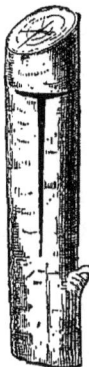

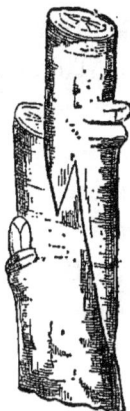

Fig. A. Fig. B. Fig. C. Fig. D.

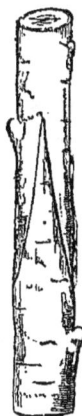
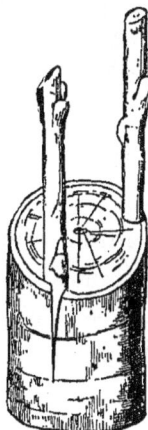

Fig. E. Fig. F. Fig. G.

PROCÉDÉS DIVERS DE GREFFAGE ET D'ÉCUSSONNAGE.

la ligature couvrira toute l'entaille, mais laissera au bourgeon la place nécessaire à son développement. Une feuille peut alors être étendue sur le tout pour garantir du soleil et d'une trop grande humidité. Après cela l'opération est achevée.

Greffage. — La propagation par greffe est analogue, nous l'avons vu, à la propagation par bouture. Une bouture nommée *scion* est prise sur la plante-mère et disposée de façon à pousser sur le *sujet*. Il y a plusieurs manières de faire cette opération et toutes ont des noms spéciaux, mais le principe commun à toutes est que tout ou partie de l'écorce du *scion* soit en contact avec celle du sujet.

La *greffe anglaise* ou *greffe en langue* est le mode le plus usité dans l'horticulture anglaise ; elle se pratique de la façon suivante : le sujet est coupé ou comme on dit « étêté » ; un côté est sectionné obliquement sur un pouce ou un pouce et demi, et une portion en forme de coin est enlevée de la partie supérieure ; le scion est ensuite taillé de façon à s'adapter au sujet ; ils sont en fait introduits, encastrés l'un dans l'autre (fig. D.). Le scion et le sujet sont alors liés fortement avec de la filasse, et de la cire à greffer (ou argile préparée) est appliquée sur le tout pour garantir de l'humidité. Il faut que le scion porte trois ou quatre bourgeons et que le bourgeon inférieur soit tout près de la surface appliquée sur le sujet ; de même on comprend que le sujet doit être étêté tout près d'un bourgeon. De cette façon les facultés vitales sont toujours plus actives. Il faut veiller à ce que les écorces du sujet et du scion soient en contact parfait. Il n'est pas nécessaire qu'ils soient de même grosseur, mais c'est préférable.

D'autres procédés s'appellent la *greffe en fentes* (fig. E) et *la greffe en selle* (fig. F). La façon dont le scion et le sujet doivent être taillés dans ces deux procédés se comprend aisément à la simple vue des gravures. Il va sans dire que les précautions usitées pour la greffe en langue, sont ici nécessaires.

La *greffe en couronne* est très utile dans la culture de l'oranger, surtout quand on veut greffer des oranges douces sur un gros et vieux pied d'orange amère. Le tronc de l'arbre est coupé droit à la scie puis égalisé au couteau ; on introduit ensuite deux ou trois scions entre l'écorce et le bois, et cela s'effectuera plus facilement si l'on ouvre le passage avec une cheville de bois dur, taillée exactement à son extrémité de la même grosseur et de la même forme que le scion.

La *greffe par approche* est analogue à la multiplication par marcottage. Elle en diffère en ce que le scion n'est séparé de la plante-mère que lorsque toutes les deux sont déjà parfaitement adhérentes. Cette greffe est considérée comme la plus sûre de toutes et elle s'emploie fréquemment aux Antilles pour la multiplication des manguiers de la meilleure espèce. Elle se pratique comme il suit : on choisit une branche de la plante-mère, de même grosseur à peu près que le sujet ; on enlève l'écorce et une partie du bois de l'un et de l'autre sur une longueur de deux ou trois pouces ; puis on les lie ensemble, en ayant soin que les écorces des entailles soient bien appliquées l'une sur l'autre, après quoi on applique sur le tout de la cire à greffer. Il est d'usage de faire des languettes sur le sujet et sur le scion de façon qu'ils soient convenablement fixés l'un sur l'autre, mais cela n'est pas absolument nécessaire. Cette précaution empêche cependant tout déplacement qui serait fatal à l'union.

Greffe des orangers.

Greffe par approche sur les manguiers.

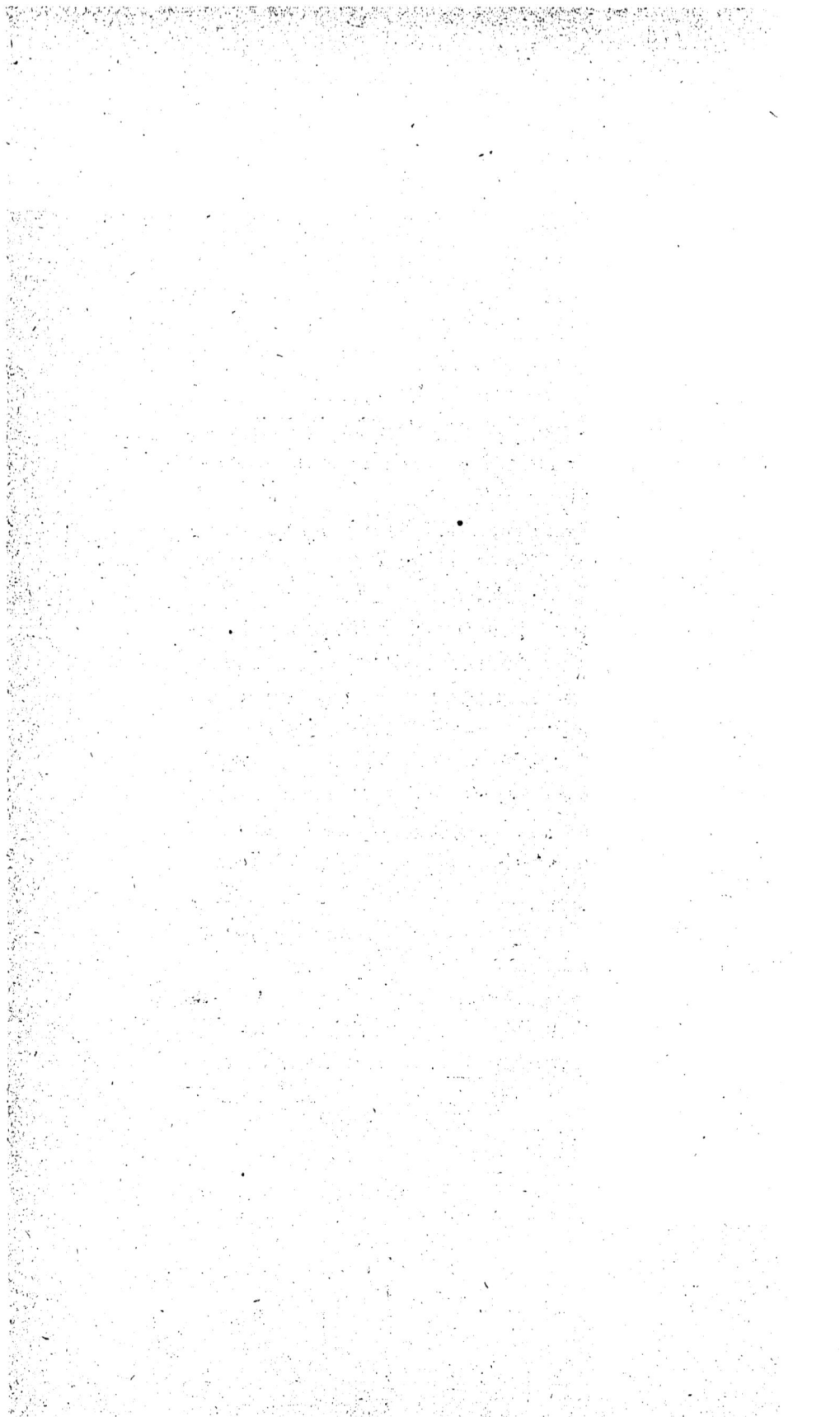

DEUXIÈME PARTIE

PRODUITS AGRICOLES.

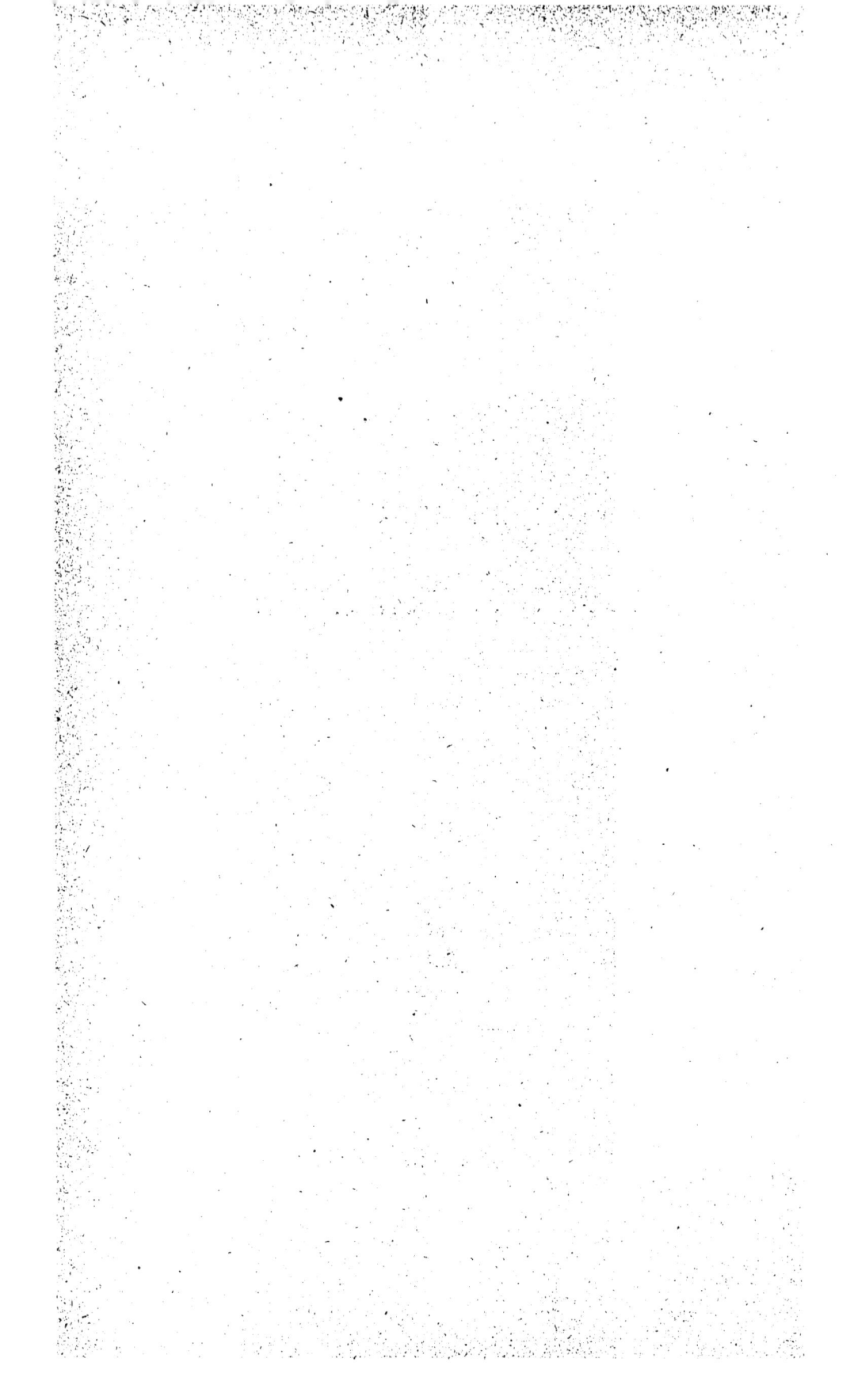

CHAPITRE I

INTRODUCTION.

Dans la première partie de ce livre, on a étudié les principes élémentaires de l'Agriculture et le lecteur doit être maintenant au courant de la vie des plantes et de leurs besoins, ainsi que des procédés employés par la nature pour permettre à l'homme de faire produire à la terre des fruits utilisables.

L'application des principes de l'Agriculture aux diverses cultures en usage dans les contrées tropicales sera maintenant l'objet de notre étude; quelques indications sur la préparation des produits, en vue du marché, seront données dans chaque chapitre.

La grande faute commise jusqu'à présent par la plupart des planteurs de la zone intratropicale a été de confiner leur attention sur un seul genre de culture dans leur plantation. Si plusieurs cultures différentes étaient faites alternativement comme dans le système de rotation, ou pratiquées sur d'autres parties de la plantation en tenant compte du sol et du climat, le planteur serait dans une bien meilleure situation qu'il n'est à présent; il n'aurait pas, comme ou dit, « tous ses œufs dans un même panier ». Il n'est pour ainsi dire aucun coin en aucune propriété, petite ou grande, aux An-

La monoculture est dangereuse.

tilles, qui ne puisse donner des produits rémunérateurs avec une plante ou une autre; le planteur habile
adaptera ses cultures à son sol, et n'essaiera pas de
forcer des plantes à pousser et à produire, sur un sol
ou sous un climat qui ne leur conviennent en aucune
façon.

La négligence
dans les planta-
tions est désas-
treuse.

Dans toutes les opérations du planteur, il ne doit y
avoir aucune négligence; un planteur négligent mérite
de ne pas réussir, et il y a toute chance pour qu'il
aboutisse à la ruine. Par exemple, si avec de grands
soins et des dépenses considérables on recueille une
quantité de jeunes pieds de cacao ou de café et qu'on
les plante sans soins, la plupart mourront, probablement, et tout le fruit du travail antérieur comme de
la dépense sera perdu, faute d'avoir prêté attention à
des choses qui, aux yeux d'un homme inexpérimenté,
ne sont que détails insignifiants. Tous ceux qui ont écrit
sur l'agriculture ont toujours insisté sur la nécessité du
soin et de la réflexion dans les plantations. M. Morris,
le distingué assistant-directeur du jardin royal de Kew
alors qu'il était chargé du jardin botanique de la Jamaïque, écrivait ceci : « Toutes les opérations ayant trait
à la plantation sont d'une nature si importante, qu'on
ne peut leur donner trop de soin et d'attention. De la
façon dont les plants sont mis en terre et dont la plantation est soignée, dépend tout le succès de l'opération;
savoir remplir ces conditions dans leur intégralité peut
être considéré comme la condition essentielle pour être
bon et habile planteur. »

En fait, un planteur est tout simplement un homme
qui copie la nature et ses procédés pour obtenir un ample rendement du sol. La nature, comme nous l'avons

vu, procède par des moyens lents et méticuleux ; la plus petite fonction s'accomplit avec la même sagesse attentive que la plus grande, et tous les phénomènes s'accomplissant simultanément, selon les règles imposées par des lois naturelles, il en résulte le monde merveilleux qui nous entoure. Un planteur digne de ce nom doit humblement copier la nature, non seulement dans ses indications sur le traitement qui convient à la vie des plantes, mais aussi dans la façon soigneuse et attentive qui a présidé à l'agencement de toutes choses.

CHAPITRE II

CAFÉIERS.

Coffea arabica L. — *Coffea liberica* (Hiern.)

Diminution de la culture du café aux Antilles. **Le café** était autrefois cultivé sur de grandes étendues aux Antilles; la grande extension donnée à la culture de la canne à sucre est une des principales causes qui ont rendu l'exportation relativement peu importante de nos jours. A la Dominique, les planteurs de café furent ruinés dans la première partie de ce siècle, par le fait d'une maladie qui tua leurs caféiers; c'est seulement, depuis que le caféier de Libéria a été introduit, qu'il paraît y avoir quelques chances de relèvement pour cette industrie, parce que le libérica résiste mieux à cette maladie.

Pays d'origine du caféier. Le café d'Arabie ou café commun est originaire des montagnes d'Abyssinie d'où il a été importé en Arabie, et depuis dans toutes les contrées tropicales. Le café de Liberia a été découvert, il y a peu d'années, dans les forêts de la côte occidentale d'Afrique, et il a été introduit dans les Indes occidentales et ailleurs de plants ou de graines provenant du jardin royal de Kew.

Le caféier est une plante robuste. **Le sol.** — Comme le caféier a une longue racine pivotante, il ne poussera que dans un sol profond. Le meilleur terrain est un terrain bien drainé et glaiseux; mais la plante est robuste et poussera dans tous les sols sauf dans les terres dures, les argiles lourdes ou les sables pauvres. Le docteur Browne, dans son *Histoire naturelle de la Jamaïque*, dit du caféier : « Le caféier poussera et prospérera dans tous les sols montagneux de la Jamaïque, et même dans les endroits les plus secs il a souvent donné d'abondantes récoltes. » Un sol rocheux, mais profond entre les roches, convient très bien et nécessite moins de préparations pour les plantes, parce que les pierres enrichissent continuellement le sol par l'action de la température, de l'air, de la pluie et autres agents naturels. On prétend aussi qu'elles retiennent la chaleur du soleil et préservent les caféiers contre l'influence des nuits froides.

Le climat. — Le climat qui convient le mieux à la culture du café est celui des régions montagneuses des tropiques avec une moyenne de température de 55 à 80° Farenheit (12° 5 à 26° 5 c.), Le meilleur café pousse à une altitude variant de 2500 à 5000 pieds (760 à 1520ᵐ) au-dessus du niveau de la mer. Le caféier est pourtant cultivé à des niveaux beaucoup plus bas et même tout près des côtes. Mais le café d'Arabie ne réussit pas bien au-dessous de 1500 pieds (450 mètres), et il est exposé aux maladies parasitaires dans les endroits bas. Comme presque toutes les caféeries à la Dominique sont au-dessous de 1500 pieds, la maladie désastreuse qui a ruiné l'industrie du café dans cette île, est probablement due, dans une certaine mesure, au fait que le climat n'était pas approprié à la culture.

Le café de Libéria, d'un autre côté, pousse mieux au dessous de 1500 pieds ; c'est une plante qui aime les terres basses, et elle peut pousser dans des endroits presque aussi bas que le niveau de la mer. Un climat très humide

Altitude.

Pas au-dessous de 1.500 pieds (450 mètres).

Le café de Libéria est une plante de terre basse.

n'est pas favorable au caféier; il ne poussera pas dans les terrains trop découverts. Mais l'exposition peut presque toujours être modifiée par des rangées d'arbres servant d'abris; et dans les contrées exposés aux ouragans, ils forment même une protection nécessaire. Il ne faut pas cependant les laisser grandir en liberté, parce qu'ils ombrageraient trop les caféiers. Une taille annuelle au sabre d'abatis de ces arbres-abris n'a pas seulement l'avantage de les maintenir au degré d'épaisseur convenable, mais les petites branches et les feuilles coupées et enfouies entre les plantes de caféiers forment en outre un excellent amendement pour le sol.

Éviter les terrains découverts.
Rangées d'arbres abris.

Multiplication. — Les caféiers sont propagés de graines et les plants peuvent être pris dans les pépinières ou sous les arbres déjà poussés; les graines germent en effet facilement si elles tombent sur un sol légèrement humide et ombragé; beaucoup de plantes poussent ainsi au pied des arbres dans les plantations de café.

La graine germe facilement.

Planche de graines ou nursery. — Quand on a choisi une pièce de terre ombragée, humide ou pouvant être facilement irriguée, on la disposera en planches propres à recevoir les graines. Autant que possible, le semis sera fait près de la maison du planteur, afin qu'il puisse le surveiller fréquemment, car il exige une attention constante; il peut même être nécessaire de le visiter la nuit pour tuer les insectes nocturnes qui aiment à ronger les feuilles des pousses.

Faire les semis dans des endroits abrités.
Ils exigent une attention constante.

Si l'on ne veut pas planter des caféiers sur une très grande étendue, on peut faire germer les graines dans des caisses ou des pots remplis de terre meuble et élevés à quelque distance au-dessus du sol. De cette façon on pourra mieux surveiller les plants, et il y a moins à crain-

Plants élevés en caisses.

dre les ravages des chenilles et autres insectes voraces
qui détruisent les feuilles et les jeunes plants.

Les planches pour le semis ne doivent pas être trop Préparation des planches
larges; elles doivent être bien fumées si le sol est pau- pour le semis.
vre, et la terre doit être brisée et ameublie, en ayant

CAFÉIER (*Coffea arabica* L).

1 Fleur, 2 Fruit.

soin d'enlever toutes les racines et toutes les pierres.
Si la terre est d'argile compacte, on y mêlera du sable Terre meuble nécessaire.
ou du charbon de bois; les petites racines délicates de
la jeune plante exigent en effet une terre meuble qu'elles
puissent facilement pénétrer.

Les graines extraites fraîchement de la pulpe seront Semer des graines fraîches
placées en terre sur leur face plate, à une profondeur

d'un pouce et demi ($0^m,038$), et à trois pouces ($0^m,075$) l'une de l'autre. Une légère couche de charbon de bois bien pulvérisé peut être placée avec avantage sur les planches; il empêche de pousser les mauvaises herbes et aide à retenir l'humidité. Si le temps est favorable, les

Les graines germent en six semaines.

graines auront germé en six semaines environ et les pieds pourront être transplantés au bout de huit ou dix mois. Si le temps devenait sec, après la plantation des jeunes pieds de graines, il faudrait arroser les pépinières abon-

Sarcler constamment.

damment et fréquemment. Les planches doivent être constamment sarclées et les herbes enlevées avant qu'elles n'aient atteint une grande hauteur, autrement on court le risque en les extirpant, d'arracher en même-temps

Plants de réserve.

les jeunes caféiers. Une réserve de jeunes pieds sera gardée pour suppléer aux vides qui se produisent dans la plantation, un certain nombre de plants mourant après avoir été transplantés. D'autres planches sont disposées en préparant le sol de la même manière que pour les semis, et les jeunes pieds y sont plantés à une distance de 8 à 12 pouces ($0^m,20$ à $0^m,30$) l'une de l'autre; de cette façon, ces jeunes pieds grandiront en même temps que les plantes du champ, et quand des vides se reproduiront, les meilleurs serviront à les combler. Lorsqu'on n'a créé qu'une très petite plantation, un excellent procédé est celui qui consiste à piquer les pousses dans des pots de bambou, à les tenir d'abord

Fortifier les plants.

dans un endroit ombragé et humide, puis à les fortifier progressivement en plaçant les pots dans des endroits plus exposés.

Pots de bambou. — Comme un grand nombre de plants obtenus par les agriculteurs des régions tropicales ont été élevés avec succès dans des pots de bambou, il y a lieu de donner quelques détails sur la façon de planter graines et pieds dans ces réceptacles. Une tige de bam- Comment on fait les pots de bambou. bou est un cylindre creux divisé en nombreux compartiments par des cloisons d'un tissu ligneux, dur et épais. A chaque jointure ou nœud, où la tige est renflée, il y a une cloison, en sorte qu'une tige de bambou a autant de compartiments que de nœuds. Si l'on scie la tige à un pouce environ $(0^m,03)$ au-dessous du nœud on obtiendra un nombre donné de cylindres creux longs de dix à quatorze pouces $(0^m,25$ à $0^m,35)$ avec 3 ou 4 pouces $(0^m,075$ à $0^m,10)$ de diamètre ouverts à une extrémité et fermés à l'autre. Tels sont les pots de bambou. Il n'y a rien de si merveilleusement propre à l'élevage des Utilité de ces pots. plants, d'aussi bon marché et d'aussi abondant dans la plupart des contrées tropicales. Les pots étant profonds s'accommodent mieux aux racines pivotantes que les pots à fleurs ordinaires. Leurs côtés sont tapissés d'une dure matière siliceuse qui ne permet pas l'évaporation et qui empêche les racines de se geler et la terre de se sécher, comme cela arrive dans les pots de terre poreuse. De plus, les pots de bambou sont durs et résistants, ne se brisent ni par les chutes ni par les chocs et coûtent si peu qu'on peut sacrifier un pot par plant. Dans les plantations où il ne se trouve pas de bambous et où il est difficile de s'en procurer aisément, on devra planter plusieurs touffes de bambou, ne fût-ce que pour transformer les tiges en pots.

On dispose les plants de la façon suivante :

On perce le pot par en bas d'un large trou pour lais- Comment placer les plants dans les pots. ser sortir l'eau; on y place quelques petites pierres plates pour empêcher la terre d'obstruer le trou et pour favoriser le drainage; on met sur les pierres de la mousse ou quelques feuilles sèches pour que la terre ne pénètre pas entre les pierres et n'obstrue pas les conduits par où s'échappe le trop plein d'eau. Après cela, on remplit de terre jusqu'à un pouce du bord en agitant le pot pour que la terre se tasse. Si le pot doit servir à élever la graine, on peut alors l'y placer. Mais si l'on veut emporter une pousse prise dans la pépinière, on ne remplira de terre que jusqu'au niveau nécessaire pour que le bout de la plus longue racine touche au fond; on place la plante en la tenant au milieu du pot et on dispose la terre autour des racines; quelques coups secs au fond ou sur les côtés du bambou suffiront pour que la terre se tasse bien autour des racines et qu'aucune d'elles ne soit tournée ou repliée sur elle-même. Une fois que le plant est placé dans le pot, on presse la terre surtout près de la tige afin d'empêcher une trop grande évaporation de la surface et l'opération est terminée.

Arrosage de la plante. La raison pour laquelle on doit laisser un pouce entre le niveau de la terre et le bord du pot, c'est que, en arrosant la plante, on a ainsi plus de chance de donner au pot une suffisante quantité d'eau. Le meilleur procédé pour arroser ces pots consiste à se servir d'un broc à bec et à verser l'eau doucement jusqu'à ce qu'elle déborde sur les côtés du bambou.

Le sol des forêts est le meilleur pour la culture du café. **Préparation de la terrre.** — Après avoir terminé la pépinière, le planteur doit s'occuper de préparer la terre. Le sol des forêts est riche en humus et par suite convient à une plantation nouvelle parce que les plantes poussent mieux dans un sol vierge, et parce que la terre ne demande pendant longtemps aucun engrais.

Défrichement des forêts. Les arbres de la forêt une fois abattus, on coupe les branches et on les éparpille sur la terre avant d'y mettre le feu. Naturellement les arbres qui ont été abattus dans la forêt doivent être laissés pendant quelque. temps exposés au soleil; autrement les petites branches ne brûleraient pas convenablement. Autant que cela se pourra on fera mieux, au lieu de brûler les menues branches et les buissons, de les fagoter et de les disposer en ligne entre les jeunes plants de café, afin qu'en pourrissant elles ajoutent à la richesse du sol; en procédant autrement les éléments azotés, si utiles à la vie des plantes sont perdus dans l'atmosphère par la combustion.

Alignement. — Quand la terre a été bien préparée, la première chose à faire est de l'aligner; on place des piquets ou des jalons à chaque endroit devant être occupé par un plant de café. Il faut avoir soin de faire les lignes symétriques; un champ mal aligné est désagréable à l'œil et donne beaucoup de mal pour le travail ou la récolte. C'est une erreur de croire que plus le nombre des plants est grand plus la récolte est abondante. Comme on l'a vu dans la première partie de ce livre, l'air, le soleil et la pluie contribuent beaucoup à la croissance des plantes; or, pour que ces agents importants opèrent utilement, il doit y avoir assez d'espace autour des arbres pour que l'air circule librement et que les rayons du soleil pénètrent. En rapprochant trop les plantes, on empêche ce résultat et on se prépare un préjudice d'une autre nature, les racines s'entrelaceraient et se déroberaient l'une à l'autre la meilleure part de la matière nutritive qui existe dans le sol. Chez les plantes trop serrées la nourriture extraite du sol ne sert qu'à former de nombreuses tiges ligneuses et des branches sétriles tandis que si les plantes sont suffisamment es-

Faire des alignements réguliers.

Éviter le trop grand rapprochement des arbres.

pacées la matière alimentaire extraite du sol servira à produire non un grand nombre de tiges, mais une grande quantité de branches à fruits sur des arbres bien formés. Il arrive donc qu'on obtient une récolte plus abondante d'un plus petit nombre d'arbres; les observations faites sur la vie des plantes expliquent facilement ce phénomène.

Procédé d'alignement. Un bon moyen d'aligner la plantation consiste à prendre de longues cordes solides et à les tendre sur le champ à des distances régulières. Une corde semblable tenue à chaque bout par une personne est ensuite tendue en travers des autres, et à l'endroit où elle touche les premières on met des piquets. De cette façon, les lignes sont parfaitement tirées et la distance des piquets entre eux peut être établie au gré du planteur.

Les distances auxquelles les plants de café doivent être disposés varieront suivant le sol et l'étendue de la plantation. A Ceylan, la distance usuelle est de six pieds sur six pieds (1^m,80 $\times$ 1^m,80) ce qui donne 1210 arbres à l'acre de 40^a 46; dans les riches terres, les plants peuvent être placés à une plus grande distance; sur un sol pauvre et sur les pentes raides, on peut adopter de plus petites distances, mais les arbres ne seront jamais plus rapprochés que de cinq en cinq pieds (1^m,50 $\times$ 1^m,50) ce qui donnera 1740 arbres à l'acre.

Ne pas planter plus serré que de 5 en 5 pieds.

Le café de Libéria étant plus gros et plus vigoureux que le café d'Arabie, les distances entre les plants peuvent être plus grandes, et à la Dominique les arbres sont ordinairement plantés de dix pieds en dix pieds (3^m $\times$ 3) ce qui donne 435 arbres à l'acre.

Trouage. — La terre ayant été bien jalonnée, il s'agit d'y piquer les plants. Mais, sauf dans les terrains de défrichement et dans ceux où le sol vierge est riche et friable il est nécessaire de trouer la terre. On fait des trous aux endroits occupés par les piquets et ces trous doivent être larges de un à deux pieds carrés (30 à 60 centimètres), profonds d'un pied et demi à deux pieds ($0^m,45$ à $0^m,60$). Dans les argiles et les sols pauvres, de plus grandes dimensions sont préférables; dans les sols riches alluvionnaires, de plus petites suffiront.

Dimensions des trous.

Les trous doivent être laissés ouverts pendant quelques semaines pour permettre à l'air de pénétrer dans le sous-sol et d'agir sur les constituants passifs; la terre retirée du trou sera placée en dessous de l'ouverture, si le terrain est en pente, et sur un bord quelconque s'il est plat.

Les laisser ouverts quelques semaines.

Quand on remplit les trous, il ne faut pas se servir de la terre ôtée, mais de la terre de surface environnante et des sarclages, en prenant soin d'ôter les pierres et les grosses racines. Plus les mauvaises herbes sont pourries mieux cela vaut; elles tiennent alors lieu d'engrais vert. Au bout d'une ou deux semaines les mauvaises herbes pourriront et ajouteront leur richesse au sol qui s'affaissera et formera une petite excavation qu'on remplira de nouveau avec de la terre de surface. Si la terre est pauvre, on y ajoutera avec avantage un peu de fumier de ferme ou de compost.

Comment on les remplit.

Il sera bon d'élever un peu la terre en formant une petite motte à l'endroit où était le trou; c'est sur le sommet de cette motte qu'on plantera les jeunes arbres.

Élever la terre en mottes.

Le but de ce système est de permettre le tassement de la terre, car de quelque façon que les trous soient remplis il y a toujours tassement; après un certain temps, les jeunes plants resteraient dans une dépression si la terre n'avait été arrangée comme on vient de le décrire.

Plantations. — On plantera les arbres autant que possible au début de la saison pluvieuse ; en aucun cas les plants ne seront mis en terre pendant la saison sèche, car jusqu'à ce qu'ils aient fortement pris racine dans leur nouveau sol, quelques jours de soleil ou de sécheresse les tueraient à peu près certainement. Une

ombre temporaire peut toutefois être ménagée en fixant en terre autour des plants de petites branches d'arbres ou en enfonçant quelques pieux, disposés de façon à pouvoir servir de support à des feuilles de bananier ou de fougère afin de fournir une ombre légère aux jeunes caféiers. En enlevant les plants de la pépinière, il faut

avoir bien soin de ne pas blesser les racines ; quand cela se pourra on enlèvera la motte de terre avec la plante. Si les racines étaient trop blessées, il serait bon d'arracher quelques unes des feuilles inférieures pour rétablir la balance entre les parties qui sont au-dessus et celles qui sont au-dessous du sol. Quand les caféiers ont été élevés dans les pots de bambous, on ne devra jamais fendre le pot et le mettre en terre avec le pied qu'il contient, parce que le bois mort restant attaché à la ra-

cine du jeune caféier pourrait lui nuire. Le meilleur procédé est de bien humecter la terre du pot avant de la mettre dans le champ, et quand les trous sont prêts pour la plantation de fendre chaque pot sur les deux côtés avec un couteau, de le couper en deux par un léger effort, qui le sépare de la motte enracinée, et de mettre en terre le pied dont les racines ne sont pas dérangées et restent couvertes de terre ; de cette façon il est presque impossible de mal faire. Naturellement les cailloux qu'on aura mis au fond du pot pour faciliter le drainage seront délicatement enlevés avec les doigts avant que la jeune plante ne soit mise en terre. Celle-ci une fois mise en terre, on foulera fortement le sol aux environs de sa tige pour empêcher une trop grande évaporation autour des racines. Dans les endroits très exposés au vent on fera bien d'enfoncer un pieu tout près de l'arbre et d'y attacher le plant quand il est assez gros, afin d'éviter qu'il soit trop secoué. Dans toutes les opérations de plantation on doit prendre des précautions extrêmes pour que le soleil ne brûle pas les racines pendant que l'on transporte le plant de la pépinière au champ, on fera même bien de l'abriter au moyen de feuilles de bananier ou de feuilles quelconques.

Mettre des tuteurs.

Si une sécheresse se produit soudainement après la plantation, il faudra arroser les plants une fois au moins par jour jusqu'à ce qu'ils aient bien repris racine ; si on ne le fait pas, beaucoup mourront.

Arrosage des plants.

Quand les jeunes plantes sont enracinées, elles demandent des soins très attentifs jusqu'à ce qu'elles aient poussé plusieurs paires de branches.

Un autre procédé de plantation consiste à se dispenser d'avoir des pépinières c'est-à-dire à semer les graines dans le champ à la place où le caféier doit pousser. Le procédé de piquage doit cependant être préféré, sauf dans les sols riches, friables, vierges. Dans ce procédé, les graines sont semées dans chaque trou à une distance de six pouces ($0^m,15$) l'une de l'autre ; si toutes lèvent, on laissera seulement les arbres les plus gros, les plus robustes et les mieux formés ; on enlèvera les autres pour servir de réserve ou pour planter dans un autre champ.

Plantation en pièce.

On appelle ce système la *plantation au pieu*. Chaque trou réclame la plus soigneuse attention; il faut le regarder, en réalité, comme une pépinière en réduction.

Ombre. — Les pieds de caféier arrivés à leur entier développement n'exigent plus beaucoup d'ombrage, excepté lorsque le caféier d'Arabie est planté dans les terres basses; l'ombrage est alors indispensable. On peut dans ce cas laisser pousser la ceinture d'abris jusqu'à ce que les hautes branches des arbres ombragent la plantation pendant une partie du jour. Le poix doux (*Inga laurina*) ou la pomme rose (*Eugenia Jambos*) peuvent être employés pour ces abris, mais n'importe quel arbre du pays pourvu qu'il n'épuise pas le sol, remplira très bien l'emploi. Le café de Libéria poussant dans les terres basses et le café d'Arabie dans les montagnes au-dessus de deux mille pieds (600ᵐ) d'altitude, n'ont pas besoin d'ombre, et la ceinture d'arbres-abris ne servira qu'à les protéger contre les vents. Mais quand les caféiers sont jeunes, un peu d'ombre est nécessaire, sauf dans les endroits bien abrités et humides. Les diverses sortes de bananiers peuvent être employés à cet office, mais il ne faut pas les planter trop près des caféiers. Le pigeon ou pois du Congo (*Cajanus indicus*) est une excellente plante-abri pour ombrager les jeunes arbres. Cette plante a la réputation d'enrichir le sol parce qu'elle laisse tomber à terre une grande quantité de feuilles riches en azote, et parce que ses racines pénètrent très profondément en terre, d'où il suit que l'arbre est coupé (et il faut le faire aussitôt que le caféier est poussé), le sol est amendé par les racines qui pourrissent et par la libre entrée de l'atmosphère dans les canaux formés en terre à la place des

Marginal notes: Ombre nécessaire dans les terres basses. Ceinture d'abris. Protection contre les vents. L'ambrevade enrichit le sol.

racines disparues. Quand les caféiers commencent à rapporter, les plantes à ombre qui ont poussé au milieu
d'eux devront être enlevées complètement, sans quoi le
café deviendrait « haut sur jambes », c'est-à-dire que les
tiges pousseront rapidement laissant de longs intervalles
entre les branches; les feuilles seront plus larges et moins
nombreuses, les tiges faibles et les récoltes faibles. Un
caféier complètement adulte et en bonne situation sous
le rapport du sol et du climat, se plaît au soleil; c'est
donc seulement pour les plants jeunes et délicats que
l'ombrage est avantageux.

Arbres hauts sur jambes.

Le soleil convient aux arbres faits.

Tout le monde n'est cependant point d'accord sur ce
point et tout le premier le traducteur de cet ouvrage estime qu'en cultivant en plein soleil on obtient, il est vrai,
de très beaux rendements, mais on s'expose à voir ses
caféiers détruits par une des maladies parasitaires du
caféier, et ces maladies sont très nombreuses.

Sarclage. — Quand les jeunes plants sont établis dans
la plantation, ils demandent un sarclage constant, et
cette nécessité de la culture du café a été reconnue par les
premiers planteurs des Antilles. Laborie, qui a écrit en
1797 le premier ouvrage sur la culture du café, sous le
titre *le Planteur de café de St-Domingue*, s'exprime
ainsi : « Il n'y a peut-être aucune plante qui exige une
plus grande propreté du sol que le caféier. Les mauvaises
herbes le retardent, le font pousser jaune, fané, sec, et
enfin le font périr. » On peut mettre les mauvaises herbes
en tas, les laisser pourrir, et s'en servir pour couvrir les
racines des caféiers; mais il faut qu'elles soient pourries pour cela, car à moins de bêcher la terre près des
racines et de tourner une ou deux fois les tas d'herbes,
beaucoup de ces mauvaises herbes revivront et croî-

Un sarclage est nécessaire.

Laborie.

tront vigoureusement, bien qu'elles aient été déracinées.

Enterrer les mauvaises herbes.
Une meilleure méthode est celle qui consiste à les enterrer et à les transformer ainsi en engrais vert. Les trous ne seront pas creusés trop près des caféiers et les herbes seront enfouies dans un nouveau trou à chaque *sarclage*. C'est là de beaucoup le meilleur système d'utilisation des mauvaises herbes, il faut s'y conformer toutes les fois que ce sera possible.

Avantage de l'étêtage.
Étêtage. — Si on laisse le caféier pousser librement il deviendra très haut; l'espèce de Liberia s'élève parfois à 40 pieds (12^m). Dans ce cas il est très difficile de cueillir les fruits parce que les arbres, en vertu d'une loi générale fructifient principalement au sommet. De plus très souvent chez le caféier beaucoup des plus basses branches meurent à mesure que l'arbre croît en hauteur. Pour obvier à cet inconvénient on a imaginé le procédé de l'étêtage; il consiste à couper la tête de l'arbre quand il a atteint une hauteur permettant de cueillir les fruits sans difficulté. L'étêtage a en outre l'avantage d'accroître le développement et la fécondité des branches inférieures et d'empêcher les vents violents d'avoir une aussi grande prise sur la plantation. Dans les endroits découverts sur les montagnes, les arbres peuvent être étêtés à 3 pieds ($0^m,90$); dans les endroits ombragés où le sol est bon, il ne faut jamais les laisser pousser à plus de cinq pieds ($1^m,50$). Dans quelques localités très exposées au vent de Ceylan, mais dans des cas très rares, les arbres sont étêtés à 1 pied 1/2 ($0^m,45$). Cet étêtage ne conviendrait à aucune des cultures de caféier des Antilles. On a recom-

Ne pas étêter les caféiers des terres basses.
mandé, quand le caféier est planté dans les bas, de le laisser pousser sans entrave parce qu'il est alors plus fertile; mais dans ce cas les grains seront cueillis à

l'aide d'un marche pied, car si les branches étaient pliées les tiges pourraient se briser ou se fendre.

Taille. — Une bonne taille des caféiers est très importante, car si on les laissait grandir sans direction ils formeraient une masse enchevêtrée de tiges, de branches, de feuilles et ils rapporteraient très peu de fruits. L'arbuste ayant été étêté, on arrache tous les gourmands; ce sont des pousses droites, vigoureuses, qui viennent sur la tige et parfois sur les branches. Ils pousseraient avec une telle vigueur si on les conservait, qu'ils enlèveraient à l'arbre toute la sève destinée à former le fruit. De là, le nom de « voleurs » ou « gourmands » donné à ces tiges ou branches. Il vaut mieux les enlever quand ils sont jeunes et alors on les rompt avec le doigt et le pouce en les « pinçant ». Un caféier bien formé a une tige centrale droite qui projette sur chaque côté des branches appelées » primaires »; sur ces branches primaires, poussent de chaque côté d'autres branches dites « secondaires », lesquelles parfois produisent d'autres branches. Or, dans une bonne taille, aucune de celles des branches secondaires qui poussent près de la tige principale ne doit être conservée; il faut les enlever pour ménager autour de la tige un espace libre qui permette la facile circulation de l'air et de la pénétration de la lumière. De cette façon, l'arbuste reçoit plus de chaleur; l'humidité stagnante est évitée et le développement des mousses ou autres parasites sur l'arbre est prévenu. Ces plantes parasites ne doivent jamais être laissées sur l'arbre car elles lui nuisent beaucoup. Sur les branches primaires ou principales et à chaque nœud, les branches secondaires croissent ordinairement par paires, une de chaque côté; mais quelquefois, au

Importance de la taille.

Comment on taille les arbres.

lieu d'une paire, on peut avoir tout une touffe de branches poussant en tous sens. La taille est nécessaire en
pareil cas, car il faut avec un couteau bien affilé comme
on l'a expliqué au chapitre de la taille, enlever tout,
sauf les deux meilleures branches.

Engrais. — Si l'on a défriché une forêt pour faire
la plantation, l'engrais ne sera pas nécessaire pendant
plusieurs années; mais il n'en est pas de même, si la
terre a déjà été cultivée. L'engrais est alors indispensable,
et naturellement le fumier de ferme est le meilleur. Il
est donc utile, pour un planteur de caféiers et même
pour tous les planteurs, d'avoir des animaux afin de se
procurer de bon engrais. D'abord, l'engrais peut être
simplement déposé autour des racines des plants puis
recouvert avec la terre de surface, ou bien être enfoui
soigneusement tout autour des racines. Mais, dans la
suite, il sera nécessaire d'enfouir le fumier dans des
trous auprès des arbustes. Ces trous seront d'environ
deux pieds de longueur (0ᵐ,60), un pied de profondeur
(0ᵐ,30), un pied de largeur, et à une distance de deux
pieds au moins de la tige. En creusant, on prendra
garde de couper les grosses racines de l'arbuste qui
seraient mises à découvert, mais on pourra, sans inconvénient, couper les plus petites. Le fumier sera alors
étendu au fond du trou et recouvert d'herbes et de terre
qu'on tassera bien pour empêcher qu'il ne soit mouillé
dans les grandes pluies. Si les caféiers ont été plantés sur
une terre en pente, les fosses à fumier seront creusées
au-dessus des arbres, afin que les parties solubles du
fumier puissent s'écouler vers les racines. Mais, en terrain
plat, la situation des trous est sans importance, on ne
devra pas creuser aux mêmes endroits à chaque fumure.

Le fumier de ferme est le meilleur.

Trous à fumier.

Position des trous.

Produits intercalaires. — Tandis que les jeunes caféiers poussent, le terrain non occupé peut être planté en maïs, bananiers, taros, patates douces et autres produits alimentaires, suivant le désir du planteur ou les exigences des marchés locaux. Ce système qu'on appelle culture intercalaire, est excellent, bien qu'il ne rencontre pas l'approbation de tous les planteurs. La partie inoccupée du sol donnera quelque profit et la préparation de la terre nécessitée par la culture profitera aux jeunes caféiers. De plus, l'ombre produite par les plantes de la culture intercalaire sera favorable aux caféiers, et la vente des produits permettra d'attendre la rémunération de la plantation principale.

Culture intercalaire recommandée.

Naturellement, il faudra prendre garde que les plantes intercalaires n'empiètent trop sur le café, et dès la seconde année, il faudra en cesser la culture.

Cesser la culture intercalaire la 2ᵉ année.

Ennemis du caféier. — Il n'y a peut-être pas une plante cultivée qui ait d'aussi nombreux ennemis, soit du règne animal soit du règne végétal, que le caféier. A Ceylan, la culture du caféier a été entièrement ruinée, il y a quelques années, par un champignon qui attaquait les feuilles et qu'on n'a pas pu détruire. A la Dominique, comme nous l'avons vu, un insecte appelé « mouche blanche » a fait périr presque tous les arbres au début de ce siècle. Un fléau analogue existe maintenant au Brésil, et cause de grands dommages aux plantations de café ; on peut dire qu'il existe aussi à la Jamaïque et dans d'autres Antilles, mais il n'y fait pas les mêmes ravages qu'à la Dominique.

Le champignon de Ceylan.

La cochenille des serres, insecte curieux qui ressemble à un flocon de neige, cause de grands dommages en certains endroits ; mais on peut l'éloigner en plantant

Pseudo-coccus adonidium.

des ananas entre les caféiers ; la cochenille est très friande de cette plante et quittera pour elle les caféiers. Dans quelques pays les arbres sont très endommagés par la

Le borer.   larve d'un papillon appelé « le borer » qui perce des trous dans la tige ou dans la racine et souvent les fait mourir. Mais ces destructeurs peuvent être recherchés

Coccus.   et tués. Des coccus apparaissent quelquefois sur les arbres, ce sont de petits insectes blancs ou bruns appliqués à l'écorce de l'arbre ou à l'épiderme des feuilles ; leurs excréments, qui ressemblent souvent à du miel, sont attaqués par un champignon noir comme de la suie. On trouve parfois les feuilles toutes couvertes de cette ma-

Accompagnés de fourmis.   tière noire qui est ordinairement accompagnée de fourmis. Ces coccus peuvent être facilement détruits, en lavant la plante avec de l'eau de savon ; la plupart des autres

Insecticides.   insectes peuvent être tués en pulvérisant sur les arbres de l'eau de savon additionnée d'une très petite quantité d'huile de pétrole, le tout ayant été soigneusement mélangé. On aura soin de ne pas mettre trop d'huile de pétrole, car elle ferait mourir l'arbre (1). L'invasion de tous ces parasites est, sans aucun doute, causé par le mauvais état de santé des caféiers soit qu'il provienne d'une mauvaise culture, d'un sol épuisé, ou même d'un climat mal approprié. Aussi la première chose à faire est-elle de s'efforcer de rendre la vigueur aux arbres par un bêchage convenable, un sarclage soigneux, un judicieux amendement ; dans bien des cas, ce sont là les seules ressources du planteur. Heureusement ce sont de puissants moyens de préservation ou de guérison des parasites, car un arbre

(1) On trouvera dans notre ouvrage *La culture du caféier* par E. Raoul et E. Darolles, les formules détaillées de toutes ces préparations. Challamel, éditeur, Paris, rue Jacob.

vigoureux peut supporter un champignon qui ferait dépérir et mourir un arbre faible.

Les rats et souris, quand ils sont nombreux, causent beaucoup de préjudice aux fruits. Le fruit du caféier se compose de deux grains enveloppés par une pulpe tendre dont ces animaux sont extrêmement friands. Au temps de la récolte on verra souvent des parches de café joncher la terre sous les plants, on les appelle ordinairement le « café rat » parce que les rats ont mangé la pulpe et laissé les grains enveloppés dans leur parche. On peut prendre au piège ou empoisonner les rats et les souris, mais le meilleur moyen est peut-être bien d'avoir un bon chien dressé à la chasse de ces rongeurs.

Récolte. — Pour le café d'Arabie, aussitôt que les baies deviennent rouges, il faut les cueillir, sans quoi on en perdrait beaucoup : le fruit en effet ne reste pas sur l'arbre un temps très long et tombe à terre. Pour le café de Libéria c'est le contraire; dans cette espèce, la baie mûre reste attachée à l'arbre et peut être cueillie au gré du planteur. C'est un immense avantage dans les pays où l'on ne peut obtenir une main-d'œuvre suffisante pour faire la récolte en peu de temps.

Les baies sont ordinairement cueillies à l'arbre; mais en Arabie, des toiles sont étendues sous les caféiers et les fruits sont secoués sur ces toiles. Le procédé de la cueillette à l'arbre vaut mieux lorsqu'il peut être employé; on ne prendra que les fruits mûrs, car ceux qui ne sont pas mûrs font perdre au café sa qualité. Le temps de la récolte varie suivant les pays. Aux Antilles, le café est mûr dans la seconde moitié de l'année, le plus fréquemment en août, septembre, octobre. Le café de Libéria, cependant, est beaucoup plus tardif; la pleine récolte ne se

Rongeurs.

Café rat.

Cueillette des fruits.

Avantage du café de Libéria.

Ne cueillir que les fruits mûrs.

Saison de la récolte.

fait souvent pas avant décembre et peut retarder jusqu'à janvier ou février de l'année suivante. Mais cette espèce est très prolifique et produit quelques baies durant toute l'année, de sorte que boutons, fleurs, fruits verts et fruits mûrs se voient en même temps sur le même arbre, et comme la floraison se produit fréquemment avant que le fruit ne soit cueilli, le planteur est souvent fort embarrassé; car, en règle générale, il ne faut pas toucher aux arbres quand ils sont en fleurs. La produc-

tion du café varie, naturellement, suivant le sol, le climat, la culture; mais on peut dire qu'elle est de 400 à 1200 livres (182 à 545 kilg) par acre. Une livre par arbre (453 gr.) en moyenne est un très beau rendement; mais dans des situations favorables et avec une bonne culture, quelques arbres rapporteront encore beaucoup plus. Les caféiers de Libéria sont beaucoup plus productifs que ceux d'Arabie, et chaque arbre rapporte de une à huit livres de café décortiqué. Environ trois boisseaux (109 litres) de baies peuvent être récoltés par un bon travailleur en un jour et cela donnera environ 30 livres (13 kg. 590) de café sec ou environ 10 livres (4 kg. 530) au boisseau pour le café d'Arabie; mais la pulpe du café de Libéria est beaucoup plus épaisse, et les baies de cette espèce ne donneront pas autant de café décortiqué au boisseau; il est vrai que les arbres produisent beaucoup plus, cela compense la perte sur la pulpe.

Dépulpation. — L'opération d'enlever la pulpe des baies, pulpe qui constitue ce qu'on nomme improprement « cerises », s'appelle dépulpation; elle peut être faite à la main, en pilant le fruit dans un mortier ou en pressant et roulant les baies entre deux planches. Ces méthodes toutefois ne suffiront que si l'on a à traiter une très petite quantité de café ; pour de grandes quantités, on emploiera une machine appelée *pulper* en anglais et *dépulpeur* en français. Le principe sur lequel sont construits les pulpers est celui d'un rouleau couvert d'une *rape* en cuivre et disposée de façon à tourner devant une surface unie appelée en anglais *chop*. La rape est approchée du chop de façon que les baies soient ouvertes et écrasées sans que le grain de café et sa parche soient atteints ; et comme le chop est mobile, il peut être disposé de façon à être adapté aux différentes grosseurs des baies. Ainsi, pour dépulper le moka, qui est une variété de café d'Arabie dont les grains sont très petits, le chop sera très rapproché de la rape. Complétons cette description en disant qu'au haut se trouve un distributeur en entonnoir qui envoie les baies à la rape et qu'en bas se trouve un crible incliné et disposé de façon que les baies écrasées qui tombent dessus soient agitées par son mouvement de trépidation, les grains passent à travers le crible et que les pulpes et les débris soient rejetés en dehors.

Moka.

Fermentation et lavage. — Quand les grains sortent du dépulpoir, ils sont couverts d'une matière sèche, mucilagineuse qui est enlevée ou par fermentation ou par immersion des grains dans des vases pleins d'eau ou citernes. Quand on opère par la fermentation, on place les grains dans des barils ou baquets, et on les y laisse soit 24 heures, soit jusqu'à ce que le mucilage se sépare aisément ; alors on les lave dans l'eau, et on les met à sécher au soleil dans des auges ou sur des plateformes. Le café est alors à l'état de « café en parche » ; on peut le garder ainsi très longtemps, parce qu'il est protégé par son enveloppe naturelle.

Citernes.

Café en parche.

Décortication. — Cette opération consiste à enlever le parchemin et une légère pellicule appelée pellicule argentée (*silver skin*). La décortication se pratique à l'aide des machines variées appelées hullers ou en pilant le café en parche dans de larges mortiers de bois. Quand on opère la décortication sur une grande quantité, on emploie une auge circulaire dans laquelle une large et lourde roue de bois ou de pierre tourne jusqu'à ce que l'opération soit terminée. Le café en parche est mis dans l'auge et on fait passer la roue dessus. Le parchemin est écrasé et brisé en petits morceaux, mais le café lui-même s'il a été préalablement séché au degré convenable ne sera pas atteint. Dans tous les cas le café en parche doit être chauffé au soleil avant d'être décortiqué et sous aucun prétexte l'opération de la décortication ne sera faite par un temps humide et brumeux. Un boisseau de café en parche donnera ordinairement la moitié en grains apprêtés; mais la proportion varie beaucoup suivant l'espèce et les conditions de culture.

Vannage. — Pour séparer des grains la parche brisée et la pellicule argentée, on passe le tout, une fois la décortication effectuée, dans une machine à vanner; cette machine consiste en un ventilateur formé de quatre planches, que l'on tourne rapidement au moyen d'une manivelle; elle est agencée de façon que le vent passe entre le grain et ses enveloppes qui tombent peu à peu par un trou de l'appareil; le café étant plus lourd, arrive dans un réservoir placé au fond et les débris sont enlevés par le vent.

Baies sèches. — Quelquefois les fruits de café, au lieu d'être dépulpés, sont séchés entiers par une exposition en plein soleil sur des plateformes ou terrasses. Le sé-

(marginal notes:)
Hulling ou Décortication.

Machine à décortiquer.

Ne pas peler ni décortiquer en temps humide.

Van.

chage des baies par ce procédé prend trois ou quatre fois
plus de temps que le séchage du café en parche. Quand
les fruits sont parfaitement secs, ils sont décortiqués et
vannés de la manière déjà dite ; mais l'opération est plus
délicate et plus difficile que lorsque la pulpe a été ôtée
d'abord. Le café ainsi préparé est, dit-on, plus lourd et
d'une plus belle qualité, et quelques planteurs recommandent la généralisation de cette méthode. Il y a à
Londres une maison qui reçoit le café en baies sèches et
le prépare pour la vente au prix d'une demi-couronne
(3 fr. 12) les cent livres. Dans ce mode de procéder, le
surcroît de dépense pour le fret peut être regardé comme
un simple drawback.

CHAPITRE III.

CACAO.

(*Theobroma cacao* L.)

Origine
du cacaoyer. Le cacaoyer est originaire des forêts de l'Amérique centrale, et des espèces ont été trouvées, dit-on, à l'état sauvage à la Jamaïque, à la Martinique et dans l'Amérique du Sud. Jusqu'à nos jours, tout le cacao consommé dans l'univers entier venait de l'Amérique centrale et méridionale et des Indes occidentales; c'est dans ces dernières années seulement que le cacaoyer a été cultivé à Ceylan et dans les autres contrées tropicales du Description. vieux monde. L'arbre croissant dans un bon terrain et livré à lui-même, peut atteindre une hauteur de 20 à 30 pieds (6 à 9 mètres), et s'étendre jusqu'à 10 pieds (3 mètres) et davantage de chaque côté. A la hauteur de 5 pieds (1^m,50) au-dessus du sol, il projette de trois 3 à six branches latérales, sans aucune apparence de tige principale; c'est seulement lorsque les branches sont mûres qu'une branche maîtresse pousse des côtés et non du centre de ces branches. Les fleurs sont petites et elles poussent en bouquet sur la tige ou sur les plus grosses branches à l'endroit où existaient les feuilles auparavant. Il est très rare que plus d'une fleur de chaque inflores-

cence se développe en fruit; de sorte que l'arbre donne
beaucoup plus de fleurs que de gousses.

Variétés. — Il y a plusieurs variétés de cacao, comme
cela arrive pour tous les arbres fruitiers cultivés; et
dans les contrées à cacao, on trouve des races distinctes

CACAOYER (*Theobroma cacao* L).

1 Fleur.   2 Fruit ouvert montrant les graines.   3 Graine.

produites par les différences du sol, du climat et d'autres
influences. Il n'y a pas très longtemps, M. Hart, envoya
à l'auteur jusqu'à dix-huit variétés distinctes de cacao
provenant de la Trinidad, parmi lesquelles douze sont
décrites comme les meilleures sortes. Il est inutile cependant d'en énumérer ici les noms; car si quelqu'un reconnaît les caractères distinctifs d'une bonne variété, il

Cacao
de la Trinité.

peut toujours de lui-même choisir les meilleures graines.
On peut voir à la page suivante le dessin d'une gousse d'une
des plus belles espèces de cacao. Cette gousse provient
d'un cacaoyer dit de la Trinité, venu dans la vallée du Ro-
seau, à la Dominique ; elle a 9 pouces de long $(0^m,225)$ et
presque 4 pouces $(0^m,10)$ de diamètre à la partie la plus
large. Rétrécie à son sommet, elle est terminée en pointe
recourbée d'un côté. L'épiderme, de couleur jaune-rouge,
a dix rainures, et les côtes sont couvertes de tubercules

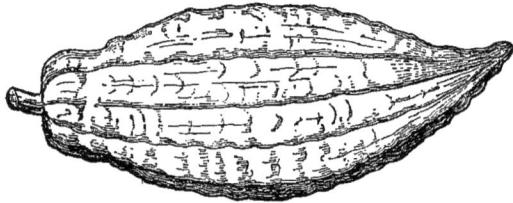

CABOSSE DE CACAO CRIOLLO RÉCOLTÉE A LA DOMINIQUE.

ou verrues. En ouvrant la gousse, la coque apparaît cas-
Nombre de sante et mince, n'ayant pas plus de 4/8 ou 5/8 de pouce
graines. $(0^m,012$ ou $0^m,015$ d'épaisseur. Elle contient 38 graines,
dont deux petites et inférieures, et les 36 autres bien plei-
Les graines nes, rondes et fournies, mesurant environ 1/4 $(0^m,00625)$
sont blanches
intérieurement. de longueur et 3/4 de pouce $(0,0176)$ en largeur. En
ouvrant longitudinalement les graines, la plumule, la
radicelle et une partie des cotylédons sont d'une couleur blanc-laiteux, le bord supérieur des cotylédons est
teinté d'un rose clair. En mâchant la semence on perçoit un goût de noisette avec une saveur distincte de cacao. La salive est teintée de rose et non de rouge foncé,
comme lorsqu'on mâche une graine de cacao commun.

Cette gousse appartient au cacao Criollo, une des meilleures sortes connues. Plus les autres variétés approchent de ce type, meilleures elles sont, et plus leur produit a de valeur sur les marchés.

Cacao de Caracas.

Le sol. — Le cacaoyer a une longue racine pivotante ; il doit donc être planté dans une terre profonde. Le meilleur est celui qu'on trouve dans les vallées ou les mornes, sur les bords des cours d'eau ou rivières, et tout sol qui provient de la décomposition de roches volcaniques. Le cacaoyer poussera bien également dans les terres d'alluvion ou dans les marnes riches, mais il ne viendra pas dans les argiles compactes et épaisses.

Les meilleurs sols.

Climat. — Un climat chaud et humide est nécessaire à la culture du cacao, si l'on veut obtenir une bonne récolte. Pourtant, quand le sol est bon, l'arbre poussera et donnera de beaux produits dans un pays même un peu sec, comme on l'a vu dans quelques régions de la Dominique et à la Grenade.

Le cacaoyer ne réussira pas dans les terres montagneuses au-dessus de deux mille pieds (600ᵐ), et même à cette hauteur il devient malingre et ne rapporte plus au bout de quelques années. La meilleure altitude est de 300 à 500 pieds (90 à 150ᵐ); de bonnes récoltes peuvent être obtenues sur le littoral dans des localités abritées, mais l'arbre ne poussera pas s'il est exposé directement à la brise de mer.

Ne pousse pas à une grande altitude.

Aux Antilles, le cacaoyer ne vient pas très bien et rapporte peu lorsqu'il est exposé au nord ou à l'est. Les terres abritées et les vallées exposées au sud ou à l'ouest sont les meilleurs emplacements pour les plantations dec acaoyer.

Abri nécessaire.

Multiplication. — Les plants de cacaoyers sont ob-

Pépinières.

tenus de graines ; celles-ci germent facilement et promptement et les pieds de semis peuvent être élevés dans des
nurseries de la même façon que les plants de caféiers.
Des gousses choisies sur les meilleurs arbres seront cueillies parfaitement mûres, puis gardées une semaine
avant d'être plantées, cela favorise la germination, même
si on les conservait avant de les ouvrir assez longtemps
pour que les semences émettent des radicelles. La partie
de la graine attachée au centre fibreux de la gousse est
celle qu'il faut placer en bas lorsqu'on sémera ; si les
graines ont déjà été ôtées de la gousse, elles peuvent être
semées horizontalement, car il serait difficile de reconnaître l'extrémité où poussera la plumule. Les graines
peuvent être placées dans les *nurseries* à 4 pouces ($0^m,10$)
de distance, avec 9 pouces ($0^m,225$) entre les rangées. Au
bout de quelques mois, les plants auront un pied ($0^m,30$)
de haut, et on peut alors les repiquer dans leur place
définitive, en prenant soin de les transplanter avec une
motte de terre autour des racines. Mais le meilleur procédé est d'élever les pieds dans des pots de bambou ; on
perdra ainsi très peu de plants. La plantation sur place
définitive, de la façon décrite au chapitre du café, est peut-
être la méthode la plus ordinaire ; avec des précautions
convenables, elle réussit très bien. Pour cela trois ou
quatre graines sont déposées autour d'un jalon à une distance de 9 pouces ($0^m,45$) l'une de l'autre ; si toutes lèvent,
le jalon sera au centre et servira de repère pour les sar-
cleurs. Quand les plants sont bien venus, on les enlève
tous à l'exception d'un seul : on laissera le plus fort et
le mieux formé. Les plants enlevés servent à garnir les
trous vacants ; ils peuvent être transplantés en temps
humide. Quelques planteurs peu soigneux placent trois

Comment se-
mer les graines.

Transplan-
tation

Pots
de bambou.

Ne laisser qu'un
plant.

ou quatre graines dans le même trou ; aussi les plants Ensemence-ment peu soigneux. levant tous ensemble, leurs racines s'entremêlent si bien que, lorsque le moment arrive d'enlever tous les plants, sauf les plus forts, ceux-ci sont souvent arrachés avec les autres. D'autres planteurs aussi ignorants, voyant trois ou quatre plants vigoureux croître dans un seul trou, les laisseront tous, ou deux au moins, et c'est ainsi que l'on voit, dans certaines plantations, deux, trois et même quatre cacaoyers poussant ensemble, chacun d'eux nuisant à son voisin.

Préparation de la terre. — La terre est préparée de la même manière que pour le caféier. Mais quand on défrichera la forêt, des ceintures d'arbres seront laissées Ceinture d'arbres. ou plantées dans les endroits exposés, afin d'abriter les cacaoyers contre le vent.

Alignement. — Le cacaoyer est une plante beaucoup plus forte que le caféier; aussi doit-il être planté à de plus grandes distances. Dans les plaines riches 15 à 18 pieds ($4^m,50$ à $5^m,40$) ne seront pas de trop ; mais Distances. dans un sol pauvre et en pente, 10 à 16 pieds (3^m à $4^m,80$) seront une distance convenable. Dans les terrains très escarpés, les arbres peuvent être plantés plus serrés dans les lignes descendantes que dans les lignes latérales ; par exemple, si les lignes sont de 15 en 15 pieds ($4^m,50$) latéralement, les arbres pourront être écartés de 10 à 12 pieds (3^m à $3^m,60$) dans les lignes descendantes, car les branches des arbres supérieurs se développeront au-dessus des arbres inférieurs et laisseront un ample espace pour la lumière et la ventilation. Si le cacaoyer Plantation serrée. est planté dans un sol assez pauvre, à une altitude de plus de 1000 pieds (300^m), les arbres peuvent être rapprochés jusqu'à 10 pieds (3^m) parce qu'ils ne deviendront pas aussi forts dans de tels emplacements que dans des emplacements plus favorables. Mais en aucun cas les arbres ne doivent être plus rapprochés l'un de l'autre qu'à 8 pieds (2ᵐ,40) et si un bon planteur entre en possession d'une plantation de cacaoyers où les arbres sont plus serrés, il devra tout de suite se mettre à l'œuvre pour les éclaircir; tout en diminuant le nombre de ses arbres il accroîtra notablement sa récolte.

Éclaircir les arbres.

Repiquage. — Ce travail a été amplement décrit au chapitre du café. Sauf dans les terrains riches, friables et bien drainés, il faut toujours préparer des trous pour les plants. Mettre le plant de cacao dans une terre dure, résistante, sans avoir préparé convenablement des trous, c'est tout bonnement courir à l'insuccès; la plante restera presque sans grandir et si elle ne meurt pas, elle sera plusieurs années sans rapporter. Les trous seront de deux pieds en carré (0ᵐ²,36) et de deux pieds (0ᵐ,60) en profondeur, c'est-à-dire qu'on enlèvera 8 pieds cubes de terre (0ᵐ³,216). Si cela est fait exactement et si les trous ont été convenablement remplis, le cacaoyer peut pousser presque dans n'importe quel sol, pourvu qu'il soit suffisamment profond. Si la bêche pénètre en terre jusqu'au fond du trou et entre librement sans rencontrer le roc, le sol peut être considéré comme assez profond pour le cacaoyer.

Nécessaire de faire des trous.

Dimension des trous.

La plantation. — La plantation doit être faite avec un très grand soin, parce que les rejetons sont extrêmement délicats. Les plants à la sortie des couches mourront en grand nombre si une sécheresse survient après la plantation. Il est bon conséquemment d'attendre la saison pluvieuse pour transplanter les cacaoyers.

Transplanter en saison humide.

Ombre. — Les cacaoyers, tant qu'ils sont jeunes, ne

grandissent pas sans ombrage; et, quand ils sont entièrement venus, on a remarqué qu'ils donnent une plus
abondante récolte si des arbres-ombrage ont été plantés
dans les intervalles. Dans les jeunes plantations, le ba- **Bananiers.**
nanier donne la meilleure ombre et il semble spéciale-
ment adapté à cet usage; de plus, son fruit a de la valeur et donnera un bon rendement pendant la venue du
jeune cacaoyer. Les bananiers ne seront pas mis tout à
côté des cacaoyers. Le meilleur procédé est de les planter entre les lignes et bien au milieu. S'ils sont trop près
des jeunes cacaoyers, leurs racines nuisent à ces derniers **Arbres à**
ombre.
et il y a danger que les arbres ne soient atteints quand
on coupe les bananiers ou quand leurs tiges sont agitées par les grands vents. Pour un ombrage permanent,
l'immortelle (*Erythrina umbrosa*) ou « mère de cacao »
comme on l'appelle, est employée à la Trinité; mais on
peut aussi ombrager avec des *Artocarpus*, avec le *Cecro-*
pia peltata et le *Pithecolobium Saman*.

Ces arbres à ombrage ne doivent pas toutefois être à
plus de 60 pieds (18ᵐ) l'un de l'autre et dans les ravins
des montagnes, où existe une ombre naturelle, on peut
se dispenser des uns et des autres. Dans un ravin de
cette nature, à la Dominique, sur une plantation de cacaoyers appartenant à l'auteur de ce livre, les arbres
d'ombrage ont dû être coupés parce qu'ils empêchaient
la croissance des plants. Dans les endroits exposés, les
ceintures d'abri sont une nécessité, il faudra les planter **Éviter les lieux**
exposés.
avant le cacaoyer. Le choix de l'espèce d'arbres à employer pour ces ceintures sera abandonné au jugement
du planteur, qui aura soin de ne pas choisir ceux qui
appauvrissent le sol — comme les arbres à bois dur
— et de rejeter tous ceux dont les branches sont si

cassantes que le vent peut les briser, ainsi que ceux dont les racines s'étendent à fleur de terre. Tout arbre de haute futaie qui se trouve dans le voisinage de la plantation peut être employé.

Sarclage. — Il va sans dire que la terre sur une plantation de cacao, comme sur toutes les autres, doit être sarclée, un bêchage convenable, en amendant le sol, fera du bien aux arbres. Sur les pentes très inclinées un simple débroussaillement au sabre d'abattis suffira, mais en plaine, on devra parfois employer la houe. Lorsque les arbres sont assez touffus pour que leurs branches ombragent le sol, les mauvaises herbes ne poussent plus très vite, et, en règle générale, elles sont si peu enracinées alors qu'elles peuvent facilement être arrachées.

Béchages sur les pentes.

Taille. — Le planteur de cacao devra donner une grande attention à la taille des arbres s'il veut avoir une abondante récolte. Comme les gousses viennent sur les plus grosses branches, le principe est de développer ces branches par une taille judicieuse et d'empêcher qu'elles soient couvertes d'une masse de feuillage et de petites brindilles. Un cacaoyer modèle aura une seule tige, poussant à 5 pieds (1^m,60) du sol, de trois à cinq branches qui s'étendront en éventail et qui n'auront de feuilles qu'au sommet, ainsi les feuilles ombragent la partie intérieure sans faire obstacle à la libre circulation de l'air. Si les jeunes plants poussent plus d'une seule tête, les autres seront élagués ; et, quand les branches latérales seront formées, on ne laissera pas pousser davantage la tige. Si l'arbre est laissé à lui-même, ces branches qui poussent ensuite, surgiront de la tige juste au-dessous des branches latérales, en forme de gour-

Nécessité de la taille.

Le meilleur type du cacaoyer.

Ne laisser pousser qu'une tige.

mands : les laisser, c'est enlever la force aux branches latérales qui produisent le fruit, tout comme si l'on laissait l'arbre s'élever à une hauteur de 30 pieds (10^m) et davantage, c'est par suite se préparer de grandes difficultés pour cueillir les gousses. Les gourmands une fois coupés, de nouveaux repoussent après très peu de temps, en sorte que les arbres exigent beaucoup d'attention jusqu'à ce qu'ils soient adultes et que la tendance à pousser des gourmands ait été arrêtée. Quand on cueille les gousses, on enlève en même temps les gourmands; mais la taille ne peut se faire au moment où l'arbre est en fleurs.

Les premières fleurs, si les conditions sont favorables, paraîtront au cours de la troisième année ; mais comme l'arbre n'est pas encore formé alors, il ne faut pas lui permettre de produire des gousses, il serait en effet tellement affaibli par sa production, que sa croissance en serait fort gênée. Les premières fleurs seront donc enlevées. Après avoir attendu trois ans un produit, il est sans doute fort ennuyeux d'être forcé d'empêcher le fruit de se former, mais il faut que le planteur se préoccupe d'obtenir un rendement élevé pour l'avenir, plutôt que de la légère perte du moment. En règle générale on doit se résigner à attendre la cinquième année pour demander une récolte au cacaoyer.

Engrais. — Sauf dans le cas de plants étiolés par un terrain pauvre, les cacaoyers ne demandent pas d'engrais jusqu'à ce que la récolte ait été cueillie; alors comme on le comprend, il sera nécessaire de rendre au sol, à bon marché, ce qui en a été enlevé en produits riches; cela dépendra en grande partie bien entendu de la nature du sol et de la production de l'arbre. Si la

Enlever les gourmands.

Empêcher l'arbre de rapporter quand il est jeune.

Importance de l'engrais.

récolte après avoir été abondante, semble diminuer, l'engrais est nécessaire; et l'on a vu chap. VII, dans la première partie de ce livre qu'une récolte continue doit tôt ou tard épuiser les constituants solubles du sol.

Une récolte continue épuise le sol.

Produits intercalaires. — Ces produits peuvent être obtenus avec avantage entre les cacaoyers, pendant les premières années, car le léger ombrage qu'ils donnent aux jeunes plants est favorable. Les taros et les maniocs conviennent tout spécialement pour cet ombrage, ils donneront quelque profit au planteur. Quand les cacaoyers sont venus et commencent à rapporter, toutes les plantes à ombrage seront enlevées.

Tanias et maniocs.

Ennemis du cacoyer. — Le principal ennemi du cacaoyer est la larve d'un insecte qui perce des trous dans la tige et tue souvent l'arbre. Mais les trous se reconnaissent aisément et l'on peut ou bien déloger l'insecte ou bien boucher le trou avec de la terre, de l'argile ou de la cendre de bois, ou même encore badigeonner simplement l'arbre avec du goudron. Les cyclones sont particulièrement destructeurs pour les plantations, et spécialement pour les jeunes arbres. Les rafales, dont la force est prodigieuse, brisent les branches dans toutes les directions et si les racines sont secouées, comme le seront certainement celles de presque tous les jeunes plants, les arbres se sècheront et paraîtront comme flétris. Une grande partie d'une jeune plantation de cacaoyers fut ainsi détruite à la Dominique par l'ouragan de **1883** et beaucoup de personnes ont imaginé que les arbres avaient été flétris par les éclairs.

Le perceur.

Cyclones.

Arbres flétris.

Comme les plantations de cacaoyers sont humides et ombragées, les mousses, fougères et autres épiphytes, peuvent très bien pousser sur les tiges et les branches

Enlever les épiphytes.

des arbres; aussi faut-il les enlever complètement, parce qu'elles feraient tort à l'arbre et empêcheraient les fleurs délicates de se développer convenablement.

Récolte. — Les revenus d'une plantation de cacaoyers ne peuvent être escomptés avant cinq ans; elle ne sera même pas en plein rapport avant sept ou dix ans. Quelques arbres peuvent rapporter avant cinq ans, mais c'est grâce à des situations extrêmement favorables et c'est exceptionnel. Les arbres rapportent à peu près toute l'année; mais il y a aux Antilles et dans le centre Amérique, deux récoltes principales, l'une d'avril à juin, l'autre de novembre à janvier, la seconde beaucoup plus abondante. Les produits sont communément appelés Easter (Pâques) et Christmas (Noël) d'après la saison de l'année où ils sont recueillis.

Récolte après 5 ans.

Deux récoltes annuelles.

Le rendement moyen de cacao sec par arbre varie beaucoup. On peut l'estimer de une livre et demie à 8 livres par arbre ($670^g,86$ à $3^{kg},624$). Dans les riches alluvions de Surinam, on obtient, paraît-il de trois kilog. et demi à 4 kilog. par arbre; mais grâce à la mauvaise culture, les propriétaires des Antilles n'obtiennent guère que 500 grammes de cabosses (1) par arbre. Les cabosses ne doivent pas être cueillies avant d'être tout à fait mûres. Un peu d'observation et d'expérience suffisent pour voir, au premier coup d'œil, si la gousse est mûre ou non. Si elle est à portée, on peut la frapper légèrement avec le revers ou le manche d'un couteau, et si elle sonne creux elle est bonne à cueillir. Comme les variétés de cacao varient beaucoup en couleur, aucune règle précise ne peut être donnée par l'apparence particulière d'une

Rendement par arbre.

Ne cueillir que les gousses mûres.

(1) Terme spécial qu'on emploie en français plus souvent que le mot « gousse » pour les fruits du cacaoyer.

gousse mûre. Le fruit doit être *coupé* à l'arbre avec un sabre d'abattis, un couteau à cacao ou croc à cacao ; et il ne doit jamais être arraché de l'arbre brusquement ou en tournant ; la coupure doit être nette et aussi rapprochée de la gousse que possible. En examinant l'arbre, on voit en effet qu'à la base de la queue de la gousse, il y a une petite saillie appelée *œil* et c'est de là que sortiront les fleurs auxquelles sera due la prochaine récolte. Par conséquent si l'œil est tordu, aucune gousse ne pourra pousser à cette partie de la tige ; faute d'avoir observé ce fait, beaucoup de cacaoyers ont été détruits, les récoltes ont manqué et le planteur a cru que c'était la faute du sol ! Les crocs à cacao sont de différentes formes. Ils sont fixés à une tige de bambou, et on les emploie pour cueillir les gousses qui sont hors de la portée du couteau. Les queues des gousses peuvent être coupées avec ces crocs, soit en poussant, soit en tirant. Quelques-uns ont un ciseau à l'extrémité et tous sont aiguisés dans la concavité comme une faucille. Une fois cueillies, les gousses sont placées en tas sous les arbres et elles peuvent être enlevées le jour même ou le lendemain. Les semences, fèves ou nibs — on leur donne ces trois noms — sont retirées des cabosses, qu'on a ouvertes avec un coutelas, ou qu'on brise en les frappant l'une contre l'autre ou sur une pierre. Les graines peuvent être extraites avec les doigts ou au moyen d'une cuillère de bois, et en même temps on ôte les tissus fibreux blanc. Cette matière blanche et les cabosses brisées seront mises en tas pour pourrir et faire du fumier, ou pour être répandues sur les racines des arbres, ou ce qui vaut mieux encore, pour être enfouies entre les arbres, afin de rendre quelque chose au sol.

[Notes marginales :]
Ne pas arracher en tournant la gousse.

Crocs à cacao.

Enlèvement des gousses.

Extraction des graines.

Gousse servant de fumier.

Fermentation. — Les fèves sont ensuite apportées aux ateliers pour être soumises à l'opération de la *fermentation* ou *ressuage*. C'est là un très important travail pour le planteur, à tel point que de sa bonne direction dépend en grande partie la valeur du produit. Dans quelque pays, les graines de cacao sont simplement séchées aussitôt qu'elles sont tirées de la gousse, et le cacao ainsi préparé est vendu ou transporté sur le marché. Mais c'est un produit très inférieur ayant un goût amer et désagréable; il n'obtient que les plus bas prix et il donne une mauvaise cote à tout le cacao exporté par la colonie, portant ainsi préjudice à tous les planteurs en général.

Importance d'une bonne fermentation.

Le procédé pour obtenir la fermentation est simple et n'est point coûteux. Elle peut être obtenue dans des caisses ou des barils ou une chambre close. Le cacao est mis dans un récipient et couvert avec des feuilles de bananier, on place des planches sur le haut et on le laisse fermenter trois jours environ; on le transvase dans un autre récipient, on le ferme de nouveau et on laisse encore fermenter trois autres jours. Le but qu'on se propose en ouvrant le premier récipient le troisième jour c'est d'aérer le cacao pour rendre la fermentation égale; en transvasant, les parties supérieures se retrouvent dessous dans le nouveau récipient et, de cette façon l'uniformité du produit est obtenue. Quand le cacao est mis à fermenter dans une chambre close, les tas peuvent être retournés ou remués le troisième jour; par ce moyen les graines qui se trouvaient à l'extérieur seront rejetées dans le milieu en pleine fermentation. Quelques belles espèces de cacao n'exigent pas une fermentation aussi longue, mais c'est l'expérience seule qui peut déterminer ce point. Dans la fermentation, les premières

Comment on fait fermenter les fèves.

Les tas doivent être tournés.

phases de la germination de la graine se produisent.
L'humidité, la chaleur et une certaine élévation de
température font gonfler les graines, l'acide carbonique
se dégage et l'aliment emmagasiné dans la graine pour
la nourriture de l'embryon est converti en matière soluble ; cela explique la modification qu'apporte l'opération
de la fermentation, au goût amer qu'a la graine non préparée.

Séchage des
féves.

Séchage. — Les graines ayant convenablement fer-
menté seront asséchées afin d'être prêtes pour l'expédition ; cette opération s'appelle séchage. Le séchage peut
être fait dans des tiroirs-auges de bois ou bien sur des
plateformes en pavé ou en ciment appelées *barbecues*. A
la Trinidad les auges sont fixes et un toit sur rouleaux
est placé au-dessus. Quand le soleil brille, le toit est
retiré et le cacao reste exposé ; quand il pleut et pendant

Séchoirs.

les nuits, le toit est roulé sur les auges ; on épargne ainsi
le temps et le travail qu'exigent la sortie et la rentrée des
auges. Sur la plantation « Malgré tout », à la Dominique,
c'est le toit qui est à demeure et de larges auges sur rouleaux sont poussées en avant comme les tiroirs d'une commode. Les graines fermentées sont épandues en légères
couches, bien frottées et exposées au soleil le matin ; à
midi, elles sont replacées dans les boîtes à fermentation
pour subir une nouvelle fermentation partielle, car si
elles étaient séchées tout de suite elles perdraient de leur
valeur. Le second jour, on les laisse plus longtemps au
soleil, et le troisième aussi longtemps que le soleil luit.
Les jours suivants on les sort encore jusqu'à ce qu'elles

Degré
de dessiccation.

paraissent bien sèches, ce terme est indiqué par une sensation de craquement qu'elles produisent quand on les
presse entre le pouce et l'index. A Ceylan, le cacao après

la fermentation est bien lavé pour être débarrassé de tout mucilage, après quoi il est soigneusement et graduellement séché de façon à produire des fèves grasses, propres et de très bel aspect. Le cacao de Ceylan ainsi soigné, obtient la cote la plus élevée sur le marché de Londres.

Terrage. — Le cacao est parfois *terré* de la façon suivante : Comment on terre le cacao.

Les grains provenant des caisses à fermentation, seront saupoudrées d'argile rouge séchée et pulvérisée. Même opération le second jour, toutes les graines n'ayant pas été imprégnées par la première opération. Les graines sont alors roulées entre les mains pendant une heure, afin de détacher les matières mucilagineues encore adhérentes; il ne reste plus qu'à sécher comme d'habitude. Le cacao ainsi terré offre une apparence rougeâtre; sa couleur est uniforme, et il obtient généralement des prix élevés sur les marchés.

La principale provenance du cacao terré est le Vénézuela, dont la sorte est connue comme « cacao de Caracas ».

On ne terre pas dans les colonies anglaises. Si ce procédé s'y pratique un jour, ce sera à Ceylan.

Le frottement peut être également employé avec avantage, lorsque le cacao se moisit par suite de l'humidité de la saison, le soleil n'étant pas alors capable de dessécher suffisamment le cacao. Dans les grandes plantations, on emploie dans ce cas la chaleur artificielle de l'étuve pour obtenir la dessiccation convenable. Mildiew.

CHAPITRE IV.

THÉ.

(*Camélia theifera* GRIFF.)

Habitat de
l'arbre à thé.

L'arbre à thé dont il existe beaucoup de variétés est originaire de Chine, du Japon et de l'Inde septentrionale. Il est cultivé de temps immémorial en Chine et au Japon; et dans ces dernières années, sa culture, s'est rapidement étendue dans l'Inde et à Ceylan.

Il pousse aux
Indes occiden-
tales.

Les Antilles importent d'assez grandes quantités de thé quoique l'arbuste qui le produit semble y prospérer aussi bien qu'en Chine et à Ceylan. On distingue deux

Variétés.

sortes principales, le thé de Chine et le thé de l'Assam; une troisième sorte ayant les caractères des deux autres et appelé Assam hybride, est aussi cultivée sur de grandes étendues.

Le sol. — Le meilleur terrain pour le thé est une alluvion légère, riche en humus. La plante ayant une longue racine pivotante, il faut que le sol soit profond; il faut aussi qu'il soit bien drainé, car l'humidité stagnante lui est fatale. Un sous-sol d'argile rouge est considéré comme n'étant pas défavorable à la plante qui ne semble pas réclamer beaucoup de calcaire. L'arbre à thé, ce-

Le thé est une
plante robuste.

pendant, est très robuste, et il croîtra bien dans beaucoup d'autres natures de sol, pourvu qu'il y ait de l'humus en abondance, et l'on peut en ajouter avec de l'engrais vert.

Climat. — Un climat uniforme n'est pas nécessaire ; l'arbre s'accommode des altitudes et des températures variées. L'espèce de Chine cependant, vient mieux dans les collines de 1600ᵐ d'altitude (1) ; celle d'Assam préfère les vallées basses et les plaines où l'air est chaud et humide. Des pluies abondantes sont nécessaires pour un bon rendement. En Assam, la température est de 50° F à 96° F (10° à 35° 56), et la pluie est de 100 à 120 pouces par an (3ᵐ,30 à 4 mètres). M. Morris dit en parlant de la Jamaïque : « Les arbres à thé qui y sont déjà plantés, sur les collines, étant de l'espèce de Chine, sont admirablement situés ; mais pour la paroisse de Portland, avec son climat chaud et humide et ses riches vallées, l'espèce d'Assam semblerait mieux convenir. On a planté environ 20 ou 30 acres (8ʰ9ᵃ ou 12ʰ13ᵃ) d'arbustes à thé dans ces dernières années à la Jamaïque et l'on a récolté quelques produits d'excellente qualité.

Thé de Chine.

Pluie abondante nécessaire.

Thé de la Jamaïque.

Les arbustes doivent être protégés contre les grands vents ; dans les endroits exposés, il faut planter des ceintures d'abris.

Ceintures d'arbres.

Multiplication. — Le thé est reproduit par la graine qui doit être semée sur planches, ou au piquet dans le champ. Les graines se trouvent enfermées dans des enveloppes dures, et quelques planteurs estiment qu'elles doivent être placées au soleil jusqu'à ce que l'écorce se fende ; de cette façon la germination s'effectue plus facilement. Mais il est tout à fait inutile d'agir ainsi, et les graines peuvent être semées dans l'état où elles proviennent des arbres.

Manière de semer les graines.

(1) Cette altitude de 1600 indiquée par l'auteur se réfère évidemment à l'île de la Jamaïque.

Les graines doivent toujours être semées fraîches, car elles contiennent une grande quantité d'huile qui rancit lorsqu'elles restent hors de terre. On peut toutefois les conserver quelque temps dans la terre sèche ; quand elles sont envoyées à de grandes distances, il est bien recommandé de les arranger de cette manière. Les graines sont semées sur planches à une distance de $0^m,20$ et par rangées éloignées de $0^m,30$ à une profondeur de $0^m,10$, au-dessous de la surface. Quand a lieu la transplantation, il faut avoir soin de prendre une motte de terre avec les racines, car les plants sont délicats et ils mourraient bientôt s'ils n'étaient pas traités avec beaucoup de soin.

Pépinières.

Plantation. — La terre ayant été préparée de la façon accoutumée, comme on l'a décrit aux chapitres du café, du cacao, et des piquets ayant été établis à des distances de 4 pieds sur 4 $(1^m,20)$ ou de 4 sur 5 $(1^m,50)$, suivant la nature du terrain, on creuse des trous, qu'on ne fait pas aussi grands que pour le café et le cacao. En repiquant les plants dans le champ, ce qui peut être fait aussitôt qu'ils atteignent de neuf à douze pouces, $(0^m,22$ à $0^m,30)$, il faut prendre un soin particulier de ne pas blesser ou déranger la racine pivotante.

Distances.

Transplantation.

Culture. — Les « jardins de thé » comme on les appelle, doivent être tenus nets de mauvaises herbes, et la terre doit être remuée de temps en temps entre les rangées. On enfouira les mauvaises herbes, car le thé demandant un sol végétal, l'engrais vert lui sera profitable. Comme les plants sont établis près les uns des autres dans le champ, les cultures intercalaires ne peuvent être recommandées, autrement la culture permanente souffrirait de la culture temporaire. Les plants demandent beaucoup de soin durant les deux premières années pendant lesquelles ils s'enracinent solidement ; après, ils sont très robustes.

Taille. — Quand les plants commencent à grandir, ils poussent beaucoup de branches, et quand celles-ci atteignent la longueur de 6 ou 8 pouces (0ᵐ,15 à 0ᵐ,20), il est bon de pincer l'extrémité, afin d'obtenir un arbuste touffu. Cette sorte de taille, semblable à l'étêtage du café, peut être continuée jusqu'à la troisième année, époque à laquelle les arbres seront prêts à donner leur première récolte.

Taille pour obtenir de nombreuses branches.

Le thé du commerce est simplement la feuille sèche et préparée non mûre, en réalité il n'est autre chose que les bouts des jets qu'on conseille d'enlever au paragraphe précédent ; l'objet de la taille cependant est de forcer l'arbre à produire des expansions successives de nouvelles pousses désignées en anglais sous le nom de *flushes*. Tout le vieux bois et les tiges mal branchées seront conséquemment coupés de la manière décrite au chapitre de la taille dans la première partie de ce livre. Aucune indication précise ne peut être donnée ; cela est livré au jugement du planteur. On ne laissera pas l'arbuste croître au-dessus de 4 pieds (1ᵐ,20), et il sera dirigé par une taille convenable de façon à s'étendre sur les côtés ; la tige centrale peut être dégarnie jusqu'à environ une hauteur de 6 pouces (0ᵐ,15) au-dessus du sol ; à partir de là, plus l'arbuste aura de branches mieux cela vaudra.

Thé du commerce obtenu des jeunes jets.

Les arbustes arrêtés à 4 pieds.

Toutes les branches élaguées seront enfouies entre les rangées avant d'être desséchées ; et cela est important, parce qu'elles forment un excellent engrais, le meilleur de tous pour les plantations de thé.

Enfouir les élagages entre les arbres.

Récolte. — La récolte commence à la troisième année et va en croissant jusqu'à la sixième, époque où la

Rendement par acre.

plantation peut être considérée comme étant en plein rapport. Dans l'Inde, la première récolte donne 75 à 100 livres de thé préparé (33^{k}975 à 45^{k}300), et quand la plantation est en plein rapport, la moyenne obtenue est de 250 livres (120^{k}900 à l'acre (40^{a}46). La récolte dépend naturellement du nombre des *flushes*, et celles-ci, dans les hautes terres, peuvent être de 10 à 12 dans la saison qui s'étend sur six ou sept mois ; dans les terres basses où le sol et le climat conviennent à la plante, et où l'on pratique généralement l'amendement et la culture intensive,

Les feuilles à couper doivent être tendres. on a obtenu jusqu'à 25 *flushes*. La partie taillée comprend les trois dernières feuilles avec le bouton et la tige : les feuilles et la tige doivent être tendres, autrement le thé est épais, grossier et de peu de valeur. Le bout de la branche est simplement pincé juste au-dessus d'un bouton et, dans les contrées à thé, ce travail est ordinairement fait par les femmes et les enfants qui, avec un peu de pratique, y deviennent très habiles.

Préparation du thé. — Un *flushe* s'étant produit sur l'arbuste, et les bouts des jeunes pousses ayant été coupés, il faut s'occuper de préparer le thé, travail qui demande ordinairement deux jours au plus et qui peut

Les machines ne sont pas absolumement nécessaires. être effectué sans le secours d'aucune machine coûteuse. En effet, pourvu que le temps soit sec et le soleil brillant, on peut, si la plantation n'est pas trop étendue, se dispenser de machine. Il y a quatre opérations, savoir : 1° le fanage, 2° le roulage, 3° la fermentation, 4° le chauffage.

Fanage. **Fanage.** — Les feuilles sont étendues au soleil ou sur des claies, dans des hangars bien aérés pendant deux heures environ ; pendant ce temps, elles deviendront souples et plus faciles à plier, en réalité elles seront fanées, terme connu de tous pour exprimer la propriété de se flétrir et de s'amollir qu'ont les feuilles et les fleurs coupées et placées dans un endroit sec. Le fanage prépare les feuilles à être roulées et, en séchant en partie les cellules de l'épiderme, il facilite la conservation des sucs dont dépend l'arôme du thé. Quand les feuilles sont cueillies en temps humide, le séchage doit être fait dans une terrine de fer ou d'étain, sous laquelle on fait un feu convenable pour produire une chaleur modérée. On décrira cette terrine plus loin. Les feuilles peuvent aussi être séchées en les étalant sur le plancher des maisons.

L'arôme du thé dépend des sucs.

Roulage. — Cette opération est très importante ; elle donne aux feuilles cette forme enroulée que tout le monde connaît. Le but de cette opération n'est pas, toutefois, d'enrouler les feuilles, car ce n'est là qu'un accident de l'opération ; c'est de faire sortir le suc amer et de préparer les feuilles pour la phase de la fermentation. En Chine, l'opération se fait toujours à la main, mais dans l'Inde et à Ceylan on se sert de machines spéciales. Le roulage à la main cependant remplit parfaitement le but ; et tant que la culture du thé ne s'étendra pas excessivement dans les Indes occidentales, on ne peut avec assurance recommander un autre procédé. Le roulage se fait ordinairement sur une table polie, recouverte de ces nattes de l'Inde qu'on emploie pour les parquets. On procède ainsi : on prend une poignée de feuilles séchées, on les roule en avant et en arrière ou de droite et de gauche en exerçant en même temps une forte pression. Cette opération rend les feuilles savonneuses au toucher et les enroule de différentes façons. Lorsque les feuilles ont exsudé tous leurs sucs et qu'elles ont un plissement convenable, l'opération est terminée. Un bon travailleur peut rouler 30 livres 13ᵏ590 de feuilles par jour.

Le roulage élimine le jus amer.

Comment se fait le roulage.

Fermentation. — On peut séparer en ce moment les feuilles rouges trop âgées ou trop épaisses ou bien on peut mettre le produit de l'opération précédente dans des paniers ou l'entasser sur le parquet pour la fermentation, et dans ce cas, les mauvaises feuilles sont retirées plus tard. La fermentation n'est pas toujours nécessaire, mais c'est une opération importante en ce qu'elle développe l'arome particulier du thé. Aucune durée ne peut être fixée pour cette fermentation; c'est affaire de tâtonnement et d'expérience.

Enlever les feuilles rouges et rugueuses.

La fermentation développe l'arôme.

Chauffage. — On donne ce nom à la phase la plus longue de la préparation parce que la feuille est ordinairement séchée à la chaleur artificielle dans des terrines ouvertes ou dans un des nombreux instruments appelés séchoirs, en usage dans les contrées à thé. Mais l'opération peut être faite à l'aide de la chaleur solaire à la seule condition d'étendre les feuilles roulées sur des nattes dans des tiroirs bien propres. Par un soleil chaud et brillant, les feuilles seront séchées en moins d'une heure mais il faudra les remuer pour que celles qui sont dessous puissent sécher aussi vite que celles qui sont dessus. Lorsque l'on veut sécher au feu et qu'on a peu de feuilles, on peut employer une terrine de fer ou d'étain, de trois pieds de diamètre (1^m) et de 7 pouces (0^m,175) de profondeur à fond plat. On fait un peu de feu de braise, et la chaleur doit être portée juste au point où la main ne peut la supporter, c'est-à-dire jusqu'à 180 ou 200°F (82 à 93°c.), Les feuilles sont mises dans la terrine aussitôt que la fermentation est complète et on les remue jusqu'à ce qu'elles soient parfaitement sèches, ce qui arrive très vite. Il faut bien prendre garde que la chaleur ne soit trop grande, autrement les feuilles seraient roussies et le thé perdu.

Comment sèchent les feuilles.

Les remuer.

Encaissage. — Le thé une fois séché, il faut le pré- parer pour le marché, et c'est une opération délicate ; son aspect, et par suite sa valeur, dépendent beaucoup du soin qu'il a reçu après la préparation. Dans les vastes plantations de l'extrême Orient, le thé est partagé en plusieurs classes, comme nous le verrons plus loin ; mais dans les pays où la récolte est peu abondante, il vaut mieux expédier le thé non assorti, pourvu toutefois qu'il soit exempt de poussière et de feuilles non roulées. La poussière est facilement enlevée avec une légère opération de vannage, à peu près comme les pellicules sont séparées du café, en prenant soin que le vent n'enlève pas les plus belles feuilles ; les feuilles larges qui se trouvent non roulées sont concassées et ajoutées en tas. Dans l'Inde et à Ceylan, elles sont coupées à la machine et vendues comme « feuilles coupées ». L'expression de « thé non assorti » ne veut pas dire que tout le produit est empaqueté au hasard dans des caisses ou des boîtes, car avant que le thé soit encaissé, il doit être soigneusement mêlé de façon que chaque caisse contienne des thés exactement de mêmes qualités. L'encaissage est fait à la machine dans les grandes exploitations de l'Asie, mais dans les petites exploitations on le fait de la façon suivante : Une large caisse carrée est placée sur des pieds, à 5 pieds du sol (1^m,50), et au fond de la caisse on pratique un trou carré si bien fermé, par une trappe à coulisse, que l'ouverture puisse être agrandie ou rétrécie suivant les besoins. La trappe étant fermée, le thé est mis dans la caisse en couches minces, une qualité au-dessus de l'autre. On ouvre alors la trappe et le thé s'écoule de la couche supérieure en entraînant dans sa chute une portion de chaque couche. Pour s'assurer que tout le thé s'écoule également, il

Grand soin dans la préparation.

Thés assortis et non assortis.

Le contenu des caisses doit être de même qualité.

Comment on tasse.

sera bon d'incliner légèrement le fond de la caisse vers l'ouverture centrale. Le principe de ce procédé est le même que celui du sablier. Il est très simple et en même temps très efficace.

Différentes variétés de thé. **Assortiment.** — Dans les grandes plantations, le thé est assorti en différentes classes. Avant que la culture du thé fût entreprise dans l'Inde, la plus grande partie du thé consommé dans le monde entier venait de Chine, et l'on croyait que chaque genre était le produit d'une variété d'arbres. Plus tard on a découvert que toutes les sortes de thé proviennent du même arbuste et que les différentes qualités sont produites simplement par les opérations d'assortiment. Ainsi le *pékoé* est produit par un bourgeon qui vient de s'ouvrir et c'est lui qui donne le plus fort thé à boire. Le *pékoé souchong* est ensuite la meilleure sorte. Le *souchong* est un thé quelquefois d'apparence grossière. Dans le *congou* les feuilles sont

Assortiment pour une petite exploitation. encore plus larges. Pour une petite exploitation, le thé peut être assorti sur des paillassons par de jeunes garçons ou de jeunes filles, dont les doigts agiles peuvent accomplir en peu de temps beaucoup de ce travail facile.

Assortiment au crible. En séparant les diverses qualités de thé, on devra enlever toutes les feuilles rouges, les débris et les matières étrangères, autrement le thé serait avarié. Les différentes classes de thé peuvent aussi être séparées à l'aide de cribles à mailles de différentes grandeurs; quand on doit opérer sur de grandes quantités, on emploie la machine. L'industrie du thé est devenue si im-

Machines employées dans l'Orient. portante dans l'Inde et à Ceylan que tout ce que l'argent et la science peuvent réaliser a été employé à créer des machines aussi parfaites que possible et l'on y est arrivé à ce résultat que les feuilles de thé, apportées fraîches des immenses jardins à thé, sont converties en très peu de temps en catégories diverses de thé par la seule opération des machines.

Empaquetage. — L'encaissage et l'assortiment doivent être opérés aussitôt que possible après la préparation, et le thé doit être empaqueté avant qu'il courre aucun risque d'absorber la moindre humidité. Lorsque cependant cela ne peut être fait, il faudra chauffer légèrement le thé avant de l'empaqueter pour assurer sa parfaite siccité. Il est ordinairement mis dans des caisses garnies de plomb; il faut s'assurer qu'il n'y a pas de trou dans le plomb de la garniture et que le couvercle est soudé de façon à ne pas laisser passer l'air. Il ne faut pas mettre au hasard le thé en caisse, mais chaque chose doit être faite avec un soin réfléchi. Le quart environ de la quantité de thé est d'abord introduit puis pressé avec une planche jusqu'à ce qu'il soit tassé; on met ensuite un autre quart avec les mêmes précautions, et ainsi jusqu'à ce que la caisse soit pleine.

Les caisses ordinairement employées dans l'Inde et à Ceylan sont carrées et de trois dimensions : la *caisse* (*chest*) qui contient 80 livres environ (36^k,240) la *demi-caisse* (*half-chest*) qui contient de 40 à 45 livres (18^k,120 à 20^k,325), et la *boîte* qui contient 20 livres (9^k,060). Une *break* de thé se compose de dix caisses soit d'environ 800 livres (362^k,874), et les marchands de Londres ont averti qu'on ne pourrait embarquer une plus petite quantité à la fois. Récemment des boîtes d'étain et de fer ont été mises en usage pour le transport des thés par bateau, et il y a moins de dangers que le contenu se gâte. Ces boîtes sont garnies de drap coulissé aux côtés

Empaqueter sans retard.

Faire soigneusement la mise en caisse.

Dimensions des caisses.

Boîtes en métal.

de façon à ce qu'elles puissent facilement être mises ensemble; mais il est nécessaire de souder les joints, et lorsque les boîtes de fer sont usées, il est bon de les garnir de papier pour que la rouille n'avarie pas le thé. Une boîte d'étain de **20** livres employée dans l'Inde a **16** pouces 3/4 sur 10 pouces 1/2 et 11 pouces ($0^m,42$ sur $0^m,275$) et coûte une demi-couronne, soit un peu plus de 3 francs. Quatre de ces boîtes seront empaquetées dans une caisse de bois à claire-voie et quarante de ces caisses feront une *break* de thé.

CHAPITRE V.

CANNE A SUCRE.

(*Saccharum officinarum* L).

Jusqu'à ces dernières années, l'attention des agricul- Le sucre dans les Indes Occidentales. teurs des Indes occidentales a été principalement dirigée vers la production du sucre qui était souvent préparé dans des établissements considérables employant un grand nombre d'ouvriers. Mais l'extension récente prise par la fabrication du sucre de betterave, dont l'exporta- tion à l'étranger a été favorisée par des primes, a telle- Primes au sucre. Bas prix. ment fait baisser les prix que la culture de la canne et la préparation du sucre qui demandent beaucoup de soins ne donnent plus que peu de bénéfices. Beaucoup de pe- tits planteurs ont été obligés d'abandonner la fabrica- tion; on s'est aperçu que le sucre ne peut maintenant donner de bons profits que si l'on opère sur de grandes Le sucre ne paie pas en pe- tites quantités. quantités qui nécessitent d'énormes capitaux et une ins- tallation mécanique très compliquée. Le système des *usines centrales* est en voie de s'introduire dans les di- Factoreries centrales. verses parties des Antilles; il fait en général espérer de meilleurs jours aux planteurs des tropiques qui, ne disposant pas d'un grand capital, désirent néanmoins cultiver la canne. Les usines achètent les cannes aux planteurs à des prix rémunérateurs, en sorte que les

Plantation et fabrication incompatibles. agriculteurs peuvent concentrer leur attention sur la partie purement agricole. Cela est dans l'ordre, car il ne semble pas qu'on puisse réussir à notre époque en faisant en même temps le métier de cultivateur et d'usinier. Demander à un fermier anglais de produire du blé et de le transformer en farine et en pain paraîtrait une absurdité. Le fermier est un cultivateur et concentre son attention sur les matières agricoles ; le meunier est un manufacturier et c'est à lui de préparer ce que le fermier

Avantage du système de l'usine. a produit. Il en est de même pour le planteur sucrier des Indes occidentales ; il doit se contenter de produire les cannes sur la terre et laisser l'usinier préparer le sucre ; il obtiendra de meilleures et plus abondantes récoltes, et le manufacturier fera du sucre, meilleur et à

Économie et surproduction dans l'emploi des factoreries centrales. meilleur marché ! Dans une usine centrale les applications scientifiques seront mieux suivies, l'installation sera moins coûteuse et plus productive qu'elle ne peut l'être dans les petits établissements sucriers.

Le meilleur terrain. **Le sol.** — La canne à sucre croît à peu près dans tous les terrains. L'argile, l'alluvion, la marne, le calcaire conviennent plus ou moins à la culture de la canne. En considérant en effet que les cannes sont, malgré l'extrême diversité de leurs sols, cultivées dans toutes les principales colonies des Indes occidentales, on est porté à conclure que la nature du terrain n'est pas d'importance capitale pour cette culture. Elle n'était pas en effet d'un grand intérêt quand les planteurs sucriers faisaient de

Grands bénéfices d'autrefois. larges profits, mais maintenant que les profits sont considérablement réduits, on ne peut cultiver fructueusement la canne que dans les terrains qui lui conviennent le mieux.

Des terrains argileux, riches et perméables, les allu- Les meilleurs sols. vions des plaines arrosées par un cours d'eau sont les sols les plus favorables à la culture de la canne; le meilleur peut-être est le sol formé par la décomposition des roches volcaniques. Un sol de cette nature se trouve Le sol de Saint Kith. à Saint Kith et le sucre peut être produit dans cette île à meilleur compte qu'en aucune partie des Antilles.

La chaux est une substance nécessaire dans toutes les La chaux né- cessaire au sol. terres de canne à sucre; aussi lorsque le sol en manque, faut-il l'ajouter comme amendement. Un écrivain qui a écrit sur la canne à sucre dit : « La chaux convient à presque toutes sortes de terrains, surtout aux terrains neufs, mais spécialement lorsqu'on y trouve des sels de fer. » Il va sans dire que cela ne s'applique pas au sol où la chaux se trouve en grande quantité, comme les marnes et les terres calcaires. A la Barbade, où le sol est Sol de la Barbade. particulièrement propre à la canne à sucre, la chaux existe en quantités considérables, car presque toute l'île est de formation coralligène; et dans certaines parties d'Antigoa, quelques-unes des riches terres à canne ont Sol d'Antigoa. été formées par la décomposition d'une sorte de pierre à chaux.

Climat. — La canne à sucre est essentiellement une plante tropicale; elle viendra bien sous un climat subtropical, mais elle n'y donnera pas un produit comparable à celui qu'elle donne sous les tropiques.

Une température chaude et humide alternant avec des Le climat chaud et humi- de est le meil- leur. périodes de sécheresse, ainsi qu'on en trouve dans les plaines et vallées des Indes occidentales, tel est le climat typique de la canne. Elle ne réussit pas aussi bien dans les terres hautes que dans les terres basses; si on la plante en montagne, il lui faut beaucoup de temps pour mûrir, et elle cesse bientôt de donner une récolte rémunératrice. Une brise marine modérée ne nuit pas à la croissance et pour cette raison seule, la culture de la canne convient éminemment aux îles des Indes occidentales dont le climat est maritime. Bien plus, sur les côtes des îles exposées au vent, là où la terre reçoit les brises de mer apportant des particules salines, il n'y a guère que la canne qui puisse être cultivée.

Climat maritime.

Multiplication. — La canne ne peut se reproduire que par boutures, car bien que la plante fleurisse elle porte rarement des graines. Ces boutures sont appelées plants; elles se composent des deux ou trois nœuds supérieurs de la canne. Chaque nœud contient un œil ou bourgeon, d'où sortent des tiges qui vont chercher l'air et la lumière, et des racines qui descendent en terre, exactement de la même façon que dans la germination des graines. On a vu, dans la première partie de ce livre, qu'un bon planteur, pour obtenir la meilleure et la plus abondante récolte possible, quand la multiplication se fait par graines, doit choisir le plus beau fruit et la plus grosse graine. Par une rigoureuse application de cette règle, les agriculteurs d'Europe et d'Amérique ont amélioré leurs récoltes de grains, racines et fruits d'une manière remarquable. On peut conclure de là que le planteur de cannes, pour augmenter le rendement de ses plantations, doit apporter le plus grand soin dans la sélection de ses « plants de canne » qui sont, comme on l'a vu, très semblables aux graines dans leur mode de croissance. Mais il est étrange que la plupart des planteurs ne donnent aucune attention à une matière aussi importante et tirent invariablement leurs plants de

Plants de canne.

Bonnes graines.

Amélioration des récoltes.

« champs fatigués et épuisés ». Si le planteur de cannes avait pris autant de soin pour élever la qualité de ses cannes que les horticulteurs européens et américains en prennent pour leurs arbres fruitiers, la canne à sucre serait en ce moment assez améliorée pour que ses produits se soient largement accrus et que cette industrie ait évité les revers qui l'ont assaillie.

Le soin dans la sélection des plants de cannes est de la plus grande importance.
Avantages de la culture scientifique.

Plantation. — Les boutures sont plantées dans des sillons tracés à la charrue, ou dans des trous creusés à la houe quand on ne peut ou ne veut, pour une raison quelconque, employer la charrue. Dans ce dernier cas, il est bon de piocher les trous avant d'y mettre les boutures, afin d'ameublir le sol et de faciliter la pénétration des délicates radicelles. Les trous sont profonds de 8 à 12 pouces ($0^m,20$ à $0^m,30$) et leur dimension dépend des distances auxquelles les plants sont établis; les distances dépendent de la nature du sol et du climat. Autrefois on avait l'habitude de planter beaucoup plus serré que maintenant. Trois pieds ($0^m,90$) entre les rangées et deux pieds ($0^m,60$) d'un plant à l'autre étaient les distances communes, mais maintenant, dans les bonnes terres, les rangées sont souvent à 7 pieds ($2^m,10$ de distance et les plants à 6 pieds l'un de l'autre dans chaque rangée. La distance moyenne aux Indes occidentales est de 5 pieds ($1^m,50$) en tous sens.

Préparation de la terre.

Trous de cannes.

Distances.

Sur les coteaux et dans les terres pauvres, les distances peuvent être réduites, et aux endroits où les cannes sont plantées dans des sillons faits par un double tour de charrue, il est d'usage de placer les boutures plus près les unes des autres.

Plantations sur les coteaux.

Deux boutures, ou plants, sont placées obliquement

dans chaque trou. Elles ont ordinairement 6 pouces
(0^m,15) de long, et comme on laisse environ un pouce hors
de terre, il reste 5 pouces (0^m,12) dans le sol. Si le temps
est favorable, les plants projetteront des pousses au-dessus de la terre et auront des racines en 10 ou 14 jours.
Ces pousses ou rejetons deviennent la plante-mère et
produisent, avec le temps, d'autres rejetons. La plante
mère doit être coupée aussitôt qu'elle commence à nouer ;
de cette façon, toute la sève sera envoyée dans les rejetons avoisinants et les fera se développer en cannes. Lorsque, grâce à la sécheresse ou à d'autres causes, quelques-
unes des boutures n'ont pas pris racine, il est nécessaire
de remplacer les manquants, et, afin que les nouvelles
boutures ne produisent pas de cannes en retard sur le
reste de la plantation, on les choisit parmi des rejetons
déjà grands ayant poussé sur des cannes abandonnées.
Un procédé infiniment meilleur est d'établir des pépinières de plants avec des boutures choisies ; de cette
façon, les produits des boutures de remplacement seront sensiblement accrus, puisque du poids des cannes de
chaque trou dépend la quantité de sucre. Un planteur
de la Barbade a calculé qu'une touffe de cannes d'un
seul trou pèse 54 livres, en moyenne (24^{kg},462) et donne
4 gallons (18^l,16) de jus, d'où on tire 4 livres (1^{kg}, 712)
de *moscovado* (cassonade). A ce compte, 3 tonnes de
sucre (3.048) peuvent être obtenues sur un acre de terre
(40^a,46). Mais dans beaucoup d'établissements des Indes
occidentales, grâce à la mauvaise culture et à d'autres
causes, on obtient difficilement la moitié de cette quantité.

Culture. — Le labour est une des opérations les plus
importantes de la culture de la canne, car plus le labour

est bon, plus la récolte est grande. Avant la plantation, la terre devra être travaillée à la houe et à la charrue et les mauvaises herbes enterrées pour former un engrais vert. Sauf dans les argiles épaisses, c'est un mauvais système de brûler les herbes et déchets, parce que le feu détruit les substances azotées et empêche le sol de les retenir pour la nourriture des plantes. Si la terre est labourée, une charrue de sous-sol sera menée dans les sillons partout où ce sera praticable, parce que retourner les couches inférieures de la terre, c'est augmenter la quantité des éléments solubles susceptibles d'être absorbés par les racines de la canne.

Plus le labour est bon, plus la récolte est grande.

Labourage du sous-sol.

Après la plantation, le champ doit être tenu net de mauvaises herbes jusqu'à ce que les cannes aient assez grandi pour ombrager le sol : alors les mauvaises herbes ne préoccuperont plus. Dans quelques îles des Indes occidentales, à la Barbade, par exemple, une fraction des champs de cannes est affectée aux travailleurs qui reçoivent un salaire fixe pour tenir la terre absolument nette d'herbes. Dans les endroits où ce système a été établi, on s'est aperçu que les herbes ne donnent pas beaucoup de mal après un certain temps, car leur déracinement régulier empêche leur reproduction et les fait toutes mourir. Quelques planteurs labourent légèrement après que les cannes ont commencé à pousser; cela offre l'avantage d'ameublir le sol et d'en exposer les couches inférieures à l'action fertilisante de l'air et du soleil.

Sarclages fréquents.

Le système du jardin.

Un labour léger entre les rangées est profitable.

La période d'octobre à janvier est généralement considérée comme la plus propice à la plantation des cannes dans les Indes occidentales, mais on ne peut établir de règle générale, parce qu'il faut tenir compte du cli-

Saisons de plantation.

Les flèches. mat et des circonstances locales. En octobre, les cannes poussent des tiges fleuries appelées *flèches* : ce sont de longues pousses terminales portant des épis en forme de pyramides, de couleur mauve et d'apparence duveteuse. Les fleurs sont quelquefois cueillies et employées en guise de plumes pour les oreillers.

Élagage non nécessaire en temps sec. Quand la canne grandit, les basses feuilles se flétrissent et se dessèchent, et restent ordinairement attachées à la tige. En temps sec, les feuilles mortes peuvent être négligées, mais sur un sol riche et en temps humide, elles s'opposent tellement à la circulation de l'air autour de la plante et à la maturation des cannes que le planteur est forcé de les arracher et de les enfouir autour des racines. Cela s'appelle élagage : les émondes enfouies autour des racines pourriront et formeront une excellente fumure.

Maturation des cannes. Au moment de la poussée des flèches ou floraison, les cannes sont chétives et faibles, le jus étant aqueux et non sucré. Mais les fleurs ne forment pas de graines en général, sauf cependant dans des cas exceptionnels, et les plants se remettent bientôt des efforts qu'ils ont faits pour fleurir. Dans les régions tropicales les cannes sont ordinairement mûres et bonnes à couper au bout de 12 ou 14 mois après la plantation. Il n'a été question jusqu'à présent que de la culture de cannes obtenues par plants ; mais dans quelques plantations une partie seulement des terres est occupée par ces *cannes de plants* comme on les appelle ; l'autre partie est occupée par des *repousses*, c'est-à-dire par des cannes qui repoussent des souches ou racines laissées dans le champ après la coupe des cannes de plants. Les repousses sont dites premières, secondes, troisièmes, etc., suivant le

Cannes de boutures et repousses.

nombre de récoltes qu'elles ont données. Dans les terres très riches, on a vu des repousses produire durant vingt ans, en coupant les cannes chaque année et en laissant les touffes pousser des rejetons. Mais cette continuelle récolte sur un même sol épuise la terre et affaiblit trop la canne en taille et en quantité pour qu'elle donne un bon rendement. Il arrive rarement, par suite, qu'on cultive en repousses au delà de la troisième, la quatrième, ou tout au plus la cinquième année; après quoi on laisse la terre en jachère afin de la préparer pour des *cannes de boutures*.

Jachère.

Récolte. — L'époque de la récolte dans les Indes occidentales est ordinairement de janvier à mai, mais la coupe ne doit pas commencer avant que les cannes soient mûres. « La maturité de la canne est indiquée par l'écorce qui devient sèche, unie, cassante, par la canne qui devient lourde, par la sève qui passe du gris au brun, par le jus qui devient doux et glutineux. En coupant une canne mûre par le travers, on trouve que le tissu intérieur est sec et contient des particules blanches; dans une canne non mûre, au contraire, l'intérieur est mou et moite grâce à la présence de la sève non élaborée, et dans ces conditions, elle n'est pas bonne à couper. Si l'on courbe une canne non mûre, elle se brisera net aux jointures ou nœuds, comme si on la coupait avec un rasoir. Une canne mûre, au contraire, ne se brisera pas de cette façon, parce que les tissus sont plus fibreux. La canne mûre diffère beaucoup de longueur et de grosseur suivant le sol, le climat et aussi suivant les variétés de la plante.

Quand on coupe les cannes.

Cannes mûres. Comment on le reconnaît.

Cannes non mûres.

Il y a beaucoup de variétés cultivées dans les Indes occidentales, mais l'Otahiti et le Bourbon sont les

Variétés.

genres le plus souvent plantés. Dans les riches terres d'alluvion de la Guyane anglaise, les cannes atteignent parfois 20 ou 25 pieds de haut (6 mètres à 7^m 50); mais une longueur de 10 à 12 pieds (3 mètres à 3^m, 60) est la plus fréquente, et il est beaucoup de plantations dans les Indes occidentales où elles n'atteignent même pas 10 pieds (3 mètres).

Longueur moyenne.

Les cannes sont coupées au ras de terre aussi près que possible de la souche, parce que la partie proche de la racine est toujours plus riche en sucre qu'aucune autre partie, et parce qu'une coupe rez terre accroît la vigueur des repousses. Pour la simplicité de la main-d'œuvre, les cannes sont parfois coupées en tronçons de quatre ou cinq pieds (1^m,20 à 1^m,50) et liées en paquets. Elles sont alors charriées aux moulins qui les broieront et en feront sortir le jus.

Comment on coupe les cannes.

Broyage des cannes.

Les cannes de plant donnent plus de jus, et par conséquent de sucre que les *repousses*, mais le jus de ces dernières est plus riche en matières sucrées et donne une plus belle quantité de sucre. De plus, on a bien moins de mal et de dépense dans la culture des repousses et le suc qui en provient passe pour pouvoir se travailler plus facilement. Il s'ensuit que la culture des repousses est plus avantageuse que celle des cannes de plant, mais comme cette culture donne chaque année des bénéfices de moins en moins grands, il est nécessaire d'avoir recours à une plantation nouvelle à des intervalles déterminés.

Les repousses plus profitables que les cannes de plants.

Dans la Guyane Anglaise, on a reconnu qu'une bonne plantation donne environ trente tonnes de canne (30.480 kg.) à l'acre, ce qui fera environ 23 tonnes de jus (25.400 kg.) contenant de 5 à 18 % de sucre cris-

Rendement par acre.

tallisable. Mais on n'extrait pas plus de 6 à 7 % de ce
sucre avec les meilleures machines, de sorte que le rendement est seulement de 924 à 1778 kg. à l'acre. Ces chiffres peuvent être pris comme une belle moyenne pour
la culture des cannes, mais en certains cas le rendement est plus grand ou plus petit suivant les conditions
du sol, du climat ou de la culture.

Engrais. — Dans la plupart des plantations de cannes des Indes Occidentales, les cannes ont été plantées
sur le même sol pendant un très grand nombre d'années, de sorte que si les planteurs n'avaient pas fumé
leurs terres, le sol serait devenu stérile depuis longtemps;
la canne est en effet une culture très épuisante qui enlève
à la terre de grandes quantités de matières inorganiques. Le sucre lui-même est composé de trois éléments
organiques, savoir : le carbone, l'oxygène et l'hydrogène,
lesquels sont tous tirés, il est vrai, rien que de l'atmosphère et de l'eau. Mais pour former le sucre dans ses tissus, les organes de la plante exigent des quantités de
matières inorganiques qui doivent venir du sol. Une analyse minutieuse a montré qu'une canne à sucre mûre
(espèce Otahiti) contient 0.48 % de cendres, ce qui fait
presque 1 pour 200. Une récolte de 30 tonnes à l'acre
doit par conséquent enlever presque 150 k. 240 de substances minérales existant dans le sol à l'état soluble, et
comme les déchets des cannes ou bagasse sont employés
comme combustibles, et les têtes comme fourrage pour
le bétail, la presque totalité de ces matières inorganiques disparaît du sol. Le tableau suivant est calculé
d'après une analyse des cendres d'une canne à sucre
mûre et de ses feuilles effectuée par le Dr Phipson; il montre clairement quels constituants sont enlevés au sol par

*Canne à sucre
culture
épuisante.*

*Quantité de
cendres dans la
canne.*

*Analyse d'une
canne à sucre.*

les cannes et quel genre spécial d'engrais est nécessaire pour conserver la fertilité.

Potasse..........................	18,00
Soude...........................	2,00
Chaux...........................	10,00
Magnésie........................	6,50
Acide sulfurique.................	8,00
Acide phosphorique..............	6,00
Chlore..........................	4,50
Silice..........................	43,00
Oxyde de fer....................	
Manganèse, etc.................	2,00
	100,00

Quand on peut avoir du fumier de ferme, il fournit tous les éléments nécessaires à la canne; mais il est rare qu'on en trouve suffisamment, et il est utile que le planteur de cannes ajoute des engrais spéciaux tels que guano, gypse, etc. Dans les plantations de grande étendue, le planteur fera bien de faire analyser des échantillons de sa terre, surface et sous-sol, afin de savoir lequel des éléments minéraux entrant dans la composition de la canne manque ou est insuffisant et dans quelle proportion il s'en trouve pour se trouver en état de servir de nourriture à la plante. Il peut alors suppléer à ce qui manque par l'emploi d'un engrais riche en principes faisant défaut dans son sol. Mais appliquer les engrais au hasard, c'est s'exposer à perdre son argent en achetant ce dont le sol n'a pas besoin et ce qui, par suite, est entièrement inutile.

Engrais spéciaux.

Il est sage d'analyser le sol.

Choisir les engrais appropriés.

Deux espèces de sucre.

Préparation du sucre. — Deux sortes principales de sucres sont maintenant fabriquées dans les Indes Occidentales, savoir : le sucre brut ou *cassonade* et le sucre *cristallisé* ou *sucre d'usine*. La cassonade est expédiée en Europe et dans l'Amérique du Nord, où elle est, pour la plus grande partie, transformée en pains de sucre, dans les raffineries. Les sucres d'usine vont au consommateur sans autre préparation, et comme ils sont fabriqués exclusivement dans les grandes exploitations par des machines compliquées, il serait hors de propos de donner une description de cette fabrication dans ce livre. La cassonade, ou sucre brut, est préparée dans les petites propriétés, et dans les colonies où l'industrie sucrière a atteint de grandes proportions, c'est la seule sorte fabriquée. Les différents procédés de fabrication sont bien connus de tout le monde dans les pays intra-tropicaux et il suffira d'en faire ici une brève description. *Cristallisé.*

Cassonade (muscovado).

Les cannes mûres sont portées au moulin en telles quantités que la fabrication anticipe toujours sur la coupe, car le jus est excessivement fermentescible et on doit par suite le soumettre à la chaleur pour le clarifier aussitôt qu'il sort du moulin. On se sert de modèles variés de moulins, les uns avec des rouleaux placés verticalement, les autres avec des rouleaux horizontaux. Dans tous, les cannes reçoivent deux pressions pour extraire le jus; les matières ligneuses laissées par la canne, après l'extraction du jus, s'appellent « bagasse » et l'on s'en sert comme combustible pour les foyers allumés sous les chaudières, les défécateurs, etc. *Le jus de canne fermente aisément.*

Moulins.

Leur mise en action.

Bagasse.

Le jus de canne, tel qu'il est exprimé par les moulins contient en suspension diverses matières, telles que : parcelles de tissus ligneux, substances cellulaires, etc. Pour expulser ces impuretés le jus est versé dans des vases ou terrines appelés *défécateurs*, et on y ajoute un peu de chaux non éteinte, afin de neutraliser les acides *Impuretés du jus.*

végétaux. Le *défécateur* est alors chauffé et les impuretés montent à la surface sous forme d'écumes; celles-
ci sont enlevées et le jus est dit *purifié*. Le jus chaud
est ensuite versé dans le premier d'une série de bassins
en fer ou en cuivre appelés *chaudières,* où il est sou-

mis à une grande chaleur. Quand le jus bout, l'écume
qui monte à la surface est enlevée; par suite de l'évaporation de l'eau contenue dans le jus la masse dimi-

nue et la liqueur devient plus épaisse. Il est alors
transporté dans la seconde chaudière qui est plus petite que la première; la quantité de jus versée du clari-
ficateur dans la première bouilleuse était en effet plus
considérable. A mesure que la liqueur devient plus
dense, elle est transvasée dans des chaudières de plus
en plus petites jusqu'à la dernière et la plus petite,
qu'on appelle en anglais *teache;* c'est ordinairement la
quatrième. La liqueur, devenue à ce moment un sirop
concentré, est bouillie dans la *teache* jusqu'à ce qu'elle
soit en état de se concréter en sucre quand on la trans-

fère dans des refroidisseurs plats en bois. Le sucre se soli-
difie dans ces refroidisseurs, mais il contient une grande
quantité de matières non cristallisables appelées *mélasses*. Après être resté un temps suffisant dans le refroi-
disseur, le sucre est claircé, c'est-à-dire qu'il est extrait

et introduit dans des tonneaux munis au fond de trous
pour laisser écouler les mélasses. Pour faciliter cet écoulement, des pétioles de feuilles de bananiers assez longues pour atteindre le haut du tonneau sont passées à
travers les trous du fond; on doit les enlever aussitôt
que les mélasses sont écoulées.

Dans toutes les opérations de la fabrication du sucre,
il faut observer une grande propreté. Après la fabrica-

tion, les cylindres et toutes les pièces devront être soigneusement nettoyés; chaque partie de fer qui aura
été en contact avec le jus devra être brossée avec de
la chaux, afin de neutraliser les acides végétaux, qui
autrement gâteraient le vesou à la campagne suivante.

CHAPITRE VI.

FRUITS.

Oranger (*Citrus aurantium L*).

Pour l'importance commerciale de ses fruits, la famille de l'oranger vient, dit-on, immédiatement après la vigne, mais tandis que la plus grande partie des grappes de raisin récoltées sont transformées en vins ou spiritueux, l'orange est cueillie surtout comme fruit et l'on peut dire que l'oranger et les amandiers constituent peut-être les plus importants des arbres fruitiers cultivés par l'homme. L'orange ne peut être récoltée en grandes quantités que dans les climats tropicaux ou sub-tropicaux, et comme la consommation en est très grande dans les zones tempérées, sa culture et sa vente donnent lieu à un commerce important. Jusqu'à une époque relativement récente, presque toutes les oranges vendues sur les grands marchés de fruits de l'Europe et de l'Amérique du Nord, étaient récoltées dans les îles de l'Altantique voisines de la côte nord-ouest d'Afrique et dans les contrées riveraines de la Méditerranée. Mais l'extension des communications maritimes avec les Indes occidentales a considérablement fait augmenter le commerce de l'orange dans quelques îles des Indes occidentales, notamment entre les États-Unis, d'une part, et la Jamaïque, les îles Bahama et la Dominique. Avec un empaquetage soigneux et une bonne sélection, le fruit peut supporter les plus longs voyages maritimes; et comme l'oranger pousse dans les Indes occidentales plus vigoureusement que dans aucune autre partie du monde, il n'y a aucune raison pour que la totalité des oranges consommées dans les États-Unis ne soit pas récoltée dans ces colonies.

Il y a peu à craindre la surproduction; la seule concurrence sérieuse pourrait venir de la Floride, mais souvent une forte gelée s'abat sur cette contrée et tue les vergers d'orangers de façon qu'il faut plusieurs années pour que les arbres réparent la perte de leurs principales branches. Un écrivain qui a publié, il y a quelques années, un livre sur la culture de l'oranger, s'exprime ainsi : « La récolte actuelle du fruit aux États-Unis donne à peine une orange par an et par habitant. Notre population doublera à peu près, si l'on juge de l'avenir par le passé, en trente ou quarante ans. Pour approvisionner une telle population d'une orange ou d'un citron par jour, il ne faudrait pas moins de 30 milliards d'oranges ou de citrons par an ». Cela étant, il n'est pas à craindre que la production des oranges, dans les Indes occidentales, soit annihilée par la concurrence de la Floride ou de la Californie; et comme le fruit peut être vendu à des acheteurs locaux, il n'y a peut-être aucune culture plus profitable que celle de l'oranger, pour les petits propriétaires.

Le trafic de la Floride.

Consommation des oranges aux États-Unis.

Culture de l'oranger très profitable.

Le sol. — L'oranger croîtra à peu près dans tous les sols (les sols sablonneux exceptés), pourvu que ces terrains soient bien drainés et aient une profondeur suffisante pour permettre à la racine pivotante de se développer. Toutefois, on ne peut attendre de récoltes abondantes que des terres riches, car toutes les plantes de la famille de l'oranger aiment un « sol généreux. » Les argiles, les alluvions, les marnes et calcaires conviennent également, et plus l'humus est abondant, mieux l'arbre prospèrera.

Climat. — L'oranger est peut-être la plus robuste des plantes de la famille des aurantiacées; il est luxuriant sous les tropiques et pousse dans les pays sub-tropicaux; il endure même les légères gelées du sud de la France. Mais dans ces dernières régions le fruit est beaucoup moins abondant que dans les contrées tropicales, et à en juger par la vigueur de croissance de l'oranger dans les Indes occidentales, on peut dire que le climat, dans les parties favorisées de ces îles, est le climat typique de l'oranger. Une altitude de 2000 pieds (640^m) ne semble exercer aucune influence sur la récolte. Mais l'arbre est élevé plus facilement, le fruit est plus gros et plus succulent dans les parties chaudes et humides des hauteurs. Contrairement à ce qui se passe dans quelques pays intratropicaux où se produisent de fortes sécheresses durant plusieurs mois, aux Antilles l'ombre n'est pas du tout nécessaire, car l'arbre se plaît en plein soleil et si l'ombre s'interpose, la tige pousse grêle et haute. Les racines prennent si fortement en terre que l'arbre supporte toutes les expositions; mais, dans les endroits très exposés au vent, la récolte est peu abondante, parce que les fleurs et les jeunes fruits sont abattus. Des ceintures abris feront donc bien en certains lieux, mais en tant que brise-vents et non comme ombrages.

Reproduction. — Dans les Indes occidentales, les orangers sont, pour la grande partie, obtenus par grai-

Les sols riches sont les meilleurs.

Climat tropical le meilleur.

Altitude.

Ombre non nécessaire.

Ceintures abris.

Rejetons.

nes, et dans aucune autre partie du monde on n'obtient de meilleurs fruits que ceux qui proviennent des arbres ainsi plantés. Dans la Floride et dans quelques États méridionaux des États-Unis, les orangers sont reproduits ordinairement par écusson, car l'orange amère vient à l'état sauvage dans quelques parties de ces contrées. En Europe, les meilleures oranges sont greffées; et comme le fruit de greffe diffère beaucoup du fruit de semis, on répète que le semis ne reproduit pas la variété, et que le greffage ou l'écussonnage sont nécessaires pour conserver le caractère de la variété. C'est là une erreur, au moins en ce qui concerne les Indes occidentales; car dans ces contrées les semences reproduisent exactement, pour la plupart, la variété, et on n'emploie pas d'autre méthode de reproduction. Il en est de même à Tahiti, pays dont les oranges sont très estimées à juste titre.

Les graines seront semées sur planches préparées suivant la méthode décrite aux chapitres précédents; si le cultivateur n'a pas à cultiver une grande superficie, il fera mieux de semer dans des boîtes élevées au-dessus de terre, les rats et les souris en étant particulièrement friands. Il faut semer les graines fraîches sortant du fruit, parce qu'elles perdent leur faculté germinative en séchant, on ne peut même les porter à de grandes distances sans les conserver en terre. Bien que cela semble bizarre, les semences conservées en terre se maintiendront fraîches bien plus longtemps que celles qui seront gardées en lieu sec hors de terre. C'est là une sage prévoyance de la nature, et l'on a vu des semences restant sans pousser pendant des années dans la terre, revivre aussitôt que les circonstances deviennent favorables à la

Écussonnage des troncs d'oranger sûr.

Greffe.

Les graines reproduisent exactement la variété.

Les graines fraîches sont nécessaires.

Graines en sommeil pendant de longues périodes.

vie de la plante. Une graine d'orange contient souvent plusieurs embryons : aussi arrive-t-il souvent que des graines semées à distance produisent plusieurs pieds qui poussent entrelacés. On sème les graines à trois ou quatre pouces ($0^m,07$ à $0^m,10$) les unes des autres, en laissant 6 à 9 pouces ($0^m,15$ à $0^m,22$) entre les rangs. La racine pivotante étant longue, la planche de la pépinière sera bêchée profondément, afin d'ameublir le sous-sol. Les graines germent promptement, et les plants peuvent être mis en place définitive au bout d'un an.

Plantation. — Les distances auxquelles les arbres sont plantés dépendent principalement de la nature du sol. Dans les riches terres forestières avec un sol profond et poreux, 25 pieds (8 mètres) entre chaque rangée ne seront pas de trop, mais dans les endroits plus secs et les sols plus pauvres, 20 pieds (6 mètres) représentent la distance convenable. Avec 25 pieds, on aura 70 arbres à l'acre ($40^a,46$) et avec 20 pieds 108.

Sauf dans les endroits très favorables, au sol riche, profond et friable, on devra préparer des trous pour les plants au début de la saison pluvieuse. En enlevant les plants de la pépinière, si la racine pivotante a été rompue, on la taille au canif, car il est dangereux de planter les jeunes arbres avec une racine pivotante endommagée. Avec quelques soins, on n'aura que très peu de « pertes », car l'oranger est très robuste dans les Indes occidentales, et des arbres, même de grosseur ordinaire, peuvent être transplantés avec succès dans la saison humide.

Culture. — Quand une plantation d'orangers est formée, le rendement dépendra surtout de la culture. Les arbres croîtront et donneront des fruits sans qu'on fasse

Distances.

Distances dans les champs.

Creuser des trous.

Taille de la racine pivotante.

Importance d'une bonne culture.

quoi que ce soit pour eux, mais ils profiteront merveilleusement si on leur donne les soins voulus. On tiendra
la terre nette de mauvaises herbes et bien remuée.
Comme l'arbre pousse beaucoup de racines de surface,
le sol dans le voisinage immédiat de la tige doit être
bêché à plusieurs pouces, et tous les ans une façon à la
pioche fera du bien. Sur un terrain plat, on peut em- *Un labour profond.*
ployer la charrue pour trouer quelques sillons entre les
rangs, et il y aura profit à retourner le sol en même
temps.

Dans beaucoup de propriétés des Indes occidentales,
il n'est pas possible de consacrer à la culture des orangers un espace qui permette de constituer une plantation symétrique et régulière, mais un grand nombre
d'arbres peuvent être placés le long des voies et dans
les coins perdus de la propriété. L'arbre une fois planté *Les arbres sont fortement enracinés en terre et bravent les ouragans.*
s'enracine fortement; lors du dernier ouragan à la Do-
minique, les orangers sont restés debout droits et à peine
atteints, tandis que les autres arbres du voisinage étaient
renversés et tordus sur leurs racines. Cet enracinement
solide des orangers permet d'en planter plusieurs rangées
entre les plants de café, de cacao et autres cultures, car
en cas d'ouragan ces plantations forment un abri sûr.

Amendement. — Aucun autre arbre peut-être ne
profite autant d'un amendement approprié que l'oranger. Dans un sol pauvre qui manque de matière végétale, l'arbre paraîtra malade, ses feuilles seront jaunes
et ses fruits rares mais, l'usage large d'un engrais azoté *L'engrais azoté est excellent.*
produira un changement étonnant dans la vigueur de
l'arbre et le nombre de ses fruits. Quand les jeunes arbres sont bien enracinés et commencent à pousser,
le fumier de ferme ou l'engrais vert les fera croître bien

plus vite ; quand les arbres sont en rapport, ils doivent

Fumer les ar-
bres chaque an-
née.
être fumés chaque année. Le guano et les cendres de
bois sont quelquefois employés avec succès, et l'engrais liquide répandu sur les racines fait le plus grand
bien. Bref, le sol sera rendu aussi riche que possible, car
plus le sol est riche plus le rendement est élevé.

Cultures in-
tercalaires re-
commandées.
Des plantes intercalaires. — Elles peuvent être
cultivées avec avantage entre les orangers, car les espaces sont grands et les orangers mettent de 5 à 7 ans
avant d'entrer en rapport; la terre resterait donc
trop longtemps improductive si des cultures interca-

Culture aux
Açores.
laires n'étaient pas établies. Dans les Açores, des melons,
citrouilles et d'autres plantes annuelles sont élevées
entre les arbres de rapport ; l'ameublissement du sol pour
ces cultures fait même le plus grand bien aux orangers,
pourvu qu'ils soient assez fumés pour que la fertilité du
sol se maintienne.

Nécessité
de la taille.
Taille. — L'oranger a besoin d'être taillé de bonne
heure. Après que les plants ont été établis et que la
poussée se prononce avec vigueur, un buisson de tiges
surgit quelquefois de la tige centrale. Ces tiges doivent
être élaguées avec soin, les jeunes arbres taillés de façon

Comment on
taille les oran-
gers.
à projeter une tige bien droite et bien nette, le branchage
ne devant commencer qu'à 5 pieds ($1^m, 50$) du sol. A mesure que l'arbre grandit, les branches voisines du sol
seront coupées à ras de la tige par une coupure nette, afin
d'empêcher l'écorce de repousser sur la plaie. Mais il ne
faut pas élaguer un trop grand nombre de ces branches
à la fois, parce qu'un élagage exagéré retarde considérablement la croissance générale. Quand les arbres sont
à maturité, les branches mortes ou mal venues seront
élaguées avec une serpe, la plaie sera parée avec un

couteau et badigeonnée de goudron pour que la pourriture ne pénètre pas au cœur de l'arbre (1).

Récolte. — Dans les Indes occidentales, la récolte se
fait ordinairement de septembre à février. Quelques
arbres rapportent plus tôt et d'autres plus tard. Plus les
produits arrivent tôt au marché et plus les prix sont
élevés; les orangers de la Méditerranée ne sont pas en
pleine saison avant le commencencement de l'année,
aussi le planteur devra-t-il faire tous ses efforts pour
amener ses arbres à produire des récoltes précoces. Il
l'obtiendra en grande partie en soignant, en taillant
soigneusement et en diminuant le plus possible la période
pendant laquelle l'arbre produit; quand il aura obtenu
un arbre très précoce, il le propagera par écusson et par
greffe.

Avantage des récoltes précoces.

Comment on les obtient.

Le rendement des orangers varie beaucoup, car le sol,
le climat et la culture ont une grande action sur l'abondance de la récolte. En Californie, on recueille de 400 à
600 oranges par année. Dans les Açores et en Floride,
cette proportion est largement dépassée et, dans les Indes
occidentales, il n'est pas rare de voir produire à chaque
arbre de 3.000 à 8.000 oranges. Les forts orangers de la
Dominique ont donné jusqu'à 14.000 oranges, et 8.000
est le nombre ordinaire de cette île fertile.

La proportion des orangers va-rie suivant cha-que arbre.

Oranges de la Dominique.

En cueillant les oranges, on prendra un soin particulier
pour ne pas meurtrir les fruits, car une seule orange
tachée peut faire pourrir toutes celles qui ont été empaquetées dans la même boîte. On se servira d'échelles

(1) La possibilité de tailler les orangers aux Antilles confirme ce que
A. Nicholls a dit de l'adaptation remarquable de ces plantes au climat de
ces îles. Dans la plupart des autres pays de la zone intratropicale, l'oranger ne peut en effet supporter les moindres blessures.

pour les arbres élevés et on coupera la queue du fruit, car en l'arrachant de l'arbre, on s'expose à des pertes sérieuses. Les oranges cueillies avec une portion de tige (environ un quart de pouce), s'appellent oranges « queue coupée ». Elles se conservent mieux que les autres et se vendent toujours plus cher.

Ennemis de l'oranger. — L'oranger, comme la plupart des plantes cultivées a ses ennemis; mais, par bonheur, dans les Indes occidentales, ils ne sont ni nom- breux ni redoutables. Le plus important est la « *scale insect* » ou *coccus* qui, abandonné à lui-même, peut tuer les jeunes arbres et nuire à la production des arbres adultes. On peut toutefois s'en débarrasser en brossant la tige et les branches avec une solution de savon à base d'huile de baleine délayée dans de l'eau avec adjonction en petite quantité de pétrole (1). Une décoction de tabac, battue avec du savon, est aussi un bon insecticide ; on en badigeonne l'écorce des arbres et on laisse sécher. Enduire ou asperger les arbres avec des cendres de bois mouillées ou avec un lait de chaux très clair suffit très souvent pour détruire les parasites animaux et végétaux. La rouille de l'oranger est produite par un insecte qui peut être détruit par un simple saupoudrage de chaux vive sur les arbres; il suffit ordinairement de se tenir au-dessous de l'arbre et de jeter à pleines mains la chaux quand les feuilles sont humectées par la rosée ou une légère ondée; mais il faut prendre garde qu'aucune poussière de chaux n'entre dans les yeux de l'opérateur.

---

(1) On trouvera dans le *Manuel pratique des cultures tropicales* dans la partie relative à la *culture du caféier*, 1895, Challamel, éditeur, rue Jacob, 5, Paris, les formules de toutes ces préparations parasiticides.

Emballage pour l'exportation. — On a vu qu'il fallait apporter un soin extrême à la cueillette du fruit : le même soin doit être pris pour l'emballage. Les oranges destinées à l'exportation doivent être cueillies avant maturité, mais elles doivent être complètement formées. Il n'est pas nécessaire qu'elles soient jaunes : elles mûriront après avoir été cueillies et à ce moment l'écorce grise deviendra jaune. On choisira un jour sec pour cueillir le fruit, de même qu'avant d'emballer, toute humidité sur l'écorce devra être évaporée. Le meilleur moyen consiste à ranger les oranges sur des planches pendant un jour ou deux dans le magasin d'emballage ; quand elles seront sèches, on verra aisément les meurtrissures et autres défectuosités. Les oranges sont embarquées aux Indes occidentales dans des barils à farine ou dans des caisses. Les barils ont ordinairement des trous dans les douves pour ménager la ventilation, et chaque baril contient environ 300 oranges. Mais il est plus sûr d'emballer en clair, en caisses dont la grandeur habituelle est de deux pieds et demi ($0^m,80$) en longueur sur un pied ($0^m,30$) en hauteur et autant en largeur. Les faces de la caisse sont pleines, mais le haut, le fond et les deux autres côtés sont faits de lattes larges de 3 pouces ($0^m,07$) et espacées de 2 pouces ($0^m,05$). La caisse est divisée en deux compartiments égaux par une pièce de bois plein semblable à celles qui forment les faces. Les caisses sont ordinairement importées par pièces jetées pêle-mêle dans le navire : elles viennent des États-Unis et arrivent coupées aux dimensions voulues, de sorte qu'avec quelques pointes de fer, une personne adroite peut construire, en peu de temps, un grand nombre de ces récipients.

Cueillir les oranges non mûres pour l'exportation.

N'emballer les oranges que sèches.

Emballage en clair. Caisse.

Enveloper les oranges.

Chaque orange doit être enveloppée de papier, en prenant soin de mettre à l'écart les fruits inférieurs ou endommagés. Le papier employé est le papier d'emballage jaune commun qui s'importe des États-Unis : on le coupe en morceaux suffisamment grands pour envelopper l'orange en entier.

Nombre des oranges à la boîte.

Chaque caisse peut contenir 150 oranges enveloppées, de grosse espèce, ou 180 de la petite espèce. L'arrimage sera assez serré pour que les oranges ne se heurtent pas ; en clouant les lattes du haut il sera bon de presser légèrement, parce que les fruits sécheront et diminueront de volume pendant le voyage. Dans chaque caisse, les oranges doivent être de même grosseur et de même maturité. C'est là un point très important. Avant d'être tassés, les fruits seront assortis et chaque sorte empaquetée séparément afin que lorsqu'un acheteur tirera d'une caisse une orange échantillon, il puisse trouver le tout

Les oranges doivent être assorties.

de même grosseur et de même qualité. Une fois préparées, les caisses devront être maniées avec précaution, dans la crainte de meurtrir les fruits ; si même la plan-

Soins à donner au maniement des boîtes.

tation est loin du quai de chargement, on fera bien de transporter les caisses sur de léger wagonnets comme ceux qui sont en usage à la Jamaïque, parce que les cahotements d'une voiture pourraient endommager leur contenu délicat.

Citron.

(*Citrus medica* var *acida*.)

Pour l'importance commerciale, le citron vient immédiatement après l'orange. L'acidité du fruit est plus prononcée que celle du limon, et beaucoup de personnes le préfèrent sous ce rapport. Les citrons expédiés en Europe et dans l'Amérique du Nord sont emballés de la même façon que les oranges ; mais comme le limon est un fruit plus connu, il se passera quelque temps avant qu'on demande le citron sur les grands marchés de fruits.

Citrons.

Les citrons sont pourtant aujourd'hui cultivés principalement pour leur suc, qui est embarqué à Montserrat et à la Dominique à l'état concentré, et expédié de ces deux îles (comme de la Jamaïque et de la Trinité), en Europe et aux États-Unis, pour être vendu tel quel. Le suc concentré constitue la plus grande partie de la matière première de l'acide citrique employé en médecine et dans l'industrie ; le suc naturel est mis en bouteilles et vendu en Europe et en Amérique comme boisson rafraîchissante et hygiénique. On l'emploie aussi comme antiscorbutique, c'est-à-dire comme préservatif du scorbut à bord des navires et ailleurs ; et tous les navires anglais quittant la Grande-Bretagne pour un voyage au long cours sont obligés d'avoir à bord une forte provision de suc de citron. La propagande pour la tempérance dans toutes les parties du monde, tend à accroître la consommation du suc de citron, car on l'emploie pour fabriquer une boisson très agréable et tout à fait inoffensive en temps chaud et même en tout temps. Un verre de limonade, faite du pur jus de citron, adoucit mieux que n'importe quel autre breuvage la soif violente produite par la fièvre ; et beaucoup de médecins distingués recommandent la décoction obtenue avec les tranches entières d'un citron, comme un fébrifuge efficace.

Jus concentré de citron.

Acide citrique.

Citronnade dite limonade.

Le sol. — Les sols qui conviennent à l'oranger conviennent aussi au citronnier, et plus ils sont riches en éléments azotés et en potasse, plus la production sera abondante. Le citronnier est pourtant plus robuste que l'oranger, et bien qu'il ait une racine pivotante, le principal aliment qui lui vient du sol est saisi par les racines latérales qui s'étendent à de grandes distances à la surface de la terre. Il suit de là que le citronnier croîtra dans un sol moins profond que l'oranger, mais alors il ne fait que croître et rapporte peu de fruits.

Le citronnier est une plante robuste.

Le climat. — Le meilleur climat pour le citronnier est un climat chaud et humide, tel qu'on en trouve dans les vallées ombragées à 300 ou 500 pieds (90 à 150^m) au-dessus du niveau de la mer, dans les îles boisées des Antilles. L'arbre supportera assez bien une certaine exposition; mais les grands vents font tomber les fleurs et les jeunes fruits, et diminuent sérieusement la récolte. Des ceintures d'arbres-abris devront, par suite, être établies quand les citronniers seront plantés en plein vent.

Le meilleur climat.

Reproduction. — Elle se fait par les graines qui sont très nombreuses dans le fruit. Ces semences sont plantées de la même manière que celles de l'oranger; mais comme elles sont très abondantes, elles peuvent être semées à la volée sur des planches et ensuite enfoncées dans le sol. Dès que la germination s'est produite, les plants faibles peuvent être arrachés et le semis éclairci.

Plantation. — Elle se fait également de la même façon que celle de l'oranger; mais quelques planteurs sèment la graine dans l'emplacement où les arbres doivent pousser. Lorsque les plants atteignent 18 pouces (0^m,45) de haut, on les arrache tous, sauf ceux qu'on veut garder, ou bien on les pique avec soin pour servir de remplaçants ou pour augmenter l'étendue de la plantation.

Plantation au piquet.

Les distances auxquelles les citronniers sont ordinaire- Distances.
ment plantés varient de 10 à 12 pieds (3^m à 3^m,60) et
cela donne une moyenne de 15 pieds (4^m,50) entre les
plants et entre les rangées. Mais on ne peut observer les
mêmes distances dans toutes les plantations. Sur les
fortes pentes, la distance de 10 pieds (3^m,20) ne sera pas
trop petite; dans les riches terres des bas-fonds, les
arbres plantés à 20 pieds (6^m,00) l'un de l'autre se join-
dront au bout de dix à douze ans et ombrageront complètement le sol.

Culture. — Elle se pratique comme celle du cacaoyer et l'oranger : sarclage minutieux et ameublissement du sol de temps à autre. Les arbres commencent à
rapporter trois ans après la plantation.

Quelques planteurs ne sarclent pas et laissent pousser Pâturage.
le gazon entre les arbres pour l'élevage du bétail. Mais
ce système ne peut être recommandé, sauf sur les pentes
où l'herbe empêchera le sol d'être entraîné par les pluies;
même en profitant de la saison sèche, il sera bon de labourer de temps en temps.

On peut faire des cultures intercalaires pendant les Cultures in-
tercalaires.
premières années, ou jusqu'à ce que les citronniers soient
en rapport; mais comme les racines du citronnier courent tout près de la surface, il ne faut rien planter auprès
des arbres. Sauf l'élagage des gourmands, des branches
mortes et des branches qui poussent trop près de terre,
aucune taille n'est nécessaire. La culture du citronnier
est vraiment la simplicité même, car plus la plante est
laissée à elle-même plus elle produira.

L'engrais sera nécessaire pour conserver la fertilité du 'Engrais
nécessaire.
sol; le fumier de ferme est le meilleur; mais si l'on en
manque, on peut employer quelque engrais spécial à

base d'azote et de potasse. Celui qui écrit ces lignes a soin, dans sa plantation de citronniers à la Dominique, de répandre sur les racines, les écorces et la pulpe du fruit, après que le jus en a été exprimé, afin de rendre au sol la plus grande partie possible du produit qu'il a fourni. Ce système donne des résultats remarquables et a été adopté par d'autres planteurs. Quand le jus est concentré et qu'on emploie le bois comme combustible, les cendres du fourneau seront épandues sur les racines des arbres; car ainsi qu'on l'a indiqué dans la première partie de cet ouvrage, les cendres de bois contiennent une forte quantité de potasse.

Production par arbre.

Récolte. — La production par arbre varie considérablement, suivant le sol, l'ameublissement, les pluies et le climat; mais avec une culture attentive, une bonne qualité moyenne du sol et des pluies d'environ 60 pouces ($1^m,50$) par an, chaque arbre peut donner de trois quarts de baril à un baril (122^1 à $163^1,3$) de citrons. La floraison

Temps de la récolte.

commence ordinairement en mars et la récolte en juin ou juillet pour se continuer jusqu'en décembre; mais on cueille quelques citrons durant toute l'année, sauf à la fin des saisons sèches où la végétation s'arrête.

Quand on n'a pas en vue l'exportation, les citrons ne

Laisser le fruit tomber à terre.

doivent pas être cueillis aux arbres. Il faut les laisser tomber à terre; de cette façon le fruit est obtenu dans les meilleures conditions pour fournir du jus. Les arbres ne doivent jamais être secoués ou battus pour faire tomber les citrons, parce que la récolte en serait diminuée par le fait de la chute des fleurs et des jeunes fruits.

Extraction du jus.

Préparation du jus. — Le suc est extrait des citrons par différents procédés, mais cela se fait toujours par pression. On emploie parfois le pressoir à cidre, en coupant le fruit avant de le mettre sous presse. Les petits moulins à canne à sucre sont usités ailleurs avec succès. La meilleure forme de moulin est celle qui se compose de lourds rouleaux de bois horizontaux munis de feuilles de cuivre grossièrement perforées, de façon à briser les citrons. Avec un bon pressoir ou moulin, on peut obtenir de 7 à 8 gallons de jus (31'78 à 36'32) par baril (163'3) de citrons ; mais parfois, avec une machine défectueuse, on n'obtient que 5 1/2 à 6 galons (24'97 à 27'24).

Quand le jus est exporté à l'état brut, il est nécessaire de prendre un soin particulier pour enlever toutes les impuretés, les pulpes et les graines. Quand les citrons ont été cueillis en temps humide, il faut enlever la boue avant de passer les fruits sous le moulin, l'on fera même bien de faire passer le jus à travers plusieurs cribles de cuivre aux trous de grandeur décroissante. Un autre bon procédé est de laisser le jus séjourner dans des fûts munis d'un trou à 10 pouces environ du fond. Le jus « se reposera », les graines et les parties les plus lourdes de la pulpe tomberont au fond, l'huile et les autres impuretés s'élèveront à la surface. Le jus peut être soutiré après trois ou quatre jours de décantation, et on le laisse couler aussi longtemps qu'il reste clair. Les fûts dans lesquels le jus est expédié doivent être complètement remplis, de façon à chasser l'air, et il faut bonder aussitôt que possible. Si l'on prend ces précautions, le jus se gardera bien, pendant plusieurs mois. Quand on a besoin de le conserver longtemps, on peut y ajouter une demi-once (14ᵍʳ17) d'acide salicylique (1) par 5 gallons (22'70) de jus : l'acide empêche la fermentation et par suite la perte

Moulins.

Quantité de jus au baril.

Necessité de la propreté.

Passage du jus.

Mise en fûts du jus.

(1) Nous devons prévenir les planteurs qu'en France l'usage de l'acide salicylique pour la conservation des boissons n'est pas permis.

du produit. L'acide salicylique n'altère en aucune façon
la salubrité du jus.

Concentration du jus. — Le jus de citron concentré est préparé très simplement par évaporation à l'air
libre dans des bassines de cuivre chauffées jusqu'à ce que
la consistance voulue soit obtenue. A la Jamaïque, on a
l'habitude de bouillir le jus jusqu'à ce qu'il soit réduit
au 10° ou au 12° de son volume primitif : le produit qui
en résulte contiendra plus de 100 onces (2^k834) d'acide
citrique au gallon (4^l54), c'est un liquide très acide ayant
à peu près la couleur et la consistance des mélasses. La
Combustible. concentration du jus exige une grande quantité de combustible, environ deux cordes pour un fût de 650 litres
à la densité de 10 pour 1. Il faut donc que l'opérateur
s'assure le combustible avant de commencer à cultiver
le citron pour le jus concentré. S'il n'a pas de forêt sur
sa propriété ou à côté, il devra planter des arbres de
croissance rapide en même temps que ses citronniers, et
la culture des arbres à brûler suivra parallèlement celle
des citronniers.

CHAPITRE VII.

FRUITS (suite.)

Le Bananier. (*Musa sapientium* L.)

De toutes les productions végétales du monde, le bananier est peut-être, eu égard à sa beauté jointe son utilité, la plus merveilleuse. La tige grande, herbacée,
composée de pétioles succulents, enroulés les uns sur
les autres, et sa splendide couronne de feuilles immenses vert clair, rayonnant du centre, et desquelles
sortent des régimes de fruits gracieusement inclinés vers
la terre, tout cela en fait une gloire des régions tropicales. Le fruit du bananier sert de nourriture à d'innombrables populations ; il est vraiment « aux habitants des
tropiques, ce que le pain et la pomme de terre sont à ceux
de la zone tempérée, » de plus il est riche en substances
nécessaires à la nutrition de l'homme. Le bananier n'est
pas seulement précieux par les qualités alimentaires de
ses fruits, c'est en outre la plus prolifique des plantes nutritives connues. Humbolt, le grand explorateur et naturaliste allemand, a calculé que 33 livres de froment et
98 livres de pommes de terre exigent pour leur croissance la même étendue de terre que 4000 livres de bananes.

La banane et la figue-banane, tenues autrefois pour

Description
du bananier.

Ses usages.

Ses qualités
nutritives.

Sa producti-
vité.

provenir de deux espèces du genre *musa*, sont maintenant considérées par beaucoup de botanistes comme pro-

venant de simples variétés de la même plante, qui est
originaire des tropiques de l'ancien et du nouveau
monde. La banane est ordinairement consommée comme
un légume, et ne donne lieu à aucune exportation. La
figue-banane au contraire, est un fruit très estimé par
les habitants des pays chauds, et il s'en exporte des Indes

occidentales de grandes quantités pour les États-Unis.
La Jamaïque est aujourd'hui le centre du commerce de
la figue-banane dans les Indes occidentales. En 1881, l'exportation a été de 217.592 régimes estimés 22.665 l. et
16 sous 3 deniers; et en 1888, elle s'est élevée jusqu'à
3.093.393 de régimes estimés 270.672 l. st. (l. st. = 25).

Il y a un grand nombre de variétés du bananier,
comme on pouvait l'attendre en se souvenant que la
plante est cultivée dans toutes les régions tropicales du
globe dans des terrains, des climats, des conditions différentes. Les variétés les plus appréciées, toutefois, sur les
marchés américains, sont la variété de la Martinique avec
ses gros fruits jaunes, et la variété de Cuba qui a des
fruits plus courts et moins gros, avec une écorce d'un
rouge foncé. La variété Martinique est aujourd'hui la plus
exportée, et elle est connue dans les États-Unis comme
banane de la Jamaïque. A la Dominique, on l'appelle
« *Figue la Rose* », et à la Trinité, « *banane Gros-
Michel* » Le bananier est souvent appelé « figuier »
dans les Indes occidentales, ce qui peut causer des er-
reurs.

Sol. — Le bananier croît à peu près dans tous les terrains, sauf dans ceux qui sont composés en presque totalité de sables et de matières calcaires, bien que, même

dans ces terrains, les plants puissent pousser et produire
de petits régimes de fruits inférieurs. Le meilleur sol Le meilleur sol.
pour la culture de cette plante est une alluvion épaisse,
chaude, bien drainée et pourtant légèrement humide,
avec une grande proportion d'humus. Sur un terrain de
cette nature et avec un climat favorable, les bananiers
rapporteront énormément. Un écrivain qui a traité du
bananier a donné le tableau suivant qui montre quelle
doit être la composition du sol qui convient le mieux aux
bananiers :

Argile, 40 parties %. — Chaux, 3%. — Humus, 5 %. — Sable, 52 %.

En se reportant à la table de classification des terrains
établie dans la première partie de ce livre, on verra
qu'un sol ainsi constitué peut être exactement décrit :
un alluvion riche mêlé de chaux (*loam*).

Climat. — Le bananier est essentiellement une plante Climat chaud
tropicale; il ne supportera donc pas un climat froid. nécessaire.
Mais beaucoup de variétés réussissent parfaitement bien
à des altitudes moyennes, dans les montagnes, à condition
qu'ils soient défendus contre le souffle desséchant des
grands vents. Le bananier-figue supportera des climats
plus froids que le bananier, mais l'un et l'autre réussissent mieux et produisent plus promptement dans le
voisinage des côtes; l'atmosphère imprégnée de sel
n'exerce aucune influence nuisible sur la plante.

Reproduction. — La partie souterraine de la tige du Rejets.
bananier pousse un grand nombre de rejetons latéraux
ou rejets, qui, abandonnés à eux-mêmes, formeront
toute une touffe de tiges. Dans les champs de bananiers
mal cultivés, il n'est pas rare de voir une touffe d'une
douzaine de tiges ou davantage surgir de la même sou-

Graine.

Couper
les rejets.

Dimension
des rejets.

Enfouir les
herbes.

Drainage.

Irrigation.

che. Le bananier ne forme graine que très exceptionnel-lement ; et si peu de personnes ont vu cette graine, que beaucoup ne croient pas à son existence. Mais, par bonheur, la plante se reproduit aisément par les rejetons qu'on détache de la tige à l'aide d'un couteau ou d'une serpe, après avoir pris soin d'ôter la terre pour bien découvrir le point d'attache du rejeton avec la plante mère. La meilleure dimension pour les rejets à planter est d'environ deux pieds (0ᵐ,60) en tout ; de plus petits sont trop faibles et délicats, de plus grands ne prennent pas aussi facilement racine.

Préparation de la terre. — Après avoir enlevé à la houe les mauvaises herbes et arraché les brousses et les racines d'arbres, on tournera la terre à la houe ou bien on la labourera quand ce sera possible. Sur les ter-rains en pente ou ondulés, on pourra enfouir les herbes dans des tranchées pratiquées à la houe. Il est bien meil-leur d'enfouir les herbes que de les brûler sur la terre ; car dans ce dernier cas, une portion considérable d'élé-ments servant à la nutrition des plantes se perd dans l'atmosphère. Si la terre est saturée d'humidité, on la drainera en creusant des tranchées comme on l'a expli-qué au chapitre du drainage ; de même, là où la terre est sèche et où l'eau est à proximité pour l'irrigation, la culture sera considérablement améliorée par l'établisse-ment de canaux d'irrigation à travers la propriété, de fa-çon à distribuer l'eau aussi également que possible. Il ne faut pas laisser l'eau couler continuellement pendant toute l'année, de façon à transformer la terre en maré-cage ; mais en pareille matière, un peu d'observation rendra le planteur capable de décider à quel moment il convient d'arrêter l'irrigation. Au moment de la fructi-

fication, il sera à propos de détourner l'eau, car trop
d'humidité à cette époque serait nuisible.

Plantation. — Les rejetons ne seront pas plantés
à une distance moindre de 15 pieds (4^m,50) l'un de
l'autre. Un bon procédé est de planter à rangées écar-
tées de 18 pieds (5^m,40) avec 15 pieds d'écart entre les
plants de chaque rangée. Cela donnera à peu près 160
plants à l'acre (40^{a}46) et la troisième année une récolte
de 500 régimes de bananes par acre peut être obtenue
dans une bonne terre bien cultivée. De deux en deux ou
de trois en trois rangées, on fera une tranchée d'irrigation ou de drainage; elles devront être faites avant la
plantation. Les rejetons sont plantés à un pied de profondeur, dans un trou fait exprès; si la terre est pauvre,
un peu de fumier peut être mis au fond du trou. La
plantation faite, la terre sera foulée avec les pieds tout
autour du plant, pour empêcher qu'il n'entre trop d'air
et que les pieds ne se sèchent au moment de prendre
racine. Quelques planteurs ont imaginé de planter les
rejetons, inclinés; mais c'est un mauvais système qui n'a
aucune raison d'être. Ce qu'on nomme la tige du bananier pousse parfaitement droit, et quand le jeune plant
n'est pas perpendiculaire, une partie de l'énergie de
croissance est dépensée dans l'effort pour redresser la
tige.

Culture. — Il n'est peut-être pas de plante tropicale
plus aisée à cultiver que le bananier. Les rejetons
plantés au commencement de la saison pluvieuse pousse-
sont vigoureusement et rapporteront à peu près au bout
d'un an. Il faudra tenir la terre nette de mauvaises herbes, et un retournement du sol fait de temps en temps
sera utile. Avant que la plante ne pousse son inflorescence

Distance.

*Trouage
de la terre.*

Planter droit.

Récolte.

des rejets apparaîtront au-dessus de la terre et demanderont une attention particulière. Tant que la plante est
jeune, tous les rejets, sauf un seul, doivent être coupés ;
le meilleur procédé est de les trancher avec une serpe.
De cette façon, toute la sève est repoussée dans la tige
à fruits et dans le rejeton qui doit la remplacer ; avec ce
procédé, on obtient de beaux et forts régimes. Plus tard,
quand le pied s'est fortifié, on peut laisser pousser de
trois à cinq tiges ; mais sous aucun prétexte il n'en faut
laisser venir un plus grand nombre, si l'on veut obtenir
de beaux régimes. La seconde tige produit d'habitude
un plus beau régime que la première ; mais comme la
terre s'épuise, les régimes naturellement diminuent de
taille, et cela montre la nécessité de l'engrais sous une
forme ou sous une autre. Après que la principale tige a
donné une récolte ou deux, il faudra remuer la terre autour des pieds et y enfouir du fumier ou des feuilles
pourries ou des tiges de bananier, en recouvrant le tout
avec du terreau du voisinage. Quand la touffe de rejetons présentera des signes d'épuisement, ce qui arrivera probablement au bout de peu d'annés, il faut
l'arracher, et planter un rejet dans les intervalles des
premières tiges, afin de rétablir la fertilité du sol en ré-
pendant librement du fumier. Si l'on veut garder la
terre en culture permanente de bananier, un bon système, une fois l'alignement fait, est de planter une rangée dans une saison, et l'espace vacant la saison d'après.
De cette façon, les tiges ne s'épuiseront pas en même
temps et, par une judicieuse application de ce système,
on obtiendra, sans interruption, de bonnes récoltes. Le
principal inconvénient de cette méthode est que la
terre ne porte d'abord que la moitié du nombre nor-

Couper les
suçoirs.

Nombre de
tiges.

Grandeur
des régimes.

Replantation.

mal des plants, tandis que les frais de sarclage et de culture sont absolument les mêmes.

Récolte. — Avec une bonne culture, un bas-sol et un climat favorable, la première récolte pourra être cueillie environ un an après la plantation ; et, comme certains plants sont plus tardifs que d'autres, la cueillette des régimes a lieu en tout temps dans la suite. Il faut couper le régime avec un bout de la tige pour faciliter le maniement ; on enlève en même temps les boutons à fleurs qui sont à l'extrémité. On coupe ensuite le tronc à quelques pieds du sol. En le hachant en petits morceaux et en les disposant autour des troncs restant, il pourrira et contribuera à fumer la terre. Le régime devra être coupé environ huit ou dix jours avant qu'il ne soit mûr, et entre le moment où il quitte l'arbre et celui où il est porté sur le marché il doit être manié avec le plus grand soin et la plus grande douceur, sous peine de perdre beaucoup de sa valeur. Une immense quantité de fruits, représentant une somme d'argent considérable, est perdue chaque année par un maniement brutal et peu soigneux ; une meurtrissure, qui n'est pas apparente tout d'abord, produira bientôt une décomposition dans les tissus délicats du fruit, et cette décomposition une fois produite, peut se propager aux autres fruits de proche en proche. Dans la culture des fruits, une des premières choses à apprendre est le soin dans la manipulation du produit, et le planteur devra constamment veiller à ce que ses serviteurs observent ce soin nécessaire.

Les bananiers sont très fréquemment employés comme arbres d'ombrage pour les jeunes cacaoyers ; dans les pays qui font l'exportation des bananes, la formation d'une plantation de cacaoyers est très peu coûteuse, parce

Époque de la récolte.

Couper les branches de fruits.

Ce fruit ne doit pas mûrir à l'arbre.

La manipulation doit être faite avec la plus grande précaution.

Fruits meurtris.

Bananiers employés comme plants à ombre.

que le profit des fruits du bananier paiera pour la culture du cacao jusqu'à ce que les arbres soient en état
de rapporter un peu.

Le Cocotier.

(*Cocos nucifera* L.).

Beauté des palmiers.

Parmi les arbres remarquables des tropiques, les premiers à attirer l'attention des étrangers sont les palmiers. Ces longues tiges, couronnées d'une touffe de
feuilles vertes, qu'agite la brise, sont un spectacle inou-
bliable pour les voyageurs venus du nord. Le cocotier a

Le prince des palmiers.

été appelé, avec juste raison, « le prince des palmiers » ;
bien qu'il ne soit pas le plus beau de cette splendide
famille de palmiers, il n'en est pas moins, sous le rapport de l'utilité pour l'homme, supérieur à n'importe
quelle production du règne végétal. Il faut aller en Extrême-Orient, dans les îles coralliennes de la Polynésie

Usages multi-ples du palmier cocotier.

pour trouver tous les usages variés du prince des palmiers. Chaque partie de l'arbre est utilisée de quelque

Racines.

façon. Les racines sont employées comme remède contre les fièvres ; le tronc pour la construction des mai-

Bois.

sons, des radeaux ; la partie externe du tronc connu en Angleterre sous le nom de « bois de porc-épic », y est fort

Feuilles.

appréciée pour la beauté de son grain ; les feuilles sont
utilisées pour couvrir les maisons et pour faire des corbeilles, chapeaux, nattes et autres articles du même
genre. Le réseau fibreux qui est à la base des feuilles
sert aux cribles, et quelques indigènes le tissent pour
en faire des vêtements. De l'enveloppe du fruit on extrait la *cellulose* ou « cofferdham » qui sert à remplir

les cloisons étanches des cuirassés. Les fleurs sont em- Fleurs.
ployées en médecine comme astringent; de la base du
spadice, on obtient en grande quantité le vin de palme
ou « toddy; » et à Ceylan un spiritueux nommé « ar- Arrak et toddy.
rack » est distillé du toddy spiritueux, lequel est pour les
indigènes ce que le rhum est pour les habitants des Indes occidentales. Du toddy on extrait du sucre appelé
jaggery (jagre); le vinaigre est encore un des produits
utiles qu'on obtient de la sève. Le fruit est bien connu
et tenu en haute estime dans toutes les parties du
monde. L'enveloppe fournit le crin dont on fait les Enveloppe à coque.
cordes, cordages, nattes, balais, brosses, matelas et autres articles d'usage courant. L'enveloppe très dure de
la graine est façonnée en lampes, vases à boire, cuil-
lers et autres articles semblables. L'amande blanche ou
albumen, appelée « coprah » quand elle est séchée et Coprah.
exportée, contient beaucoup d'huile dont on fait un
grand usage en Orient pour la cuisine et l'éclairage, et
qu'on transforme, en Europe et en Amérique, en savon
et bougie. L'huile, une fois extraite, le résidu, appelé
« poonac » est encore bon, comme nourriture pour le
bétail et les volailles, et comme engrais. L'amande est un
aliment de grande importance pour les habitants de la
plus grande partie des régions tropicales. Dans les La-
quedives et les Tuamotous, elle forme la nourriture des
habitants : chaque personne consomme au moins Eau pure.
quatre noix par jour. A l'intérieur de la noix est une
large cavité remplie d'un délicieux liquide frais qui
forme, quand la noix est jeune, un breuvage agréable
et même contre certaines maladies, un bon remède.
L'albumen des jeunes noix dites « cocos à la cuiller »
est une sorte de crème moelleuse, très nourrissante et

d'une saveur délicieuse. Finalement, une perle très sin-
gulière et d'un haut prix se trouve, mais fort rarement,
dans les noix « de coco » ; un échantillon a été récemment ajouté aux collections du Jardin royal de Kew.
Dans l'énumération de tous les usages auxquels le pal-
mier-cocotier est soumis, beaucoup ont été omis, mais
on en a cité assez pour montrer que l'arbre est des plus
précieux que les hommes connaissent. A Ceylan, on dit

que la richesse d'un indigène est évaluée par le nombre de cocotiers qu'il possède, et sir J. Emerson Tennant,
dans son ouvrage sur Ceylan, donne des détails sur un
procès où l'objet de la discussion était une contestation
relative à la propriété d'une 2520ᵉ part de dix cocotiers.
Le cocotier, comme le bananier et autres plantes cultivées depuis longtemps dans des contrées diverses, a de
nombreuses variétés, mais les différences portent principalement sur la grosseur, la forme et le caractère du
fruit. Dans quelques espèces, le fruit est petit et arrondi ;
dans d'autres, il est gros et oblong, ou bien divisé en trois
côtes bien marquées. Quelquefois, l'enveloppe fibreuse
est largement développée au détriment de la noix ; parfois, c'est le contraire qui se produit, tandis que l'albumen contient beaucoup d'huile. Dans les pays où le
cocotier est cultivé, toutes ces différences et d'autres
encore peuvent être observées par toute personne intelligente.

Le sol. — Les sols d'alluvion situés à l'embou-
chure des fleuves conviennent bien à la culture du cocotier, parce que, dans ces endroits, la terre d'alluvion est
ordinairement riche et profonde. Après celle-là, les
terres les meilleures sont les alluvions brunes, même de
natu re sablonneuse. En troisième ordre viennent les terres

sablonneuses qui se trouvent en abondance le long du littoral des Antilles. Dans ces sols sablonneux et en apparence stériles, les arbres tirent l'eau qui leur est nécessaire de sources souterraines qui se rendent à la mer.
Les cocotiers ne croîtront pas sur un sol d'argile, ni sur
un mince gravier, et il est inutile de tenter la culture
avec espérance de profits, sur tout terrain mal approprié.

Climat. — On dit que la température moyenne la
plus basse que puisse supporter le cocotier, est de 80° Farenheit et que la moyenne de pluie annuelle doit être au
moins de 70 pouces (1^m,75). Mais l'arbre croît et produit
à une température moindre et sous un climat moins plu-
vieux. Le climat, toutefois, doit être maritime; le pal- *Climat maritime nécessaire.*
mier se plaît dans l'atmosphère saline des bords de la
mer. Quand l'arbre est planté à l'intérieur des terres,
pour remplacer l'atmosphère saline, on a l'habitude de
mettre du sel dans les trous avant d'y placer les plantes, *Sel dans les trous de planta-*
et l'on n'emploie pas moins de 1/2 boisseau de sel (1 bois- *tion.*
seau = 36 lit.,34) par arbre. Les brises de la mer ne
sont pas nuisibles à la croissance du palmier; pour ce
motif, il serait bon d'en border le littoral du vent dans
les Antilles, de façon à protéger les cultures établies à
l'intérieur des terres. Un auteur qui a traité du cocotier
fait les remarques suivantes sur le goût de l'arbre pour
les expositions maritimes. Le palmier, dit-il, aime tellement le voisinage de la mer que ses racines, en beaucoup d'endroits, sont baignées par les vagues sans que
l'arbre en souffre; on ne peut actuellement déterminer
jusqu'où peut aller ce voisinage. Il est en tout cas remar-
quable que les arbres qui sont tout près du bord pen- *Le cocotier aime les vents*
chent tous leurs têtes vers la mer, quelle que soit la vio- *de mer.*

lence des vents sud-ouest qui soufflent constamment de cette direction, depuis mai jusqu'à septembre inclusivement, et les brises de mer régulières qui prévalent durant le jour en février, mars et avril. On peut encore ajouter que les arbres dont il s'agit étaient parfaitement à l'abri de tous les vents soufflant de terre.

Reproduction. — Les cocotiers sont propagés par semence ; les noix mûres sont placées dans des nurseries jusqu'à la germination, après quoi elles sont plantées aux endroits où l'arbre doit pousser. Il faut apporter le plus grand soin dans le choix des noix mûres pour semences. On fera bien de choisir un arbre vigoureux, d'âge moyen, et de laisser les noix de semence mûrir sur l'arbre. Quand la noix paraît mûre, il faut la cueillir avant qu'elle soit sèche, puis la garder pendant un mois avant de la planter, de façon qu'une partie de l'humidité soit absorbée et que l'enveloppe extérieure devienne imperméable. La nurserie doit être établie dans un lieu ombragé, sur un sol léger, la terre doit être bêchée à deux pieds de profondeur, toutes pierres et racines enlevées. On pratique des tranchées profondes de 6 pouces et les noix y sont placées sur le côté, le pédoncule légèrement relevé, à une distance d'environ un pied l'une de l'autre. On remplira de terre les tranchées, de façon à recouvrir le tout jusqu'à deux pouces au-dessus de la crête des noix, et par-dessus on mettra environ 6 pouces de paille, d'herbes ou de bagasse. Si le temps restait sec après cette opération, un bon arrosage sera utile. Une grande partie des semences ne germent pas ordinairement, ou produisent des plants mauvais et faibles ; c'est pourquoi on fera bien de semer au moins 50 % de noix de plus que le nombre de plants que l'on désire.

Bien choisir les noix mûres pour semence.

Nurseries.

Comment on sème les noix.

Arroser les pépinières. Tous les cocos ne germent pas.

En temps sec, il est nécessaire d'arroser de temps en temps, et il faut tenir les nurseries nettes d'herbes. Au bout de 5 à 8 mois, les plants seront bons à enlever et les noix dont la germination a été tardive ne seront pas utilisées, car elles ne produiraient pas d'arbres vigoureux.

Durée de la germination.

Plantation. — La terre doit être alignée de façon à ménager un espace de 25 pieds entre chaque arbre, car si l'on plantait plus serré les feuilles s'entrelaceraient et les produits en souffriraient. La distance ordinaire est d'une demi-chaîne (1 chaîne égale 20^m,11) ou 33 pieds entre chaque arbre, ce qui donne 40 arbres à l'acre (1 acre = 4045me). Des trous profonds de deux pieds et larges de trois, seront creusés quelque temps avant la plantation, et la terre extraite sera déposée en tas sur la margelle, de façon qu'elle puisse être entraînée graduellement par l'eau jusqu'aux racines de l'arbre grandissant. Les trous laissés ouverts durant quelque temps, sont remplis avec de la terre de surface jusqu'à 18 pouces (0^m,45) du bord, lorsque le plant est mis en terre ; de cette façon, la tête du jeune arbre est à un demi-pied au-dessous du niveau de la terre, mais avec le temps, le trou se remplit, et ainsi se forme une motte de terre épaisse et constante autour des racines de la plante.

Distances.

Trous.

Ne pas les remplir entièrement.

Culture. — Quand les plants sont bien enracinés en terre, il n'est besoin que de peu de culture : il suffit de tenir la terre exempte d'herbes à une petite distance autour du jeune arbre. Des cultures intercalaires telles que maïs, manioc, patates et autres semblables, peuvent être obtenues quand les cocotiers ont été plantés dans des terres alluviales, mais il faudra s'efforcer de rendre en engrais ce qui a été pris par les cultures intercalaires.

Sarcler autour des arbres.

On peut obtenir des cultures intercalaires.

Là où ce sera possible la terre sera irriguée, parce que les jeunes plants exigent beaucoup d'eau pour rapporter promptement et pour produire des arbres hauts et vigoureux. Les Hindous sont très soigneux dans l'arrosage des plants, ils ont un proverbe charmant, approprié à cette partie de culture : « Arrose-moi sans cesse pendant ma jeunesse, et j'étancherai ta soif abondamment pendant tout le cours de ma vie. » Dans une bonne terre et avec une culture soigneuse, les arbres commenceront à fleurir la cinquième année, ou même plus tôt quelquefois, mais le plein rapport ne commencera pas avant une période variant entre la septième et la douzième année de la plantation ; et ensuite jusqu'à la vingtième année de la plantation, la récolte ira toujours en croissant, pourvu qu'on suive un bon système de culture.

Ennemis de l'arbre. — Par bonheur, le cocotier n'a pas autant d'ennemis aux Antilles qu'en Extrême-Orient, mais le planteur de cocotiers doit apporter une grande attention à la culture pour découvrir en même temps les ravages des parasites qui abîment l'arbre ou détruisent les récoltes. C'est la vieille histoire « de la maille faite à temps qui en sauve neuf. » Une blessure prise aussitôt qu'elle apparaît, est souvent guérie sans peine ; mais si on la laisse faire des progrès, elle défiera tout remède.

En quelques pays, les feuilles du cocotier sont attaquées par un coccus, qui peut être facilement découvert par un examen attentif. De petits coccus apparaissent étroitement appliqués aux feuilles, peu après les feuilles attaquées deviennent brunes et meurent ; il peut même arriver que l'arbre périsse. Les insectes sont portés à attaquer les arbres faibles, plantés dans de mauvaises conditions, mal cultivés ; mais ils envahissent parfois des

arbres forts, cultivés comme il faut, dans les sols et
sous les climats favorables. Quand il n'y a qu'un petit
nombre d'arbres attaqués, on peut les abattre et les
brûler, ou bien le mélange suivant, employé pour tuer
les coccus des aurantiacées, peut être appliqué aux
feuilles malades.

Détruire les arbres affectés, s'ils ne sont pas nombreux.

Pétrole, 2 gallons..................	9^l,086
Savon mou, 1/2 livre...............	227^{gr},00
Eau, 1 gallon.....................	4^l,543

Insecticide.

Le savon est dissous dans de l'eau bouillante et la
solution mêlée avec le pétrole. Le mélange est battu
avec un battoir, jusqu'à ce qu'il forme une crème. Avant
de l'employer, on délaie le mélange dans neuf parties
d'eau froide.

Un scarabée qui détruit les jeunes plants avant qu'ils
ne soient en rapport, se trouve dans quelques parties de
la Jamaïque et ailleurs. La *larve* de ce scarabée se nourrit
du bourgeon terminal et tue ainsi la plante. Quand cela
est possible, cette larve doit être extirpée et détruite; il
est alors recommandé d'appliquer de la chaux éteinte ou
du sel sur le bourgeon terminal, ce procédé ayant donné
de bons résultats dans bien des cas.

Scarabée.

La récolte est souvent diminuée par l'attaque des rats
qui grimpent aisément à l'arbre et détruisent un grand
nombre de jeunes noix. La déprédation des rats peut être
facilement empêchée en couvrant le tronc des arbres jusqu'à une hauteur de 12 pouces avec des feuilles d'étain
ou de fer galvanisé parce que les rats ne peuvent grimper sur le métal poli. Il va sans dire que les arbres doivent être nettoyés de rats avant que les feuilles de
métal soient placées, pour y arriver les nids seront
détruits et du poison placé à l'aisselle des feuilles.

Rats.

Comment on prévient leurs ravages.

Rendement. — La quantité de noix dépend du sol, du climat et de la culture ; comme on peut le supposer, la production des différentes variétés varie considé-

Production. rablement. A Ceylan, dit-on, le rendement moyen n'est pas de plus de 30 noix par arbre ; mais on a vu des arbres produire jusqu'à 300 noix par an pendant dix ans. Toutefois, cette production énorme est tout à fait exceptionnelle, mais avec un bon climat, une terre de moyenne fertilité et des soins judicieux, le rendement doit être au minimum de 50 noix par arbre ; ce qui fait avec une distance de 25 pieds un produit total de 3500 noix par acre (40 ª 46). Par l'emploi d'un engrais convenable, on peut élever le produit jusqu'à 80 noix, soit plus de 5000 à l'acre ; mais une telle récolte ne peut être espérée des sols légers et sablonneux qui bordent les côtes.

Noix mûres. Les noix sont embarquées avec ou sans leur enveloppe. Ordinairement, on laisse le fruit se détacher de l'arbre et on l'obtient ainsi parfaitement mûr. C'est un fait constant que la plupart des noix tombent pendant la nuit et c'est à cela qu'est due sans aucun doute la rareté des accidents qui pourraient se produire par la chûte des noix sur la tête des personnes travaillant dans le « cocal » (nom donné dans les Antilles anglaises aux plantations de cocotiers). L'enlèvement de l'enveloppe est très péni-

Décortication. ble quoique simple. La cosse est arrachée après qu'on l'a fendue en lançant fortement la noix sur la pointe d'une pince à levier en fer solidement fixée en terre ou sur un pieu aiguisé fait de bois dur. Les noix peuvent être expédiées à nu ou empaquetées dans de grandes bannes contenant 100 cocos.

Coprah. — Dans quelques contrées du monde et spécialement dans les îles de la mer du Sud où le cocotier est cultivé sur une grande échelle, les amandes sont ouvertes et séchées au soleil; sous cette forme, elles constituent le *coprah* qui est exporté en Europe et employé surtout en France et en Allemagne pour la fabrication d'une huile très usitée dans la confection des savons et bougies. Le coprah contient plus de la moitié de son poids d'huile; 1000 noix donnent 500 livres anglaises de coprah. On ne peut employer que les noix mures pour obtenir ce produit et il faut les garder durant plusieurs semaines après la récolte parce que le coprah sèche alors plus vite et donne une plus 'grande proportion d'huile; de plus il ne moisit pas.

Usages du coprah.

Huile. — L'amande, comme nous l'avons vu, est très-riche en huile qu'on extrait soit des amandes fraiches, soit du coprah. Quand l'huile est extraite de l'amande fraiche on tire l'amande et on la râpe en pulpe laquelle est bouillie dans l'eau; l'huile monte alors à la surface, il ne reste qu'à la décanter. Pour le commerce toutefois, ce procédé serait trop coûteux et on a inventé diverses sortes de machines pour extraire l'huile. Le procédé le plus souvent suivi consiste à exprimer l'huile du coprah à l'aide d'une machine hydraulique. Le coprah est d'abord râpé de façon à former une masse semblable à la sciure, puis soumis à l'ébullition et enfin pressé par une puissante machine; l'huile sort et le résidu forme une pâte appelée *poonac* qui, comme on l'a déjà dit, est un excellent aliment pour le bétail.

L'amande riche en huile.

Machine à huile.

Coir. — La fibre obtenue de la bourre de la noix de coco est appelée *coir* et comme on l'a vu sert à une foule d'usages. L'enveloppe ou péricarpe de 40 noix donne environ 6 livres anglaises de *coir* en moyenne, mais la quantité dépend naturellement de la grosseur des noix.

Produit du coir.

Aux Antilles, les enveloppes sont plongées pendant 6 ou 8 mois dans des citernes pleines d'eau afin que la substance qui agglutine les fibres se corrompe. Les bourres sont alors retirées des citernes et la fibre est battue avec de lourds et épais battoirs. On a cependant imaginé une machine pour obtenir la fibre d'une façon plus expéditive et plus propre. Les bourres sont d'abord mises dans un moulin pour les dresser, puis appliquées par la machine elle-même sur une roue munie de petites dents, laquelle sépare les fibres et les nettoie. Les fibres sont ensuite assorties en plusieurs catégories suivant leur qualité. Ordinairement la fibre de la noix de coco est reçue en Europe comme fibre « brosse » ou fibre « paillasson ». La fibre brosse est liée en petites bottes présentant des fibres droites et propres. Elle vaut environ 50 l. st. la tonne de 1016 kilog.). La fibre paillasson est la seconde qualité et on l'expédie, les fibres négligemment empaquetées en balles. Elle vaut environ 20 l. st. la tonne. Une troisième qualité comprend les fibres de rebut ou « bourre brute » qui se vend à peu près 10 l. st. la tonne. Dans toutes les noix de coco, il faut au moins séparer la fibre brosse de la fibre paillasson. La fibre est transformée en brosses, balais, paillassons, et autres articles semblables qui, souvent, retournent aux pays d'origine du cocotier producteur des fibres.

Marginalia: Comment on fait le coir. / Machine à coir. / Emploi du coir.

Ananas.

(*Ananas sativus* Mill.).

L'ananas est universellement connu comme l'un des fruits les plus délicieux qui existent. Avant les progrès étonnants faits dans la rapidité de la traversée de l'Europe aux pays tropicaux à l'aide des paquebots, on cultivait en Europe une grande quantité d'ananas en serres pour la vente locale, et les jardiniers avaient atteint un tel degré de perfection que les ananas des serres anglaises étaient considérés comme les plus beaux du monde. Mais aujourd'hui un commerce énorme allant toujours en augmentant s'est établi pour l'exportation des ananas des Antilles, et d'ailleurs, aux marchés à fruits de l'Angleterre et des États-Unis. Dans les îles Bahama, la culture de l'ananas est une des principales industries de la colonie ; la culture se pratique aussi à la Jamaïque, à Antigoa et dans d'autres îles des Indes occidentales.

L'ananas est originaire de l'Amérique tropicale, mais il a été grandement amélioré par la culture ; quelques-unes des plus belles variétés sont le Ripley de la Jamaïque, l'Antigoa noir, la Reine, le Pain de sucre, le Cayenne doux, le Barthélemy.

Sol. — Le meilleur sol pour la culture de l'ananas est une alluvion sablonneuse bien drainée ; ensuite viennent les sables purs et les graviers. L'argile de toute sorte et les terres mal drainées ne conviennent pas à cette culture, cependant elle peut réussir dans les argiles rouges alluvionnaires, pourvu que la terre soit bien préparée et drainée comme il faut. Une bonne proportion de chaux est avantageuse : le sol des îles Bahama, où l'ananas vient si bien, se compose de rochers de corail décomposés et dans l'île Antigoa, une portion considérable du sol est formée de pierres à chaux effritées.

Climat. — La zone du littoral des Antilles peut être prise comme type du climat convenant à l'ananas ; car la plante à l'état quasi sauvage se trouve à la Domini-

Ananas de serre.

Ananas du commerce.

Culture aux Antilles.

Habitat.

Variété.

Le meilleur sol.

La chaux est avantageuse.

que et autres îles sœurs. L'ananas pousse à de grandes

altitudes dans les montagnes, mais le fruit n'est pas aussi beau ni aussi savoureux que celui qui est produit dans les plaines et les parties basses des mornes.

Reproduction. — Quand un ananas a produit son

fruit, un grand nombre de rejets se sont formés autour du pied-mère et chacun de ces rejets détaché et planté produira une plante indépendante. La plante peut également être reproduite par l'enlèvement et la mise en

terre de la couronne de feuilles qui pousse au-dessus du fruit, mais les pieds ainsi obtenus sont réputés de qualité inférieure. Un certain nombre d'ananas contiennent

des graines d'aspect noir-clair ou brun, qui se trouvent dans le fruit près de la queue ; des plants peuvent être obtenus en semant ces graines. Quelques-unes des plus belles variétés ont été obtenues de semence par les jardiniers anglais ; mais, commercialement, le rejeton demeure le meilleur et le plus rapide procédé de multiplication.

Culture. — La terre une fois nettoyée et sarclée, est labourée profondément ou bien disposée en tranchées à l'aide de la houe ou de la bêche jusqu'à une profondeur d'au moins deux pieds ; les herbes et débris sont enfouis dans les tranchées. Dans l'alignement, les dis

tances ne seront pas de plus de trois pieds, ce qui donnera environ 5000 plants à l'acre (40ª,46). Un meilleur procédé serait cependant d'aligner le terrain en rangées

distantes de 6 pieds (1ᵐ,92) et de planter les rejetons dans les rangées à une distance de 3 pieds (0ᵐ,96), ce qui donne à peu près 2500 plants à l'acre ; après la première récolte, une partie des rejetons, environ 4 par pied, peuvent être laissés ; par ce procédé en obtiendra environ 10.000 fruits à la seconde récolte. L'avantage qu'on trouve à laisser un espace libre entre les rangées se voit bien au moment du sarclage et de la cueillette ; les laboureurs éprouvent en effet de grandes difficultés dans la culture aux Bahama à cause des piquants dont sont recouvertes les feuilles d'ananas ; les hommes, femmes et enfants, qui travaillent à ces plantations, sont obligés de se protéger leurs jambes avec des jambières en forte toile de chanvre, et leurs mains avec des gants épais à manchettes dits « gants en caoutchouc ». Les plants doivent être sarclés et nettoyés ; de plus pendant les sécheresses, les racines devront être protégées par une couche de feuilles mortes, qui servira d'engrais. L'engrais animal, à moins qu'il ne soit parfaitement consommé, ne sera pas placé auprès des plants, parce qu'il nuit à leur croissance. Au bout de trois ou quatre ans, les plants donneront des signes d'épuisement ; il faut alors les arracher et la terre sera préparée pour des plants nouveaux. En faisant l'alignement, on prendra soin d'établir les rangs aux endroits qui n'étaient pas occupés par les anciens plants, l'espace laissé libre entre les rangs permettra de le faire.

Laisser un espace libre entre les rangées.

Engrais.

Replantation.

Récolte. — Le fruit viendra à maturité huit à neuf mois après la plantation, mais il doit être coupé avant d'être mûr pour pouvoir supporter la traversée jusqu'aux marchés d'Europe et d'Amérique. On s'efforcera de propager les plants qui rapportent les premiers dans l'année parce que des prix beaucoup plus élevés sont payés pour les ananas précoces que pour les tardifs. On coupe les fruits et une partie de la hampe à l'aide d'une serpette ; il importe de manier les fruits avec précaution pour qu'ils soient embarqués sans meurtrissure, car un ananas meurtri est promptement pourri.

Cueillir avant la maturité.

Manier avec précaution.

Emballage. — C'est là une opération très importante, car d'elle dépend entièrement le succès ou l'insuccès de l'industrie. D'ordinaire les ananas sont embarqués dans d'anciens barils à farine, dont les douves ont été percées de petits trous pour la ventilation. Mais c'est un mauvais procédé, parce qu'une grande partie des fruits se gâte toujours durant le voyage. Pour faire parvenir les ananas dans les meilleures conditions sur les marchés, on emploie des boîtes semblables à celles qui ont été décrites au chapitre des oranges. Ces boîtes, étant faites de lattes espacées permettent la ventilation, et comme elles sont divisées en deux compartiments, dont chacun contient de trois à six ananas seulement, le fruit n'est pas meurtri par la pression. Quand on a fait choix des meilleurs ananas, on les examine de nouveau pour éliminer ceux qui sont meurtris ou mûrs, puis on les enveloppe dans du papier ou de la bourre de maïs, en laissant en dehors les couronnes de feuilles; après quoi on les dispose doucement dans les boîtes et on les tient en un lieu frais et sec jusqu'à l'embarquement.

Les ananas de Madère, des Canaries et des Açores, qui arrivent en Angleterre dans de si excellentes conditions, sont emballés dans des boîtes légères avec un compartiment pour séparer chaque fruit. Les expéditeurs des Antilles gagneraient à adopter ce système pour les beaux fruits de la première récolte.

Barils.

Mettre à l'écart les fruits meurtris ou mûrs.

Le meilleur empaquetage pour ananas.

CHAPITRE VIII.

ÉPICES.

Muscadier. (*Myristica flagrans* Houtt.)

Habitat.

Le muscadier est originaire des îles Moluques, et il est cultivé dans ces îles et dans nombre de l'archipel malais. Les Moluques, ou « Iles à Epices » comme on les appelle quelquefois, ont été conquises en 1619 par les Hollandais, qui y ont encouragé la culture des muscadiers et girofliers, en employant tous les moyens en leur pouvoir pour conserver le monopole du commerce des épices. Ils ne permettaient de cultiver qu'un certain nombre de muscadiers et de girofliers, et détruisaient rigoureusement tous les autres. Si la récolte était très abondante, d'immenses quantités d'épices étaient détruites aussitôt, afin de maintenir un cours élevé sur les marchés. Malgré les énormes profits qu'ils réalisaient ainsi, les Hollandais maintenaient les indigènes qui produisaient ces épices dans une condition d'abjecte pauvreté. Heureusement, ce déplorable monopole n'a pas subsisté ; des girofliers ont été trouvés à l'état sauvage dans quelques îles non possédées par les Hollandais, et les Français ont propagé la plante à Maurice et de là à Cayenne. On rapporte aussi que des muscadiers ont été semés dans d'autres îles, par

Monopole hollandais des épices.

Comment la culture fut étendue à d'autres contrées.

certaines espèces de pigeons et de cette façon les plantes se sont propagées et sont aujourd'hui cultivées en maintes contrées.

Description de l'arbre. Le muscadier qui pousse à une hauteur de 30 à 50 pieds (9 à 15ᵐ) produit un fruit qui ressemble à l'abricot des

Le fruit. pays tempérés. Quand il est mûr, ce fruit se brise en deux parties et découvre, à l'intérieur, une graine noire couverte d'une pellicule réticulée d'un rouge écarlate appelée *arille* lequel est le macis du commerce.

Les fleurs. L'arbre est dioïque, c'est-à-dire que les fleurs mâles sont produites sur un arbre et les femelles sur un autre, par suite, la fécondation ne peut être effectuée que par l'intermédiaire des vents et des insectes.

Le meilleur sol. **Le sol.** — Le meilleur sol pour le muscadier est une alluvion formée d'un limon profond, meublé et bien drainé.

Sol des forêts. La plante ne prospérera pas sur des terrains sablonneux et l'eau stagnante autour des racines la ferait mourir en peu de temps. Le sol des forêts vierges, formé d'un limon rouge couvert d'une couche d'humus est très propre à la culture et, dans ces conditions, si le climat est convenable, les arbres donneront une belle récolte.

Climat chaud et humide nécessaires. **Climat.** — Un climat chaud et humide est nécessaire; de plus, les arbres doivent être abrités des grands vents, qui enlèveraient les fleurs et secoueraient trop les arbres : les racines, en effet, n'ont pas grande prise sur la terre. La pluie doit être au minimum de 60 à 70 pouces (1ᵐ,50 à 1ᵐ,75) par an, et comme le muscadier est essentiellement une plante de terres basses, sa culture ne paraît pas devoir réussir à une altitude supérieure à 1500 pieds (480 mètres) au-dessus du niveau de la mer.

Semence. **Reproduction.** — Les plants sont obtenus au moyen des semences fraîches, qui sont semées sur planches, ou dans des bambous, ou « à la volée » dans les champs. Les planches une fois établies à l'abri du soleil et des vents, on choisit des noix grosses, mûres, rondes, tout à fait fraîches et on les plante à un pied (0^m,32) de distance et à environ un pouce (0^m,025) de la surface du sol. Les

Pépinières.

MUSCADIER.

1. Fleur. 2. Noix et macis.

pépinières doivent être arrosées tous les jours en temps sec; avec cette précaution, les pousses apparaîtront au bout de 30 à 60 jours. Quand les plants ont deux ou trois pieds de haut, ils peuvent être transplantés par un temps couvert et humide. Si la graine est semée dans des bambous, il faut bien veiller à ce que la terre ne devienne pas sèche, parce que, dans ce cas, la germination ne se ferait pas. Bien plus, les noix ne germeraient pas

Transplantation.

Graines fraîches nécessaires.

si elles devenaient assez sèches pour résonner dans la coque quand on les agite. Un planteur de la Grenade, qui a une grande expérience de la culture du grenadier, recommande de semer la graine à l'endroit où l'arbre doit être planté parce qu'alors les arbres croissent plus vite et rapportent plus tôt.

Culture. — La distance à laquelle les plants peuvent être placés varie de 25 à 30 pieds (7 mètres à 9^m,50); on peut la faire plus grande dans les riches terres de plaines. On creuse des trous qu'on laisse ouverts pendant un certain temps; on les remplit avec de la terre de surface, avec des débris ou avec de la bouse de vache mêlée à de la terre consumée, mais si la terre est très riche, on peut se dispenser de mettre de l'engrais. Quand les jeunes arbres sont plantés, il faut les ombrager; en temps sec, il faut les arroser au moins chaque semaine. Les bananiers constitueront un ombrage suffisant qui donnera des régimes jusqu'à ce que les bananiers soient coupés pour faire place aux muscadiers grandissant. La terre réclamera un incessant sarclage; il faudra avoir soin de ne pas blesser les racines qui souvent affleurent terre. Quand les arbres pousseront lentement, on les fumera avec du fumier de ferme ou un bon compost de feuilles mortes. La terre doit être soigneusement ameublie tout autour des racines, toujours sans blesser les racines, et ensuite l'engrais doit être légèrement épandu ou déposé autour des arbres près du tronc, de façon à pénétrer progressivement dans le sol. Il ne faut pas creuser de fosses pour le fumier de peur de blesser les racines, ce qui entraînerait la mort de la plante. Si en creusant des rigoles d'écoulement, on venait à découvrir les racines, il faudrait aussitôt les recouvrir de terreau. En cas de

Distances.

Bananiers.

Engrais.

Ne pas blesser les racines.

sécheresse la tige sera buttée, c'est-à-dire recouverte à sa base de paille, de feuilles ou de litière d'étable. Toutes les plantes parasites ou épiphytes qui s'attachent à la tige ou aux branches des arbres, doivent être enlevées : autrement elles auraient l'effet le plus défavorable. Tous les gourmands doivent être coupés avec une serpe et les branches élaguées successivement jusqu'à ce qu'il y ait assez d'espace pour travailler sous les arbres.

Élagage.

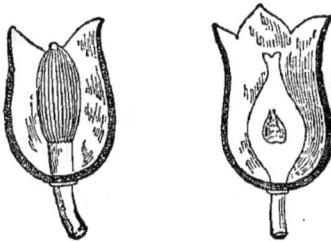

FLEURS MALES ET FEMELLES DU MUSCADIER.

Fig. 1. — Fleur mâle dont on a enlevé la moitié du périanthe pour montrer les étamines.

Fig. 2. — Fleur femelle dont on a enlevé la moitié du périanthe pour montrer le pistil.

Quand les arbres fleurissent, il faut déterminer les sexes, afin d'établir s'il y a une grande proportion d'arbres femelles. Un mâle pour huit à dix pieds femelles est grandement suffisant; ces pieds mâles devraient si cela était possible être disposés au vent sur la plantation, afin que le pollen soit emporté par le vent sur le pistil. Malheureusement le sexe des arbres ne peut être déterminé avec une certitude absolue qu'au moment où les fleurs paraissent. Les fleurs à étamines sont de trois à cinq ou davantage par pédoncule et les fleurs à pistil

Arbres mâles et femelles.

Comment déterminer les sexes.

sont le plus souvent solitaires. Les fleurs des deux genres sont petites, de couleur jaunâtre, et le périanthe est en forme de cloche avec trois ou quatre dents en bordure.

Fleurs mâles.

En ouvrant la fleur dans le sens de la longueur, avec un canif bien aiguisé, on peut en déterminer le sexe. Les anthères sont agglomérées autour du haut d'une colonne centrale, et si la fleur est tout à fait ouverte, on peut voir aisément les pollens jaunes. Dans les fleurs à

Fleurs femelles.

pistil, on remarque que le pistil est plus court que le périanthe, lequel est enflé à la base et couronné du stigmate qui est obscurément divisé en deux lobes.

Les plantes mâles sont en plus grand nombre que les plantes femelles ; un écrivain qui a traité de cette matière

Greffe des plantes mâles.

établit que la différence en plus est de 10 à 15 %. Cette estimation peut être trop faible en certaines circonstances : on a vu, par exception, jusqu'à 75 % de plantes mâles. S'il se trouve trop de mâles, sur la plantation, on les étête et on y greffe des scions pris sur les femelles. M. P. F. Higgins, de Saint-Vincent, a greffé ses muscadiers de cette façon ; mais c'est la seule personne, à la connaissance de l'auteur, qui ait réussi cette opération. Un bon procédé, c'est de planter deux arbres dans chaque trou, à une distance de deux pieds l'un de l'autre. Quand viendra la floraison, il se trouvera rarement que les deux arbres soient des mâles. Le mâle est alors coupé et l'on ne garde que le pied femelle.

Les arbres rapportent au bout de sept ans.

Récolte. — Quand il a poussé dans de bonnes conditions, le muscadier commence à rapporter la septième année au plus tard et la production ira toujours en augmentant jusqu'à la quinzième année, âge auquel on obtiendra la récolte intégrale. Dans les contrées de l'Orient, il y a ordinairement trois récoltes par an, et la noix met un peu plus de six mois à mûrir après la floraison. Le fruit est ramassé chaque matin par terre, ou bien, si les arbres ne sont pas trop hauts, il est abattu au moyen d'un croc attaché au bout d'un long bâton. On enlève ensuite le macis et la noix est séchée sous des hangars, sur des claies d'osier élevées d'environ 10 pieds (3ᵐ,10) au-dessus du sol, en entretenant au-dessous, pendant la nuit seulement, un feu couvert. La chaleur ne doit pas dépasser 140° Fahrenheit (65°,5). On tournera les noix de temps à autre. Quand on juge qu'elles sont sèches, les enveloppes sont brisées avec des maillets de bois et pour empêcher les attaques des vers les noix sont saupoudrées de chaux sèche tamisée ; après quoi on les exporte dans des barils soigneusement fermés. Il est bon de fumer l'intérieur des barriques et ensuite de les passer au lait de chaux. Si l'on emploie des boîtes pour l'expédition des muscades, les jointures seront hermétiquement calfeutrées, on ne saurait en effet prendre trop de précautions pour préserver les noix des ravages des vers. Dans quelques contrées, les muscades sont seulement séchées au soleil, mais elles sont alors plus ridées et ont moins de valeur.

Avec une bonne culture, chaque arbre en plein rapport donnera 1,500 à 2,000 noix; on a vu des arbres rapporter jusqu'à 20,000 noix. Quand le produit arrive sur le marché, il est trié, c'est-à-dire que les noix sont assorties suivant leur grosseur, celles qui sont piquées par les vers sont mises à part. Les noix, grosses, belles, rondes, valent le double du prix des petites noix. C'est pourquoi, pour planter, il faut choisir les noix les plus grosses et les plus rondes.

Il y a ordinairement trois qualités sur le marché, sui-

Cueillette des noix.

Séchage des noix.

Chaulage des noix. Paquetage.

Rapport.

Triage.

vant le nombre de noix à la livre. Elles s'établissent
ainsi :

Grosses 60 ou 80 noix à la livre (373ᵍʳ24)
Moyennes 85 à 95   »   »
Petites 100 à 125   »   »

Macis. — L'arille écarlate de la muscade est ôté
aussitôt que le fruit est cueilli, aplati avec la main et
placé sur des paillassons ou des claies pour sécher au
soleil pendant trois ou quatre jours. Il tourne alors au
jaune-brun et devient le *macis* du commerce. Le macis
est ordinairement expédié en balles ou en sacs; on
devra emballer serré pour empêcher qu'il ne se brise.
La production du macis est environ du cinquième en
poids de celle des muscades, en sorte que si un arbre
donne 1,800 fruits, la noix fournira environ 20 livres et
le macis 5 livres.

Giroflier.

(Caryophyllus aromaticus L.).

Le giroflier, comme le muscadier est originaire des
Moluques ou îles aux épices. Les Hollandais, comme nous
l'avons vu, se sont efforcés de monopoliser le commerce
de ces épices; dans ce but, ils ont restreint la culture
du giroflier à la petite île d'Amboine et ont fait tout
leur possible pour extirper la plante d'ailleurs. Mais les
Français ont réussi à introduire des plantes vivantes à
Cayenne d'où la culture a été introduite à la Dominique
en 1789 par M. Buée. Celui-ci a cultivé avec succès le
giroflier et d'autres épices, mais il n'a trouvé en fin de
compte que la ruine en raison des droits dont l'Angle-

terre a frappé les épices des Antilles pour plaire à certaines personnes intéressées dans le commerce des Indes orientales. Bien qu'il se soit écoulé un siècle depuis que l'infortuné M. Buée a introduit les épices à la Dominique, un des girofliers plantés par lui est encore vivant et florissant, et des touffes de cannelliers ont poussé à l'état sauvage par suite de la dissémination des graines par les oiseaux. De la Dominique, le giroflier fut importé à la Martinique et dans les autres îles des Antilles.

Pourquoi les épices ne sont pas cultivées dans les Indes occidentales.

Les clous de girofle sont les fleurs non ouvertes et séchées de l'arbre. La corolle forme une boule à l'extrémité du bouton entre les quatre dents du calice, cette boule surmonte un long tube réceptaculaire à l'intérieur duquel se trouve l'ovaire. L'épice a ainsi à peu près la forme d'un clou, et en effet le nom anglais *clove* est dérivé du mot français *clou*. Il pousse de neuf à quinze boutons à fleurs à l'extrémité d'une branche : aussi peuvent-ils être facilement détachés en battant légèrement la branche avec des perches. Les boutons sont d'abord verts; en mûrissant, ils passent au jaune pâle, puis au rouge, et c'est à ce moment qu'ils sont bons à cueillir. Si on laisse les boutons à l'arbre, un certain nombre de fleurs se fertilisent, les ovaires couverts de la partie inférieure du calice se développent et forment le fruit, qui est une grosse baie pourpre de forme ovoïde, contenant une ou deux graines et appelée « mère de girofle ».

Description du giroflier.

Cueillette des clous.

Le Sol. — Un limon argileux est, pourvu que la terre soit bien drainée, le sol qui convient le mieux à la culture du giroflier. L'arbre vient bien sur un terrain en pente, parce qu'il ne peut y avoir dans ce cas d'eau stagnante. Il ne grandit pas dans l'argile pure ni dans le sable, et un sol marneux lui est fatal.

Le meilleur sol.

Climat. — Bien que le giroflier soit originaire des petites îles des Moluques, il ne viendra pas dans le voisinage immédiat de la mer ni dans les endroits où l'atmosphère est imprégnée de particules salines poussées à l'intérieur par les fortes brises de mer. Il ne réussira pas non plus sur les sommets, bien qu'il vienne sur des pentes à moins de 1000 pieds (326^m) d'altitude. On devra le planter dans un lieu abrité; une ombre s'interposant d'en haut nuit à sa croissance.

Éviter un climat maritime.

Multiplication. — Elle s'obtient par graines ou par marcottes. Les jeunes branches maintenues humides en terre, prennent racine en six mois environ. Les planches établies à l'abri sur un sol riche, sont ensemencées avec des graines placées à un pied environ (0^m,30) de distance. Il faut employer la graine fraîche, parce qu'elle perd promptement sa vitalité, et comme la germination se produit en peu de semaines, la graine ne doit pas être semée à plus de deux pouces de la surface. Les jeunes plantes exigent de fréquents arrosages en temps sec, et il ne faut pas les transplanter avant qu'ils n'aient atteint trois ou quatre pieds de haut. Le procédé employé avec tant de succès à la fin du dernier siècle par M. Buée dans sa plantation de la Dominique est si admirable dans sa simplicité qu'il y a tout avantage à le faire connaître textuellement ici d'après l'analyse faite dans l'ouvrage de Porter en 1883. « Les graines ont été semées à environ « 6 pouces (0^m,13) l'une de l'autre, sur planches. Au-« dessus de ces couches, on a élevé des claies à environ « 3 pieds (0^m,96) du sol, et des feuilles de bananier, « furent disposées sur le sommet pour abriter les jeunes

Rejetons.

Pépinières.

Transplantation.

(1) Distance trop restreinte ; 12 pouces (0^m,30) valent mieux.

« plants du soleil. On laissa ces feuilles de bananier se
« faner et disparaître graduellement, et au bout de neuf
« mois, les jeunes plants devenus assez forts furent ex-
« posés directement à l'action bienfaisante du soleil;
« mais s'ils n'avaient pas été protégés pendant qu'ils
« étaient jeunes, on les aurait vus se dessécher et puis
« mourir. »

Culture. — On jalonne la terre en traçant des lignes
éloignées de 20 pieds (6^m,40) et on creuse des trous
comme pour le muscadier. Les rejetons sont transplantés
au commencement de la saison pluvieuse; l'ombre est
nécessaire pendant les deux ou trois premières années,
temps pendant lequel les plantes prendront assez de
force pour supporter le soleil. La sixième année, les
jeunes arbres commenceront à rapporter et la récolte ira
toujours en augmentant d'année en année jusqu'à ce
que l'arbre ait atteint sa pleine hauteur de 30 pieds
(9^m,60), ou davantage. Dans les Moluques, les arbres sont
étêtés à 8 ou 9 pieds pour faciliter la cueillette, mais ce
procédé semble diminuer considérablement la récolte.
La culture générale est la même que celle du muscadier;
mais le giroflier est plus robuste et exige par conséquent
moins de soins.

Ombre nécessaire.

Giroflier plus robuste que le muscadier.

Récolte. — Quand le bouton floral commence à
grossir et à devenir rouge, l'opération de la cueillette
doit commencer. Les boutons les plus proches peuvent
être cueillis avec la main, mais les plus hauts sont abattus
avec des crocs ou en frappant légèrement la branche
à l'aide de bambous. Il ne faut pas secouer rudement les
arbres, parce que la production de l'année suivante
serait diminuée par les blessures faites aux branches. La
terre, sous les arbres, sera tenue bien propre, ou bien

l'on étendra des toiles pour recevoir les clous à mesure qu'ils tombent des branches.

Produit.

La récolte varie d'année en année. Ordinairement, tous les trois ou tous les six ans, il se produit une récolte très abondante; mais, de temps à autre, il se produit une année sans aucune production. En moyenne, dit-on, on peut

Grande production à la Dominique.

attendre 5 livres (2265ᵍ) de clous secs par arbre; mais à la Dominique, on a vu des arbres donner plus de dix fois cette quantité en une seule récolte.

Aux Antilles, on traite les clous de girofle en les

Fumage des clous.

fumant, sur des claies recouvertes de paillassons, à l'aide d'un feu de bois, jusqu'à ce qu'ils tournent au brun foncé : on achève de les sécher au soleil. Quelquefois les boutons sont échaudés à l'eau bouillante avant d'être fumés; mais c'est une précaution inutile. On peut même se dispenser d'employer du feu; un simple séchage des boutons au soleil est suffisant. Le séchage fait perdre à la récolte 60 % de son poids. Une fois apprêtés, les clous

Emballage.

peuvent être mis en sacs ou en barils pour l'exportation; il faut prendre soin que les contenants soit bien secs, car la moindre humidité ferait moisir cette épice et, dans cette condition, elle n'aurait que peu ou point de valeur sur les marchés.

Poivrier de la Jamaïque. Bois d'Inde.

(*Pimenta officinalis* LINDL. *Pimenta vulgaris* WET ARN.)

Habitat.

Il se fait un commerce important du fruit, sec et non mûr, de cet arbre, qui croît à l'état sauvage à la Jamaïque, à la Dominique et dans d'autres parties des Indes occidentales, ainsi que dans l'Amérique du sud et du centre.

Mais, fait bizarre, la Jamaïque est le seul pays qui exporte cette épice. En 1882, l'exportation de la Jamaïque a dépassé 76,000 clwt. évalués environ 43.000 l.st. Le poivre de la Jamaïque comme on l'appelle parfois, est rond, de la grosseur d'un petit pois, de couleur noire, surmonté du reste du calice persistant; il possède un agréable arôme, qu'on croit ressembler à la combinaison de ceux de la cannelle, du girofle et de la muscade, de là son nom vulgaire anglais de « all-pices, nom qui est de nature à le faire confondre avec l'arbre appelé en français « Quatre épices » lequel est produit par une autre espèce et dont la feuille seule est utilisée en cuisine.

Exportation de la Jamaïque.

Description de l'épice.

L'arbre est très beau ; il atteint la taille de 30 pieds (9^m,60) et possède une seule tige, unie, lisse, avec une écorce cendrée ou brune qui se pèle en plaques minces à mesure que l'arbre grandit.

L'arbre.

Sol et Climat. — Le poivrier de la Jamaïque est le seul des arbres à épice qui croisse sur un sol pauvre, un écrivain va même jusqu'à dire qu'il prospère dans les terres stériles. Le sol doit être d'une nature friable et bien drainé, comme on en trouve sur les falaises rocheuses ou pierreuses qui bordent quelques-unes des îles les plus montagneuses des Indes occidentales. L'arbre ne réussit pas dans les terres argileuses ou sablonneuses, et ne pousse pas dans les marnes. Le meilleur climat est un climat chaud et sec; l'exposition au vent ne lui cause aucun dommage.

Croit sur les sols pauvres.

Climat.

Formation d'une plantation de « poivriers ». — Le système de reproduction et de plantation, adopté dans la plupart des cultures ne s'emploie pas pour les poivriers. M. Morris expose ainsi le procédé particulièrement facile usité dans l'établissement d'une « plantation » de

Comment les plantations sont installées à la Jamaïque.

poivriers : « A la Jamaïque, le système actuel usité consiste à laisser une pièce de terre située dans le voisinage de poivriers, déjà existants se couvrir de touffes provenant des graines semées par les oiseaux. Quand les plants sont d'une certaine taille, on éclaircit les buissons et on laisse pousser les poivriers. » Quand les arbres sont trop serrés, on en enlève quelques-uns et on les plante là où il y a de la place. Pour avoir de bonnes récoltes, il ne faut pas laisser les arbres à plus de 20 ou 25 pieds (6ᵐ, à 7ᵐ,50) l'un de l'autre.

Éclaircir les arbres.

Récolte. — Au bout de sept ans environ, on obtiendra une petite récolte, jusqu'à ce que les arbres aient atteint leur plein développement, la récolte augmentera ordinairement d'année en année. Les grains verts sont cueillis aussitôt après la chute des fleurs de la façon suivante. On grimpe dans l'arbre, on casse les jeunes branches avec les fruits qu'elles portent et on les jette aux femmes et aux enfants qui sont sous l'arbre et qui, après avoir séparé les fruits des pédoncules, les portent au séchoir. L'homme monté dans l'arbre peut en général occuper trois personnes au dessous. Il faut avoir soin de séparer, autant que possible, les baies mures des baies vertes autrement le produit se détériorerait.

Produits.

Cueillette.

Grains mûrs mis à part.

Séchage.

Les grains verts apportés par les femmes et les enfants sont séchés au soleil de la même manière que le café, sur des patios ou des claies ; le séchage dure de 3 à 12 jours. En temps humide, le système de fumage employé pour les clous de girofle peut être adapté au séchage des baies ; on peut aussi employer un évaporateur à fruits, américain. Le degré convenable de sécheresse est établi par l'aspect ridé, la couleur noire de l'épice et le bruit sec fait par les graines quand on les agite. On renferme alors l'épice dans des sacs ou des barils pour l'expédier.

Le rapport d'une plantation dépend des saisons et de l'état des marchés. Parfois la récolte est très abondante, cent livres (45 kilogr.) par arbre, et parfois très pauvre. Dans le séchage les grains perdent 1/3 de leur poids. La demande ne va pas en croissant pour le piment et, depuis quelques années, les prix sont si bas qu'on a trouvé que cela ne valait pas la peine de faire la récolte. *Bénéfices.*

Feuilles de « laurier ». — Des feuilles du bois d'Inde et d'une plante alliée appelée en botanique *Pimenta acris* WIGTT, on distille une huile essentielle qui, ajoutée au rhum donne le « Bay rum » dont l'usage est si répandu en Amérique. A la Dominique, bien qu'on n'exporte pas les baies, les feuilles du *Pimenta officinalis* et du *Pimenta acris* sont l'objet d'une exportation considérable aux États-Unis ; on y distille aussi du « bay oil ». Les feuilles sont cueillies, et séchées sur le plancher des maisons ou sur de larges claies au-dessous desquelles on établit à un ou deux pieds l'une au-dessous de l'autre des rangées successives de supports en branches d'acacias et de feuilles. L'air circule facilement entre ces supports et les feuilles sèchent en peu de jours. On les emballe par balles de 200 à 250 livres (90 kilogr.) 600 à 113. kilogr. 250) et on les expédie dans les ports d'Amérique où elles trouvent un prix rémunérateur. *Industrie de la feuille du laurier à la Dominique.* *Emballage.*

Cannellier.

(*Cinnamomum Zeylanicum* BREYN).

La cannelle est l'écorce apprêtée des jeunes tiges d'un arbre qui pousse à l'état sauvage à Ceylan, dans quel- *Habitat.*

ques parties de l'Hindoustan, en Cochinchine et dans beaucoup d'îles de l'archipel Malais. La plus grande partie de la cannelle du commerce vient pourtant et est aujourd'hui venue de Ceylan, où les Portugais et après eux les Hollandais, au XVII° siècle ont réussi à en monopoliser le commerce. Toutes les opérations de ce trafic étaient faites par les agents du pouvoir, et les lois réglant cet objet étaient si cruelles et si oppressives que la vente ou le simple don d'une seule branche de cannellier était un crime puni de mort. Quand les Anglais enlevèrent Ceylan, en 1796, aux Hollandais, toutes ces barbares restrictions au commerce furent abolies, mais la compagnie des Indes orientales garda le monopole jusqu'à 1832, date à laquelle le commerce de la cannelle devint libre. L'arbre abandonné à lui-même atteint une hauteur de 30 pieds (9ᵐ,60) avec une tige toute droite: dans son aspect général, il n'est pas sans ressemblance avec l'oranger. Mais dans la culture, l'arbre est coupé au ras de terre vers la sixième année; on coupe encore les jets qui s'élèvent au bout de deux ans, de sorte que la plante devient en réalité un taillis, et avec le temps, les rejetons atteignent un fort diamètre. Tout est utilisé dans cet arbre.

On peut par distillation des racines obtenir un camphre, l'écorce donne la cannelle, une cire odorante s'extrait des fruits mûrs bouillis dans l'eau; enfin, de l'écorce de rebut, des feuilles, des fruits, des jeunes pousses et de l'écorce des racines, on retire par distillation de l'essence de cannelle.

Sol et climat. — Le cannellier est un des plus robustes des arbres à épices et il réussit dans presque tous les sols et dans toutes les situations de la région

[marginalia:]
Monopole hollandais.

Lois oppressives.

Abolies par les Anglais.

Description de l'arbre.

Usages de l'arbre.

L'arbre est robuste.

tropicale; mais la qualité de l'écorce est très inférieure
si le sol et le milieu ne sont pas favorables à la plante.
A Ceylan, l'arbre est souvent planté dans les champs de
café épuisés et dans les terres sablonneuses sèches qui
ne conviennent à aucune autre culture. Mais le meilleur
sol est un loam sablonneux mêlé d'humus. A Ceylan, les Le meilleur sol.
localités bien abritées à 1500 pieds (780 mètres) au-
dessus de la mer sont celles qui conviennent le mieux à
cette culture.

Multiplication. — La plante peut être reproduite
par boutures, par rejetons ou par graines fraîches et
mûres. Le moyen ordinaire pourtant d'établir un « jardin
de cannelliers » — c'est le nom ordinaire des plantations
— est de piquer les graines à 6 ou 7 pieds de distance
(1ᵐ,70 à 2ᵐ,30). Le sol étant jalonné à ces distances, la
terre est bien retournée auprès des piquets, des cendres Plantation
de bois sont mêlées au sol et l'on sème trois ou quatre au piquet.
graines. Pour protéger les pousses contre le soleil, des Ombrage.
branches d'arbres feuillues sont couchées à terre sur les
semences et on les laisse se consumer. Mais si la sécheresse vient quand la germination commence, beaucoup
de jeunes pousses périssent, et alors il est nécessaire de
faire un second semis. C'est pourquoi il est bon d'élever
les plants dans les pépinières pour pouvoir remplacer Pépinières.
les manquants. La graine germe en deux ou trois semaines.

Culture. — Une fois transplanté, le cannellier réclame Sarclage
très peu de soins, il faut seulement sarcler la terre, les
mauvaises herbes étant avantageusement enfouies dans
les tranchées entre les arbres. Vers la sixième année, les
premiers rejetons peuvent être coupés quand on aura Récolte.
remarqué que deux ou trois d'entre eux ont atteint une

hauteur de 5 à 6 pieds (1^m,60 à 1^m,90) et sont en état d'être écorcés. Deux ans après les rejets qui ont poussé après la première coupe peuvent être cueillis, et cinq à sept d'entre eux donneront une bonne écorce. Les tiges

Mettre le feu aux souches.

sont coupées rez-terre, On prétend que si l'on fait du feu sur la souche de façon à la consumer, les racines émettront un grand nombre de longues tiges droites qui fourniraient une cannelle des plus belles.

Récolte. — Les rejets sont coupés et les sommets enlevés de façon à ne conserver qu'une longueur de 3 à 5 pieds (0^m,90 à 1^m,50) ; ces tiges sont ensuite mises en bottes puis portées au hangar pour la préparation de l'écorce. Les feuilles et les branches latérales sont enlevées et deux fentes longitudinales sont pratiquées à l'aide d'un couteau bien aiguisé, une sur chaque côté de la tige. Quand la coupe a été faite en temps humide, l'écorce est lâche

Frottage des bâtons.

parce que la sève est en pleine circulation, et elle se détache aisément ; mais il est ordinairement nécessaire de frotter vigoureusement les tiges avec le manche du couteau à décortiquer ou avec une pièce de bois dur et lisse de six pouces de long et un pouce de diamètre (0^m,13 × 0^m,025), ce frottement détache l'écorce qui est ensuite enlevée sur chaque côté en bandes entières. Au bout d'une heure environ, les bandes d'écorce sont placées l'une dans l'autre, mises en bottes, pressées et liées ensemble. Les bottes

Fermentation.

d'écorce sont ensuite laissées un jour, deux ou plus jusqu'à ce que se produise une légère fermentation amollissant l'épiderme ou surface extérieure de l'écorce et permettant de l'enlever facilement de la manière suivante : la partie intérieure de l'écorce est appliquée sur une pièce

Grattage de l'épiderme.

fixe de bois arrondi, et l'épiderme entier, avec la matière pulpeuse qui est au-dessous, est gratté soigneusement à l'aide d'un couteau courbe. Les couteaux vendus pour le grattage du cacao remplissent très bien cet objet. L'épiderme enlevé, les écorces sont placées l'une dans l'autre, coupées en longueur de 12 pouces (0ᵐ,30) ou un peu plus et placées dans le hangar sur des claies tressées jusqu'au deuxième jour, époque où le séchage est alors terminé au soleil. A mesure que l'écorce sèche, elle se contracte et acquiert l'apparence d'une plume; c'est le nom qu'on lui donne quelquefois. Quand la cannelle est parfaitement sèche, on la dispose en bottes de 30 livres (13ᵏ590) et trois bottes forment une petite balle qui pèse de 90 à 100 livres (39ᵏ170 à 45ᵏ359). L'écorce des tiges trop grosses et trop épaisses pour être *plumées* est mise à part en gros morceaux; mêlée avec l'écorce des élagages et celle des tiges qui ne s'écorcent pas bien, elle est vendue à bas prix comme déchets sous le nom de *chips*. Ces « chips » n'ont pas un arôme aussi délicat que la cannelle enroulée; mais ce qui leur manque en délicatesse, elles le retrouvent en piquant; aussi cette épice est-elle préférée pour certains usages. A Ceylan, on estime à 150 livres (67ᵏᵍʳ,950) par acre la production de la cannelle préparée; mais sur un bon sol, avec une préparation soigneuse de la terre et un amendement judicieux, on peut obtenir un rendement plus fort.

Huile. — L'essence de cannelle s'obtient par la distillation de l'écorce qui ne convient pas à l'expédition, et des feuilles ou autres parties de la plante. Elle varie beaucoup en caractères; elle est tantôt légère et tantôt assez lourde pour enfoncer dans l'eau. L'huile n'existe pas dans l'écorce en grande proportion : 80 livres (26ᵏ210) ne donnent que 6 onces 1/2 (184ᵍʳ21) d'huile lourde et 2 onces 1/2 (70ᵍ85) d'huile légère.

Séchage.

Coupures de cannelle.

Rendement à l'acre.

Huile légère et huile lourde.

CHAPITRE IX

ÉPICES (Suite).

Gingembre (*Zingiber officinale* Rosc).

Le gingembre est la tige souterraine séchée d'une plante qui pousse à l'état sauvage dans l'Asie du Sud-Est et dans quelques îles de l'archipel malais, mais qui est cultivée sur une grande échelle dans l'Amérique méridionale et les Antilles, plus spécialement à la Jamaïque. Les tiges souterraines, qui ont l'apparence de racines tuberculeuses sont appelées en botanique *rhizomes* et connues dans le commerce anglais sous le nom de *racines de gingembre*. Les racines véritables du gingembre sont les filaments qu'émettent les *rhizomes*. Les tiges souterraines émettent des rejetons aériens feuillus s'élevant au-dessus du sol à une hauteur ordinaire de 12 à 18 pouces ($0^m,30$ à $0^m,45$); mais dans de bonnes conditions de sol et de climat, elles peuvent atteindre une taille de 3 pieds ($0^m,90$). Les fleurs et les feuilles ne sont pas portées par le même organe, les hampes florales ont communément un pied de haut ($0^m,30$).

Description de la plante.

Sol et climat. — Pour cultiver le gingembre avec succès, il faut choisir le sol le plus riche et le meilleur. La plante ne vient pas dans les sables, les argiles ou les terrains secs. Un limon humifère riche convient à cette

Sol riche nécessaire.

culture ; il faudra bien draîner le sol, sans quoi les rhizomes pourriraient. La plante endure une grande diversité de climats tropicaux, car elle peut pousser depuis le niveau de la mer jusqu'aux hautes régions montagneuses, pourvu que la pluie soit abondante ou l'irrigation bien établie. Dans les monts Himalaya, situés au nord de l'Hindoustan, le gingembre est cultivé jusqu'à 5000 pieds (1600^m) au-dessus du niveau de la mer.

Multiplication. — La plante se propage exclusivement par divisions de rhizomes, et les boutures sont tout de suite mises en terre ; il n'est nullement nécessaire d'avoir des pépinières. Un rhizome ou « racine de gingembre » est soigneusement coupé en petits morceaux, en prenant attention de laisser au moins un œil à chaque section puis chaque morceau est mis dans un trou spécialement préparé pour lui.

Boutures.

Culture. — La terre est bien nettoyée et disposée en tranchées, et toutes les herbes et tous les débris sont enfouis dans les tranchées pour enrichir le sol. Quand cela est possible, on fera avec avantage un labour profond un peu avant mars ou avril, mois les plus favorables pour planter. La culture est très semblable à celle de la patate. La terre est levée en sillons distants de 3 ou 4 pieds (0^m,90 à 1^m,20), et de petits trous sont ouverts de 12 pouces (0^m,30) sur les sillons. Les trous sont remplis avec du fumier bien consommé, et les fragments de rhizomes sont plantés dans les trous à une profondeur d'environ 3 pouces (0^m,075). Quand cela est possible, une couche épaisse de feuilles est placée sur les trous, afin de conserver les boutures fraîches et humides ; les feuilles, du reste, en se consumant, donneront un supplément d'alimentation aux jeunes pousses. Il faut tenir la terre nette

Tranchées.

Sarclage.

de mauvaises herbes, et, comme le gingembre est une plante très épuisante, si l'on garde cette culture plusieurs années de suite dans les mêmes terres, il faudra fumer.

Récolte. — Les boutures ayant été piquées en mars ou avril, les plantes fleuriront vers septembre, après quoi les pousses apparaîtront et les rhizomes grandiront en poids et en longueur. Vers janvier ou février, on

Récolte obte-
nue en 10 mois.

pourra récolter. Il suffira de retourner la terre avec une fourche en prenant soin de ne pas blesser les racines ou « mains », comme on les appelle à la Jamaïque. Les « mains » naturellement varient de grosseur suivant le sol, le climat et les soins donnés à la culture, mais quelquefois elles sont très grosses et pèsent beaucoup plus d'une demi-livre (227 grammes).

Préparation
du gingembre.

Une fois déterrés, les rhizomes sont débarrassés des racines fibreuses et nettoyés de toutes saletés ou poussières adhérentes, on les plonge ensuite quelques minutes dans l'eau bouillante pour détruire leur vitalité, puis on les fait sécher au soleil : ils sont alors devenus le gingembre du commerce.

Voici une autre méthode de préparation. Les plus gros et les meilleurs rhizomes, au lieu d'être échaudés, sont soigneusement grattés au couteau jusqu'à ce que toute la peau noire de la surface soit enlevée, puis ils sont sé-

Les deux gen-
res de gingem-
bre.

chés au soleil. Le produit ainsi préparé prend le nom de « gingembre gratté », « gingembre nu », « gingembre blanc » par opposition au gingembre « non gratté » « brut » « noir » noms qu'on donne à l'épice préparée par échaudage ou séchage. Les sortes noires sont parfois améliorées en apparence par un blanchiment obtenu en exposant l'épice aux vapeurs de chlorure de chaux

Rendement.

ou d'acide sulfureux. Le rendement par acre varie considérablement; mais quand la culture est faite dans des conditions favorables, la récolte peut être de 4000 livres (1814^k,450) ou davantage. Le gingembre peut être expédié en barils ou en sacs; les sacs usités en contiennent environ 50^k,802.

Cardamomes.

(*Elettaria cardamomum* MAT.)

Les cardamomes sont le produit d'une plante semblable au gingembre qui pousse à l'état sauvage dans les forêts des montagnes très arrosées de l'Inde sud-orientale, de Ceylan et de Java. Contrairement à ce qui a lieu pour le gingembre, toutefois, la partie de la plante qui produit l'épice est le fruit, celui-ci est de forme triangulaire, il est composé de capsules papyracées triloculaires et à trois valves, de couleur de paille jaunâtre, contenant de nombreuses graines comprimées qui ont une odeur aromatique et un fort arome d'épice. Jusqu'à présent, tous les cardamomes du commerce sont venus de l'Extrême-Orient mais la plante vient bien dans certaines contrées des Antilles, notamment à la Jamaïque, où elle a été en 1881 l'objet d'une grande introduction due à M. Morris, elle pourrait y devenir l'objet d'une exportation importante.

Sol et climat. — Le meilleur sol est une alluvion riche et humide avec une bonne proportion d'humus comme on en trouve dans les forêts des montagnes des tropiques, sur les bords des ruisseaux. Les coteaux secs ne conviennent pas à cette culture, et la plante ne rapporte pas dans les sols pauvres formés de gravier ou de

Habitat.

Description de l'épice.

Le meilleur sol.

sable, ni dans les argiles compactes. Un terrain ondulé est meilleur qu'une plaine, mais on évitera, autant que possible, les pentes trop raides. Les conditions de climat nécessaires peuvent être résumées en trois mots : élévation, humidité, ombrage. Jusqu'à ces dernières années la plus grande partie des cardamomes consommés dans le monde a été récoltée sur des plants croissant presque à l'état sauvage dans les forêts humides du Malabar aux altitudes de 1800 à 3500 pieds (576 à 1120 mètres). Les indigènes allaient dans les bois coupaient les broussailles et abattaient quelques-uns des plus gros arbres pour laisser entrer l'air et la lumière. Peu de temps après les cardamomes s'étendaient dans toutes les directions, et il ne fallait plus que les éclaircir quand ils devenaient trop épais et les remplacer là où ils venaient à manquer, La jungle de cardamome était alors abandonnée à elle-même pendant deux ans. La troisième année, on procédait à un sarclage sommaire et on recueillait une petite récolte. La quatrième année, les indigènes retournaient à la jungle, sarclaient complètement et recueillaient une récolte abondante. Dans ces contrées du cardamome, la moyenne de la température est de 72° Fahrenheit (22°) et la quantité de pluie de 120 pouces par an (3 mètres), Dans ces dernières années, les planteurs de Ceylan ont entrepris cette culture sur une très grande échelle et les prix ont baissé d'un tiers. Il y a un petit marché local de cardamomes à la Trinité et à la Guyane anglaise parmi les immigrants des Indes orientales.

Reproduction. — On peut obtenir les plantes soit au moyen des graines mûres, soit par division du rhizome qui est quelquefois, par erreur, considéré comme une bulbe. Des planches sont préparées suivant la méthode

Cardamomes de Malabar.

Comment il croît.

Climat.

Culture à Ceylan.

Pépinières.

ordinaire, et les graines sont placées dans des trous percés avec le doigt ou avec un piquet. Les graines germent lentement et n'apparaissent pas au-dessus du sol avant quatre mois accomplis. Au bout d'un an environ, les pousses auront un pied ($0^m,30$) de haut, avec huit ou dix feuilles ; elles pourront alors être transplantées. Quand la plante est propagée par division, le rhizome est coupé soigneusement en morceaux ne contenant pas moins de trois yeux chacun ; il faut prendre des précautions pour que la plante soit le moins possible abîmée.

Culture. — Quand on a choisi un bon site dans la forêt, on coupe toutes les broussailles et les jeunes arbres, en s'arrêtant à ceux qui ont 8 pouces ($0^m,20$) de diamètre. Çà et là on abat un gros arbre afin de permettre à la terre de recevoir les rayons du soleil. Les broussailles, branches et arbres coupés seront brûlés avant d'être tout-à-fait secs, de façon à ce que la flamme soit aussi courte que possible, ou bien on les laissera se consumer sur le sol. Des trous d'un pied ($0^m,32$) de profondeur et d'un pied et demi de largeur sont ensuite faits à des distances de 6 pieds ($1^m,80$) ; mais dans un sol très riche, les trous peuvent être faits à 7 pieds ($2^m,10$) ou davantage. On remplit avec la terre de surface et les boutures ou les pieds de graines sont placés dans les trous ; mais il ne faut pas les planter trop profondément, autrement ils pourriraient. Comme dans la pratique la plantation est un sous-bois, il poussera peu de mauvaises herbes et la dépense pour le sarclage sera minime. Un ou deux sarclages sommaires par an sont tout ce qui est nécessaire. Il ne faut pas accumuler les feuilles et les débris autour de la tige des cardamomes, parce que la hampe florale sort des racines et s'étale sur le sol. La

Germination lente.

Transplantation

Distances.

Nettoyer le pied des tiges.

troisième année, les plantes auront environ 4 pieds ($1^m,20$) de haut et rapporteront une très petite récolte ; mais à la quatrième année on peut compter sur une pleine récolte.

Récolte. — Il ne faut pas laisser les fruits mûrir, parce que les capsules éclateraient et les graines tomberaient à terre. Le meilleur moment pour cueillir les capsules est celui où elles sont pleines et dures et où elles commencent à passer du vert au jaune. Les « capsules », comme on appelle parfois les fruits, doivent être coupées avec des ciseaux, on doit leur laisser une partie du pédoncule. Si on les arrachait à la main, on s'exposerait à les ouvrir et on perdrait le fruit. On expose le fruit au soleil, mais le séchage doit être fait graduellement pour éviter que les capsules n'éclatent. Une exposition de quelques heures, au soleil du matin et du soir, suffira tout d'abord ; ensuite elle devra être plus longue. Quand elle a été bien préparée, l'épice est de couleur jaune-paille. Les capsules une fois séchées, le reste du pédoncule s'enlève facilement et est détaché de l'épice par simple vannage. En séchant, les cardamomes perdent beaucoup de leur volume ; 4 ou 5 « boisseaux » (1) de gousses vertes n'en donnent guère qu'un de gousses sèches.

Le rendement par acre varie considérablement suivant les saisons. Dans les jungles du Mysore, on ne récolte pas plus de 28 livres ($12^k,484$) à l'acre ; mais à Ceylan, la production moyenne est de 170 livres ($77^k,010$) bien que dans des conditions très favorables on ait obtenu jusqu'à 400 livres ($181^k,200$).

Sur les marchés on distingue trois sortes de carda-

[Notes marginales :]
On cueille les fruits avant leur maturité.

Couper les fruits à la tige.

Gousses séchées au soleil.

Vannage.

Rendement.

Les 3 sortes du marché.

(1) Le bushel ou boisseau vaut 36 litres, 34.

momes qui portent les noms bizarres de « courtes »,
« courtes-longues» , « longues-longues ». Les « courtes »
sont les capsules longues de 1/4 à 1/2 pouce (0^m,005 à
0^m,012), larges de 1 pouce (0^m,025); les plus longues des
longues-longues » ont un pouce environ.

Les cardamomes décrites ici sont celles que l'on connaît sous le nom de cardamomes de Malabar. Il est une
autre espèce trouvée à l'état sauvage dans les forêts de
Ceylan et dont les fruits sont plus longs et plus gros. Ils
venaient autrefois sur les marchés d'Europe sous le nom
de cardamome de Ceylan, mais depuis que la culture
des cardamomes du Malabar et du Mysore s'est étendue
dans l'île, cette dénomination et cette sorte ont disparu.

Poivrier.

(*Piper nigrum* L.).

Le poivre ou poivre noir comme on l'appelle quelque-   Habitat.
fois, est le fruit séché d'une liane qui croît à l'état sauvage dans les forêts du Malabar et du Travancore ; c'est
une des épices les plus importantes. Sa consommation
annuelle est énorme. Il s'importe chaque année dans le
seul Royaume-Uni la valeur d'un million de l. st. de   Large consommation.
poivre. La liane est cultivée extensivement dans l'Inde
sud-orientale, le Siam, Malacca, la Cochinchine et les   La plante pousse dans l'Extrême-
plus grandes îles de l'archipel malais. L'ancienne histoire   Orient.
du commerce du poivre est semblable à celle des autres
épices de l'Orient. Les Hollandais ont réussi autrefois
par oppression à restreindre la culture du poivre à l'île
de Java.

Sol. — La plante est robuste et croîtra dans la plupart   Le meilleur sol.

des sols, mais la récolte sera maigre sur des sols pauvres composés de sable et sur l'argile. Le meilleur sol est un limon humifère profond bien drainé, comme on en trouve dans les alluvions du bord des rivières de Malabar. La liane ne doit pas être plantée sur les pentes roides parce que les racines peuvent être mises à nu par le fait de l'entraînement de la terre dans une forte pluie. Les marécages corrigés par un bon drainage conviennent à cette culture, parce que le sol contient une forte proportion de matière végétale.

Marécages drainés.

Climat. — Un climat chaud et humide comme on en trouve dans les vallées abritées de la Jamaïque, de la Trinité et de la Dominique est le meilleur pour la culture. La pluie ne doit pas être moindre de 80 à 100 pouces (2^m à $2^m,50$) par an et bien répartis. L'ombre est essentielle. Dans les petits établissements, les Chinois qui sont les principaux producteurs, établissent ordinairement leurs jardins de poivriers en pratiquant des allées sous forêts.

Pluies abondantes nécessaires.

Reproduction. — Les lianes peuvent être obtenues par boutures ou par graines; les boutures sont ordinairement de 18 pouces ($0^m,45$) de long. On peut les mettre immédiatement en terre ou les élever dans une pépinière jusqu'à ce qu'elles soient enracinées. L'extrémité des lianes forme les meilleures boutures parce qu'il s'y trouve un bourgeon terminal. On les plante quand la pluie tombe sans discontinuer. Quand les plants sont obtenus par graines, il faut faire des planches en des endroits humides et ombragés. On met à tremper dans l'eau pendant trois jours des fruits mûrs bien choisis, puis on enlève la peau; on sèche la graine à l'ombre et enfin on sème dans les lignes des planches. De fréquents

Boutures.

Pépinières.

arrosages sont nécessaires (à moins que le temps ne soit Transplanta-
tion. pluvieux) jusqu'à ce que les pousses aient plus de quatre feuilles; à ce moment elles sont bonnes à transplanter.

Culture. — La terre une fois nettoyée, on l'aligne de Trous. 7 en 7 pieds (2^m,10) et des trous de deux pieds carrés et de 15 pouces (0^m,37) de profondeur sont pratiqués. Ces trous sont remplis avec de la bonne terre et du fumier de feuilles, si l'on peut s'en procurer; mais il ne faudra pas disposer la terre en monceau, car il vaut mieux pour la plante qu'elle soit plantée dans une dé- pression. Ce qu'il faut faire ensuite, c'est de placer sur les côtés des trous des tuteurs pour la liane; on peut Support. employer des poteaux de bois brut ; on peut aussi utili- ser des arbres vivants. Les tuteurs auront 12 pieds de long et environ 8 pouces d'épaisseur, les deux pieds d'en bas seront goudronnés pour préserver le bois des insectes et de la pourriture. Des troncs de fougères ré- Troncs
de fougères. pondront très bien à cet objectif, car ils peuvent durer jusqu'à l'épuisement de la liane. Si l'on emploie des supports vivants, il sera nécessaire d'établir les arbres Supports
vivants. avant que le poivrier soit planté ; on les étêtera à 10 pieds (3^m,20) et on les tiendra en cet état pour qu'ils ne fassent pas trop d'ombre aux lianes. Le manguier et l'acajou ont été recommandés pour cet usage, mais on a reconnu qu'une espèce de « bois immortel » (*Erythrina corallo- dendron*) est la meilleure. Si la culture se fait sur une petite échelle, les trous peuvent être creusés tout près des racines des arbres déjà poussés. Les plants doivent être placés dans les trous aussi loin que possible des tu- teurs, le bout qui pousse étant dirigé vers les tuteurs ou les arbres sur lesquels la liane doit courir. Quand les Comment on
place les boutu-
res. boutures sont mises en terre, on en place trois dans

chaque trou, l'extrémité qui doit prendre racine étant
plantée à l'opposé des supports et enfoncée de 6 pouces
($0^m,15$) en terre. Il est bon d'enfouir la bouture tout entière à 4 pouces ($0^m,10$). Il faut avoir soin après cela de
couvrir les plants de feuilles ou de gazon séché ou d'é-
mondes, de façon à défendre les racines contre le soleil
et à maintenir la terre humide et fraîche.

Les lianes commenceront bientôt à se développer rapidement si la plantation a été faite en temps humide;
et quand elles ont grimpé aux supports, à deux pieds environ ($0^m,60$) on les pince pour forcer les jets latéraux
à se développer. En quelques endroits, quand les lianes
ont grimpé aux supports à la hauteur de 5 pieds ($1^m,60$),
on les en détache avec précaution, on les courbe et l'on
enfonce les extrémités en terre. Cette opération s'appelle
« rabattage »; elle rend la croissance plus vigoureuse
et assure de plus fortes récoltes. La terre doit être sarclée, et si la plante croît lentement, on déposera sur le
sol au-dessus des racines du fumier, qu'on n'enfouira pas
à la fourche mais qu'on recouvrira d'une légère couche
de terre du voisinage.

Les planteurs chinois de Singapore n'emploient comme
engrais que la terre brûlée qui semble très bien appropriée à cet objet; on emploie aussi avantageusement le
poisson pourri.

Récolte. — D'un an et demi à trois ans, on ne peut
espérer qu'une faible récolte; le poivrier ne sera en
plein rapport qu'au bout de 6 à 7 ans. De bonnes récoltes seront recueillies pendant plusieurs années de suite,
après quoi les lianes perdront de leur vigueur et de leur
productivité. Dans les conditions les plus favorables de
sol et de climat, les plantes rapporteront beaucoup pen-

Rabattage.

Engrais.

Terre brûlée.

Quand la liane
rapporte.

dant des périodes plus longues; on a même souvent des exemples de productivité jusqu'à la trentième année. Les fruits sont petits, ronds, en forme de baies; ils sont fixés au nombre de 20 à 30 sur un pédoncule penché ou « épi ». D'abord le fruit est vert, puis il devient rouge, et finalement jaune quand il est mûr. Aussitôt qu'une ou deux baies commencent à tourner au rouge, on cueille tout l'épi et on le fait sécher au soleil, puis on sépare à la main tous les grains de l'épi; on jette le pédoncule; l'épice est vannée pour la débarrasser de la poussière et autres matières étrangères et enfin mise en sacs pour être expédiée. Chaque sac contient environ 142 livres d'épice (64^k 339).

Récolte.

Vannage.

Le rendement varie beaucoup; il peut être d'une demi-livre (227 ^{gr}) jusqu'à 7 livres (3^k,172) par plant; ce qui donne, avec une distance de 7 pieds (2^m,10) entre les plantes, de 443 à 6000 livres (200^k 672 à 2718^k) par acre. Avec une bonne culture et un sol approprié on doit obtenir 4000 livres à l'acre (1812 kil).

Rendement.

Poivre blanc. — Le poivre blanc n'est autre chose que le poivre noir dépouillé de son enveloppe ou péricarpe. Les grains les plus gros et les plus mûrs, après la cueillette, sont mis en tas pendant plusieurs jours dans un lieu clos et on les laisse fermenter. Les tas sont ensuite étendus à terre et piétinés jusqu'à ce que l'enveloppe du grain se détache, puis lavés à grande eau; après quoi on fait sécher au soleil. A Travancore on suit une méthode un peu différente. On laisse les grains mûrir sur la liane, puis on les cueille et on les tient à l'abri pendant trois jours, on les lave alors et on les secoue dans un panier jusqu'à ce que les pédoncules et la pulpe s'en aillent d'eux-mêmes.

Fermentation.

Vanillier.

(*Vanilla planifolia* ANDR.).

Habitat.

Les gousses de vanille sont les fruits apprêtés d'une orchidée grimpante qui vient à l'état sauvage dans les forêts chaudes et humides de l'Amérique du centre et du

Usages de l'épice.

sud. Quand les Espagnols conquirent le Mexique, ils trouvèrent la vanille en usage chez les Aztèques pour aromatiser le chocolat et aujourd'hui les fabricants de chocolat de France et d'Angleterre l'emploient au même usage. La liane est maintenant cultivée au Mexique au Brésil, dans le Honduras, à la Guadeloupe, la Réunion, Maurice, les Seychelles, Java, Tahiti; mais une partie considérable de la vanille du commerce est récoltée sur les plantes vierges qui poussent dans les forêts du

Culture par de petits propriétaires.

Mexique. A la Guadeloupe, à la Réunion et à Maurice, la plante est cultivée par de petits propriétaires, et beaucoup d'eux dans ces îles font de l'argent en vendant les gousses produites par les lianes élevées dans leurs jardins ou sur les varangues de leurs maisons.

Le meilleur sol.

Sol et climat. — Un sol végétal riche, comme ceux qu'on trouve dans les forêts touffues de la région tropicale, est le meilleur pour la vanille. Les sables sont trop légers, les argiles sont trop sèches en temps chaud ou trop

Drainage nécessaire.

humides en temps de pluie. Un sol non drainé baigné d'eau fera pourrir la racine et ne convient donc pas du tout à la culture de cette orchidée. Le climat doit être chaud et humide, en même temps qu'une situation abritée est indispensable; mais les plantes ne doivent pas être trop ombragées, sans quoi les fruits ne mûriraient pas.

Reproduction. — La plante se reproduit de boutu-res et il n'est pas nécessaire de mettre les boutures sur couches pour qu'elles prennent racines. Des boutures de 4 à 5 pieds de long ($1^m,30$ à $1^m,60$) sont plantées au pied d'arbres ou de supports employés pour la vanille; si le temps est favorable, elles auront bientôt pris raci-ne. On peut prendre ces boutures sur n'importe qu'elle partie de la liane; dans le cas où il n'est pas possi-ble d'avoir un nombre suffisant de longues boutures, on peut en employer de plus courtes, mais les plantes entreront plus promptement en rapport si les boutures sont de longueur convenable.

Boutures.

Les prendre longues.

Culture. — Le vanillier étant une liane grimpante, demande un support et comme la fertilisation des fleurs doit être faite artificiellement, il sera nécessaire de di-riger la plante de façon à ce que les fleurs puissent être à la portée de la main. Quand la culture se fait en jardin, des murs de pierre, des arbres ou un treillage de bois peuvent être utilisés comme supports; mais si la plante est cultivée sur une plus grande échelle, il faudra planter des arbres tout exprès ou fixer en terre des supports auxquels la liane pourra s'attacher. Ces sup-ports seront d'un bois résistant qui ne pourrisse pas en terre; leur extrémité inférieure sera taillée et goudron-née. Le campêche non écorcé, le calebassier, les fou-gères arborescentes peuvent être employés. La partie du support hors de terre devra atteindre 5 pieds envi-ron ($1^m,50$). Il est bien préférable que les supports soient des arbres vivants, et le meilleur pour cet objet est le pignon d'Inde (*Jatropha curcas* L) qui peut être obtenu par graines, ou par plantations de branches ou même de tiges entières; celles-ci, en effet, plantées en

Supports pour la liane.

Supports.

Les arbres vi-vants sont les meilleurs sup-ports.

Trous.

temps de pluie peuvent parfois reprendre. On creuse des trous où l'on plante les supports comme on l'a expliqué pour la culture du poivrier, avec cette différence que les

Distances.

distances entre les supports ne seront pas de plus de six pieds (1^m,80) Les trous seront remplis avec une terre riche, mêlée de sable et de feuilles consumées; si la planta-

Humus.

tion est dans le voisinage d'une forèt, l'humus riche qui est à la surface sera employé à remplir les trous. Le sol doit être surélevé pour empêcher l'eau de stagner; il vaut même mieux former une saillie d'environ 6 pouces

Couches.

(0^m,15) au-dessus du sol et empêcher qu'elle ne soit nivelée par l'entrainement dû aux pluies d'hivernage en

Plantation des boutures.

l'entourant d'un muretin de cailloux. On enlève les trois plus basses feuilles de la bouture et on plante cette portion de la tige à une profondeur de 3 ou 4 pouces (0^m,7 à 0^m,10); ce qui reste de la tige est ensuite attaché à l'arbre ou au support, à l'aide d'une fibre plate de bananier ou d'un filament de noix de coco. Une corde ronde est mauvaise parce qu'elle peut couper et blesser

Abri.

la jeune tige de vanillier. La terre doit être soigneusement recouverte de feuilles ou de brindilles placées au-dessus de la partie enfouie de la bouture, et même si la

Arrosages.

sécheresse, survenait, de fréquents arrosages seraient indispensables, jusqu'à ce que la bouture se soit enracinée.

Il y a plus, sauf le cas où le sol serait légèrement ombragé par les pignons d'Inde, il sera bon, en temps de sécheresse de tenir les racines constamment abritées. Quand les vanilliers ont atteint le sommet des arbres ou supports, on peut disposer des bambous d'arbre en ar

Supports transversaux.

bre ou de support en support et y faire courir les lianes. Ces arbres doivent être maintenus assez bas pour que la liane ne soit pas hors de portée et les branches doivent être judicieusement disposées de façon à ce qu'elles ne fassent pas trop d'ombre. On n'emploiera aucun engrais animal ou artificiel, mais des feuilles mortes et du terreau peuvent être étendus sur les racines après chaque récolte.

Engrais.

Fertilisation des fleurs. — Les plantes commencent à fleurir la seconde année de la plantation et une pleine récolte peut être attendue la quatrième année dans l'Amérique du centre et du sud, contrées où cette orchidée croît à l'état sauvage. La fertilisation est effectuée par des insectes ou d'autres auxiliaires. Les parties de la fleur sont constituées d'une façon telle que la fécondation spontanée est impossible, aussi doit-elle être produite par un agent étranger. On dit ordinairement que cet agent est un insecte, mais aucun des auteurs qui ont écrit sur la vanille ne donne une description de l'insecte ni aucune particularité à son sujet. L'auteur de ce livre a recueilli quelques gousses de vanille sur des lianes poussant dans son jardin à la Dominique et comme aucune des fleurs n'avait été fécondée artificiellement cette année-là, il est probable que la fertilisation avait été opérée par les oiseaux-mouches qui avaient été fréquemment remarqués introduisant leur long bec dans la fleur pour en boire le nectar. Il paraît donc probable que ces oiseaux coopèrent autant que les insectes à la fertilisation des vanilliers. Dans la culture de la plante, toutefois, il ne faudra pas rester sous la dépendance d'auxiliaires aussi capricieux, et le planteur, pour assurer la récolte, devra fertiliser lui-même ses plants.

Récolte, la quatrième année.

Fertilisation artificielle nécessaire.

Fertilisation par les oiseaux-mouches.

La fleur du vanillier est très différente de la fleur-type décrite dans la première partie de ce livre; mais en l'examinant avec attention, on peut distinguer l'enve-

Description des fleurs.

loppe extérieure, consistant en trois sépales, et l'enve-

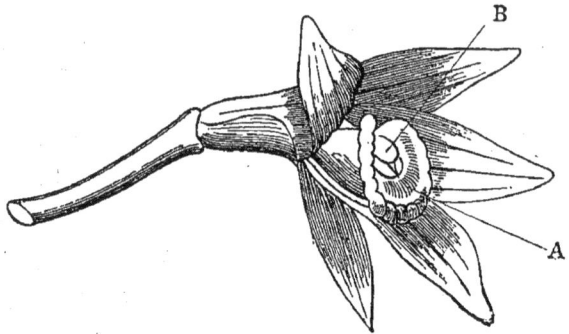

Fig. 1.

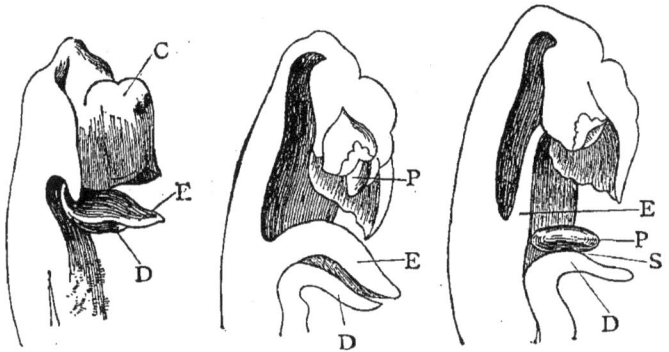

Fig. 2. Fig. 3. Fig. 4.

FLEUR DU VANILLIER DESTINÉE A FAIRE COMPRENDRE LES PROCÉDÉS
DE FÉCONDATION ARTIFICIELLE.

Fig. 1. — Fleur du vanillier.

A. Labelle. B. Sommet de la colonne.

Fig. 2. — Vue amplifiée du sommet de la colonne.

E. Anthère recouverte par le capuchon. D. Stigmate. E. Lamelle.

Fig. 3. — Section verticale (agrandie) de la colonne.

D. Stigmate. E. Lamelle. P. Masses polliniques.

Fig. 4. — Section verticale (agrandie) de la colonne.

D. Stigmate. S. Surface stigmatique. P. Masses polliniques détachées de l'anthère et adhérentes
à la surface gluante du stigmate. E. Lamelle repoussée derrière l'anthère.

loppe intérieure, qui se compose de trois pétales. Le

pétale inférieur est très différent des autres : on l'appelle *labellum* ou *lèvre*, et il enveloppe la colonne qui continue l'axe de la plante sur laquelle sont établis les anthères et le stigmate si curieux.

Cette continuation se nomme colonne : elle est représentée, ainsi que les autres parties de la fleur, dans les gravures ci-contre. A l'extrémité de la colonne se voit un capuchon qui recouvre l'anthère et par suite les grains de pollen : au-dessous se trouve la surface visqueuse du stigmate protégée et cachée par une lèvre proéminente appelée quelquefois *lamelle*. On voit que le pollen se trouve ainsi enfermé dans le capuchon, et le stigmate recouvert par la lamelle, ce qui oppose un double obstacle à la fécondation spontanée. Le but de l'opérateur doit être, d'abord de mettre le pollen à nu, ensuite de supprimer ou tout au moins d'écarter la cloison E qui sépare l'organe mâle de l'organe femelle. Il arrive à ce but, premièrement en détachant le capuchon, ce qui se fait facilement en le touchant légèrement avec un bois pointu, secondement en faisant glisser la lamelle sous l'anthère ; en troisième lieu, en assurant le contact du pollen et du stigmate par une douce pression entre le pouce et l'index. Avec un peu de pratique, l'opération est accomplie en quelques secondes ; elle peut être facilitée en prenant la colonne entre le pouce et le majeur de la main gauche, tandis que l'index la soutient par derrière ; la main droite est alors libre de manœuvrer l'instrument de fertilisation qui doit être émoussé et arrondi à l'extrémité. Une dent de vieux peigne fixée au bout d'une mince pièce de bambou, longue de quelques pouces, a été employée par l'auteur pour fertiliser de nombreuses fleurs de vanille.

Deux obstacles à la germination spontanée.

Comment on effectue la fertilisation artificielle.

Récolte. — Si la fertilisation a réussi, la fleur diminuera graduellement tandis que la gousse grossira rapidement. Si elle n'a pas réussi, la fleur tombera avant le second jour, l'ovaire restera sans se développer, tournera au jaune, se ridera et se détachera.

Les fleurs se formeront vers février ou mars, en épis au nombre de dix à douze, mais on n'en fertilisera pas plus d'une demi-douzaine par épi; de cette façon on obtiendra de grosses gousses. On commencera la fertilisation vers 9 ou 10 heures du matin, car si on s'y prend trop tard, la fécondation peut être incomplète ou manquer d'une façon ou d'une autre. Le fruit grossit pendant un mois, mais il mettra au moins cinq mois à mûrir

suffisamment pour être cueilli. Les gousses sont bonnes à cueillir quand elles commencent à jaunir par le bout ou quand elles produisent une sensation de craquement en les pressant légèrement entre les doigts. Chaque gousse sera cueillie séparément en les penchant d'un côté jusqu'à ce qu'elles se détachent de la tige. Il est très important de cueillir les gousses au bon moment, car si elles étaient trop mûres, elles s'ouvriraient durant la manipulation, et si elles étaient trop vertes, elles se sécheraient difficilement et n'auraient que peu ou point de parfum.

Préparation. — Une fois cueillies, les gousses sont plongées une demi-minute dans de l'eau presque bouillante. On les place ensuite sur des claies pour qu'elles sèchent, puis on les étend sur des couvertures et on les

expose au soleil. Chaque soir on les enroule dans les couvertures et on les enferme dans des boîtes sèches pour fermenter. On continue l'exposition au soleil durant une semaine ou jusqu'à ce que la gousse devienne brune et flexible, alors on les passe entre les doigts pour les dresser et pour répartir également les graines et la substance huileuse qui est à l'intérieur. Si une gousse éclatait, on la fermerait et on la lierait étroitement avec un fil de soie ou un ruban étroit; lorsqu'en se séchant et en se ridant elles ont diminué d'épaisseur, il faut enlever le fil et faire une nouvelle ligature. Quand les gousses sont brunes, le séchage devra être achevé à l'ombre, ce qui demandera quelques semaines. Parfois, les gousses sont frottées d'huile de ricin ou d'olive, mais ce procédé ne doit pas être recommandé, parce que l'huile peut devenir rance et déprécier le produit (1).

Rendement des gousses.

Ligature de gousses éclatées.

Empaquetage. — Les gousses séchées sont assorties suivant leur longueur; celles qui sont longues et minces ont le plus de valeur. Les gousses de même longueur sont liées et mises en paquets de 25 ou 50, les ligatures se faisant ordinairement aux deux extrémités du paquet. Ces paquets sont ensuite rangés dans des boîtes de bois blanc de même longueur, qui sont elles-mêmes placées dans des caisses de bois dur. A la Guadeloupe, les paquets sont placés dans des caisses à pétrole bien nettoyées qui sont ensuite soudées de façon à les préserver du contact de l'air et de l'humidité.

(1) Les planteurs qui voudraient des renseignements plus détaillés sur la préparation de la vanille les trouveront soit dans la brochure spéciale de Delteil, soit dans le volume du *Manuel des cultures tropicales* de Sagot et Raoul qui paraîtra à la fin de 1896.

CHAPITRE X.

TABAC.

(*Nicotiana tabacum* L.)

La plante qui produit les feuilles qu'on transforme en tabac par des procédés de séchage et de fermentation, est originaire de l'Amérique tropicale, où son usage fut découvert par Christophe Colomb en 1492. On a rapporté que lorsque Colomb et ses compagnons abordèrent à Cuba, ils trouvèrent chez les indigènes l'habitude de fumer des feuilles de tabac roulées à peu près dans la forme de nos cigares et les explorateurs espagnols à leur retour introduisirent « l'herbe » dans leur patrie. Ce n'est qu'environ un siècle plus tard, exactement en 1585, que le célèbre W. Raleigh introduisit en Angleterre l'usage de fumer le tabac. Tout d'abord il se heurta à l'opposition du roi, du pape et d'autres potentats. Le roi Jacques Ier écrivit un livre contre le tabac à fumer sous le titre de « Un adversaire du tabac », et les princes d'Orient condamnèrent les fumeurs à des morts cruelles. Mais en dépit de tout cela, l'usage du tabac se répandit rapidement dans tout le monde civilisé et on peut le regarder aujourd'hui comme un usage universel. De toutes les diverses productions végétales de la terre, le tabac, suivant l'expression d'un auteur qui fait autorité,

Tabac introduit en Angleterre par W. Raleigh.
Son usage d'abord défendu.

Maintenant universel.

« est le plus universellement employé par l'espèce humaine », un autre écrivain écrit que cette plante « forme un des plus importants facteurs de la fortune publique dans les pays où il est cultivé en grand et avec méthode ».

Quand les îles des Antilles furent colonisées par les Européens, le tabac devint l'objet d'une importante culture dans presque toutes; mais aujourd'hui cette culture est presque entièrement confinée dans les îles espagnoles. On peut espérer que cette industrie qui donne de beaux profits renaîtra dans les autres Antilles et aidera à l'accroissement de leur prospérité. Sir W. Robinson a essayé avec quelque succès de réintroduire l'industrie du tabac dans les îles occidentales britanniques. Pendant qu'il était gouverneur de la Trinité; il écrivit une brochure sur ce sujet et il y établit que Cuba ne peut produire assez de tabac pour le grand commerce de cigares qu'elle fait; il ajoutait : « Les législateurs des colonies, les planteurs aussi bien que les gouverneurs ont encouru une grave responsabilité en laissant Haïti, St-Domingue et l'Allemagne se substituer aux Indes occidentales dans le commerce avantageux qui semblait devoir leur appartenir, celui de fournir à Cuba les milliers de tonnes de tabac actuellement nécessaires pour son industrie des cigares.

Le sol. — Le meilleur sol pour la culture du tabac est un loam léger et sablonneux, riche en potasse, en chaux et en matière végétale; l'analyse de la plante en effet montre que la chaux, la potasse et les composés d'azote y existent en larges proportions. Le célèbre district de Vuelta abajo, qui produit le plus beau tabac du monde, possède un sol répondant à notre description.

Culture très étendue dans les Indes occidentales au début de la colonisation.

Culture très profitable.

Potasse, chaux et humus nécessaires dans le sol.

Sol de Cuba.

Les terres alluviales lorsqu'elles sont légères et bien drainées, conviennent à la culture, mais le tabac ne réussit pas dans les sols argileux ou calcaires. Comme le tabac exige une terre très riche, on choisira, autant que possible, une terre de forêt nouvellement défrichée; si on veut planter en tabac un emplacement depuis longtemps cultivé, il faudra le fumer largement au fumier de ferme pour obtenir de bonnes récoltes.

Sol riche exigé.

Climat. — Le tabac étant originaire de l'Amérique tropicale, le climat de la plupart des Antilles convient à cette culture. Une certaine quantité d'humidité est nécessaire et la chaleur des terres basses n'est pas moins essentielle. La plante, cependant, est robuste et pousse en été sous les latitudes septentrionales. En fait, une grande proportion du tabac du commerce est produite dans les régions tempérées des États-Unis et dans quelques contrées d'Europe.

Chaleur et humidité essentielles à la production du tabac.

Reproduction. — Le tabac s'obtient exclusivement par semence, mais après la première coupe, on peut obtenir plusieurs récoltes des pieds restants. Il faut apporter un grand soin au choix de la graine, qu'il faudrait, autant que possible, obtenir de la Havane ou de Déli (Sumatra) suivant l'utilisation qu'on se propose. Il y a de nombreuses variétés de tabac cultivées dans les diverses parties du globe; mais, aux Antilles, la graine de la Havane produira les meilleures récoltes et l'on n'en doit pas semer d'autre.

Bien choisir la graine.

La graine de Havane la meilleure.

On recueille la graine sur les plus beaux plants ayant les plus longues tiges et les plus larges feuilles. Le planteur de tabac laisse toujours un certain nombre des plus beaux sujets fleurir et grainer. Les capsules à graines sont ordinairement séchées au soleil, puis brisées dans la

Capsules graines.

main, ensuite, vannées pour séparer les capsules de l'enveloppe, ou bien passées au crible fin. Les graines sont conservées dans des bouteilles de verre convenablement bouchées; elles s'y garderont fraîches longtemps.

Nurseries. — A Cuba, la graine est semée en août ou septembre, et cette saison peut être adoptée le plus souvent dans les pays de latitude semblable. Après avoir choisi dans une situation convenable un champ de terre riche, on le travaille à la houe, puis on le couvre d'une couche de gazon sec ou de broussailles, qu'on brûle aussitôt que les mauvaises herbes repoussent; *Passer le feu sur la terre.* de cette façon, les insectes, qui sont très redoutables pour les jeunes semis, se trouvent détruits. On peut, avec avantage, donner un second tour de houe, couvrir de débris et brûler comme auparavant, les cendres servant à donner un supplément de matières nutritives aux jeunes pieds de tabac. Les planches peuvent avoir 1^m,28 de *Couches de semence.* large et 3^m,20 de long avec une élévation de 0^m,25 au dessus du niveau du sol. Pour donner un léger ombrage aux jeunes plants, on peut semer du maïs dans une rangée passant par l'axe des planches, les graines de cette céréale étant placées à environ 0^m,45 l'une de l'autre. Les fleurs du maïs seront coupées aussitôt qu'elles apparaîtront, afin de ne pas épuiser le sol. Les graines de tabac étant très petites, il est bon de les mêler avec de la cendre de bois, de la terre tamisée ou de *Mêler les graines avec de la cendre de bois.* la chaux en poudre, afin de les semer également et pas trop serrées. Après la semence, la graine doit être légèrement pressée dans le sol, et si le temps n'est pas à la pluie, les planches devront être arrosées et tenues humides. Toutes les mauvaises herbes devront être sarclées à la main à mesure qu'elles pousseront : il faudra veiller aussi à ce que les insectes n'attaquent pas les jeunes pieds. Au bout de six semaines environ, les pieds auront de 0ᵐ,075 à 0ᵐ,10 de haut, l'on pourra alors les transplanter définitivement après une forte pluie.

Préparation de la terre. — Le sol doit être bien remué pour que les racines délicates de la jeune plante puissent aisément le pénétrer. Dans ce but, il faut faire un premier, puis un second labour et cela plusieurs fois jusqu'à ce que les herbes soient consumées, le sol bien ameubli et propre. Les mottes de terre seront brisées à la herse. Si on ne peut le faire, on fera traîner sur la terre, par un bœuf ou un cheval, quelques pièces de bambou de 12 pieds de long (3ᵐ,84) avec autant de branches et de feuilles que possible. Les branches de bambou produisent, en réalité, le même effet que la
herse. On laboure ensuite la terre en sillons profonds de 6 pouces (0ᵐ,15) et distants de 3 pieds (0ᵐ,90); les jeunes pousses de tabac sont piquées dans les sillons à
18 pouces (0ᵐ,45) de distance les unes des autres. Dans une terre nouvellement défrichée, il ne sera pas nécessaire de fumer, mais dans une terre déjà cultivée, il
faudra répandre un bon fumier de ferme avant le dernier tour de charrue. Les planteurs de Cuba ont abandonné les engrais artificiels bien que le tabac soit un produit très épuisant; mais la chaux, les composts et les cendres de bois sont couramment employés; on met
quelquefois les pourceaux dans le champ pour pour amender le sol.

Plantation. — On choisira un jour de pluie pour transplanter les pieds de la nursery, dans le champ. Les jeunes pieds doivent être maniés avec précaution et la terre détachée des racines. Il est préférable de planter l'après-midi pour que les plantes bénéficient de l'air humide et frais de la nuit avant de se trouver exposées au soleil. Il ne faut pas les planter de façon que les tiges et les basses feuilles soient recouvertes, autrement elles pourriraient en partie. S'il survient de la sécheresse, il faut arroser chaque plant jusqu'à ce qu'il ait pris racine ; au bout d'une semaine, on parcourt le champ, on pique de nouveaux plants à la place où les premiers sont morts.

Arroser les plants en temps sec.

Culture. — Quand deux ou trois feuilles ont poussé après la plantation dans le champ, les sillons sont partiellement remplis à la houe et la terre ramenée autour des pieds de façon à les butter. Cette opération peut être exécutée tous les quinze jours, jusqu'à ce que les sillons soient complètement remplis et le sol déposé autour des tiges des plants ; mais il ne faut pas la faire en temps de pluie, parce que le sol serait trop compact pour être aménagé convenablement. On ne laissera aucune mauvaise herbe pousser dans le champ et le travail à la houe sera fait assez souvent pour que le sol se maintienne meuble et bien aéré.

Chausser les plants.

Arracher les mauvaises herbes.

Étêtage. — Trente ou quarante jours après la plantation, les bourgeons floraux commenceront à apparaître à l'extrémité des plants ; sauf chez les pieds qu'on laisse produire graine, il faut casser avec le pouce et l'index, l'extrémité de la tige y compris le bourgeon floral. Par cette opération, on ne laisse que dix à quatorze feuilles et ce sont celles-là qu'on laissera croître. Le nombre de feuilles qu'on laisse grandir dépend de la force du pied et le planteur, en cette matière, agit suivant son propre discernement.

Fleurs.

Nombre de feuilles qu'on laisse grandir.

Ébourgeonnement. — C'est le terme employé pour l'opération qui consiste à enlever les bourgeons qui apparaissent aux angles formés par la tige et la partie inférieure du pétiole des feuilles. Si on laissait ces bourgeons se développer, ils se développeraient en rameaux latéraux et détourneraient la sève, des feuilles conservées. Les bourgeons commencent à pousser une semaine environ après l'étêtage de la plante; on les enlève facilement avec les doigts. Au bout d'un certain temps, de nouveaux bourgeons apparaîtront, il faudra les enlever également; on examinera tous les pieds l'un après l'autre à des intervalles réguliers pour empêcher la formation de pousses latérales.

Pourquoi on enlève les bourgeons.

Ennemis du tabac. — Les principaux ennemis de la plante sont les chenilles, c'est-à-dire les larves, surtout celles de papillons. Ces larves se trouvent ordinairement sur la surface intérieure des feuilles; si on ne les découvre pas et si on ne les détruit pas, elles feront le plus grand mal à la récolte. Les dindons tuent les larves en grand nombre; dans les districts à tabac des États-Unis on en élève des troupeaux pour la destruction des « vers », nom improprement donné aux larves. Dans les fermes de tabac, il faut pratiquer l'échenillage deux fois par jour, car une seule larve laissée sur la plante pendant 24 heures causerait les plus grands dégâts aux feuilles. La chenille qui fait le plus de dommages est une grosse chenille verte; c'est la larve de la phalène-sphinx de couleur gris-foncé avec des macules de couleur orangée sur chaque côté du corps (*Sphinx quinquemaculatus*).

Larves.

Les dindons détruisent les chenilles.

Larve du sphinx.

Coupe. — Aussitôt que les feuilles de tabac sont mûres, les plantes doivent être coupées au ras de la ra-

Coupe.

cine, puis après fanage au soleil, on les porte au séchoir où elles sont converties en tabac manufacturé, produit que tout le monde connaît.

Il y a deux méthodes pour la coupe; la première *Deux méthodes de coupe.* est celle qui est employée à Cuba et dans les autres pays qui produisent le plus beau tabac. Un certain nombre de pieds sont coupés et étendus à une certaine distance du sol sur des fourches ou sur un cadre grossier; les coupeurs abattent alors les feuilles par paires *Couper les feuilles par paires.* à l'aide d'une serpe, en jetant d'un côté les meilleures feuilles, les *wrappers*, et d'un autre côté les feuilles inférieures les *fillers;* après quoi, les feuilles sont suspendues à des traverses de bois, chaque sorte à part, et exposées au soleil jusqu'à ce qu'elles soient fanées. Le *Fanage.* fanage rend les feuilles molles et empêche qu'elles ne se déchirent pendant la manipulation. Après l'opération du fanage, les traverses portant leurs feuilles de tabac sont portées au séchoir, où on les suspend en appuyant leurs extrémités sur des rayons ou supports disposés pour les recevoir.

Dans le second système de coupe, chaque pied est *Couper toute la plante.* coupé au ras de terre et laissé sur le côté pour sécher au soleil. Ensuite on lie les pieds en gros paquets avec des bandes larges de 12 pouces (0^m,30) environ et on porte les paquets au séchoir. On emploie des bandes larges pour ne pas blesser les feuilles en les liant. Il faut avoir soin de ne pas couper les feuilles avant *Ne pas couper les feuilles avant qu'elles soient mûres.* qu'elles ne soient mûres, sans quoi on aurait du tabac de qualité inférieure. Les feuilles mettent près de trois mois à mûrir à partir du moment où la graine a germé. La maturité des feuilles se reconnaît aux caractères *Comment on reconnaît les feuilles mûres.* suivants : la surface est agglutinante, si on ploie l'extrémité de la feuille, elle se brise promptement; la couleur est d'un vert-jaunâtre avec des taches; enfin la marge et la pointe des feuilles sont largement déprimées vers le sol. Il ne faut pas pratiquer la coupe en

Couper en temps sec. temps humide; si le temps est beau on ne commencera même pas de trop bonne heure afin que les gouttes de rosée aient le temps de sécher, si la pluie survient durant la coupe, il faut l'interrompre et dans ce cas les feuilles déjà coupées seront portées de suite au séchoir.

Séchoir. — Quelques écrivains faisant autorité donnent des détails très minutieux sur la construction du séchoir, mais cela peut être laissé au goût et à l'ingéniosité du planteur, qui devra se souvenir que la

But du séchoir. construction a pour objet de garantir le tabac contre le soleil, la pluie et le vent, tout en lui laissant la faculté de sécher grâce à la libre circulation de l'air. La construction peut être soignée, établie sur un mur de pierre et couverte d'un toit de bardeaux, ou bien elle peut être établie grossièrement et ne comprendre qu'un toit de chaume et des côtés fermés de claies. Il sera bon de l'orienter du nord au sud et de ménager plusieurs portes

Arrangement pour suspendre le tabac dans le séchoir. pour permettre la libre circulation de l'air. A l'intérieur, on disposera une charpente formée de poteaux et de barres en croix sur chaque côté, de façon à ce que les traverses garnies de tabac puissent être suspendues jusqu'à complète dessiccation. Les traverses qui sont placées horizontalement sur les poteaux verticaux seront disposées l'une au-dessus de l'autre à une distance de 3 pieds (0^m,90) environ de façon que la pointe des feuilles supérieures ne touchent pas la base des feuilles inférieures.

Préparation. — Si les feuilles de tabac n'étaient que coupées, puis séchées, elles seraient des « feuilles mortes », elles ne seraient pas du tabac. Pour les transformer en tabac, elles doivent être préparées et cette opération est des plus importantes : d'elle dépend la qualité du produit. La plus belle feuille provenant des plus belles graines, poussée sur le plus riche sol et sous le meilleur climat peut être tellement avariée, par une mauvaise préparation, qu'elle devienne un produit de nulle valeur, bonne seulement à servir de litière.

Grande importance d'une bonne préparation.

Au cours de la préparation du tabac, d'importantes transformations chimiques dues à la fermentation se produisent dans les feuilles, de telle sorte que de nouveaux composés se trouvent formés. A deux de ces composés, la nicotine et la nicotianine, sont dues l'odeur particulière et les propriétés du tabac; or, si la préparation n'est pas bien faite, ces substances ne se formeront pas en bonnes proportions, si même elles se forment. Si l'on a adopté la première méthode de coupes par paires, les traverses avec les feuilles qui pendent autour, sont placées ensemble sur la charpente dans le séchoir de façon que les feuilles des différentes traverses se touchent et on les laisse ainsi trois jours, après quoi on les sépare à une distance de 12 pouces (0m,30) afin que l'air puisse circuler entre elles et les sécher.

Alcaloïdes du tabac.

Comment on sèche les feuilles.

Si l'on a coupé au contraire toute la plante et si on l'a transportée en paquets au séchoir, on délie les paquets, on étale les plantes sur le plancher pour empêcher les feuilles de s'échauffer, c'est-à-dire pour prévenir la fermentation. On lie alors ensemble deux et même quatre plants s'ils sont petits, avec des ficelles de façon à pouvoir les pendre sur les traverses pour sécher. Ces traverses sont semblables à celles qu'on emploie dans la coupe par paires pour transporter les feuilles; elles ont

Ligature des plantes.

un pouce ($0^m,025$) ou un peu plus de diamètre et ne doivent pas être trop longues, sans quoi elles ploieraient au milieu sous le poids des plantes. En liant les plantes ensemble, un tour de corde passera au-dessous de la première feuille pour l'empêcher de glisser par le fait de la dessiccation de la tige.

Laisser les feuilles pendues jusqu'à ce qu'elles soient sèches.

Les feuilles et les plants de tabac resteront pendus jusqu'à ce que les côtes du milieu soient parfaitement sèches, ce qui n'arrivera pas avant trente jours au plus tôt ; mais on peut hâter la dessiccation en plaçant les traverses, sur des supports, en plein soleil pendant quelques heures par jour, et ce durant trois jours. Une fois secs, les feuilles et les plants sont dépendus, débarrassés des tiges et mis en tas pour fermenter. Un temps de brouillard sera choisi pour cette opération afin que l'humidité de l'air rende les feuilles molles et flexibles. Quand on ôte les feuilles des séchoirs, on sépare les

Séparer les wrappers des fillers.

wrappers des fillers ; cela évitera l'embarras d'assortir les différentes qualités quand la préparation sera achevée. Si le séchoir n'a pas de parquet, on construira une plateforme en posant des planches ou des claies sur des blocs de bois ; les feuilles sont mises en tas sur cette plateforme, chaque feuille étendue également, toutes

Tas.

les pointes dans la même direction. Les tas peuvent être de deux ou trois pieds de haut ($0^m,60$ ou $0^m,90$), on les couvrira de feuilles de bananier sèches et on mettra

Fermentation.

un poids dessus. Après un jour, on ouvrira et on tournera le tas de façon que les feuilles du milieu soient en dehors la seconde fois. Cette précaution sera prise plusieurs fois afin d'éviter une trop grande fermentation. Après que les tas auront trente ou quarante jours, toute la chaleur sera partie et les feuilles auront acquis les qualités du tabac. Alors profitant d'un temps de brouillard, on défera les tas et on liera les feuilles par 25 ou 30 ; ces bottes s'appellent quelquefois « manoques ». Pour faire convenablement une « manoque », on roule une feuille en forme de corde, on la passe autour de la botte, et on fixe la ligature en relevant l'extrémité pour la passer entre les feuilles, qu'on écarte doucement à cet effet. *Manoquage.*

Cela fait, le tabac peut être empaqueté en balles, en boîtes ou en barils pour le transport ; on aura soin d'exercer une forte pression pour comprimer les feuilles et chasser l'air autant que possible. A Cuba et dans d'autres pays, avant l'empaquetage, il est d'usage d'arroser légèrement les « manoques » avec un liquide nommé « *bétan* », de les disposer en tas sur la plateforme à fermentation, en les pressant fortement ensemble, et de les y laisser de quatre à six jours. Le *bétan* est obtenu en laissant quelques tiges séjourner dans l'eau jusqu'à ce qu'elles pourrissent, c'est-à-dire environ une semaine. *Paquetage.*

Parfois les feuilles sont arrosées légèrement avec ce liquide avant d'être mises en « mains » et après cet arrosage, remises sous presse durant quelques jours. La *presse* est le terme usuel pour désigner la plateforme sur laquelle le tabac est entassé et comprimé pendant la fermentation ; mais il vaut mieux installer une presse dans un compartiment séparé du séchoir. *La presse.*

Aréquier.

Areca catechu L.

Le tronc grêle et élancé de l'aréquier en fait, lorsqu'il est parvenu à son entier développement, non le plus beau, mais à coup sûr un des plus élégants de tous les palmiers des îles de l'Océan Indien. On peut seulement reprocher à son feuillage un peu de défaut d'ampleur, mais à une certaine distance la tige n'apparaît plus que comme une ligne ténue tandis qu'on perçoit très bien ondulant à la brise à une distance du sol atteignant jusqu'à près de 20 mètres les belles touffes de palmes vertes qu'il supporte. Les fruits ovales sont à maturité d'un jaune rouge très ornemental; la noix proprement dite dont la section apparaît marbrée comme celle de la muscade est entourée d'une enveloppe fibreuse.

Climat. — Quoiqu'il vienne mieux sous un climat marin, l'aréquier n'exige pas, comme le cocotier, l'atmosphère saline, et de fait on le trouve cultivé dans nombre de points de l'intérieur de l'Inde et de la Birmanie. Dans le sud de l'Inde on peut encore réussir sa culture jusqu'à une altitude de mille mètres.

Sol. — Il est très accommodant en matière de sols, et on arrive à le cultiver dans l'Inde, même sur des argiles ferrugineuses assez sèches; néanmoins ce palmier a une préférence très marquée pour les terres riches en humus et particulièrement pour les sols noirs qui contiennent des nodules de calcaires.

Multiplication. — Elle se pratique en nurseries de la façon suivante :

On creuse des fosses qu'on remplit à moitié de sable ; on y dépose un lit de noix d'arec recueillies à parfaite maturité à la fin de la saison sèche, et on recouvre les noix d'une couche de sable et de terreau. Il ne reste plus qu'à arroser tous les trois jours, pendant quatre mois.

Arrosage
nécessaire.

Dans quelques régions de l'Inde on procède à ce moment à la mise en place définitive ; dans les jardins ou on l'effectuera on a planté à l'avance des rangées de bananiers devant servir d'arbres-ombrages. Ces bananiers sont disposés à 1^m,20 de distance ; chaque aréquier est planté dans un trou entre deux bananiers.

L'époque de la mise en place définitive varie considérablement selon les contrées (entre le cinquième mois et la cinquième année). Dans quelques pays on affirme en effet que l'expérience a prouvé qu'il valait mieux ne transplanter que cinq années après le semis au moment où les plants ne dépassent guère 1^m,50 de haut.

Un hectare planté en aréquiers peut contenir 2,500 pieds environ.

Culture. — Dans la plupart des régions de l'Extrême-Orient, on choisit comme terrains pour les plantations d'aréquiers, des emplacements pouvant être très facilement irrigués, soit qu'ils se trouvent en contre-bas, soit qu'on les choisisse le long des rivières ou ruisseaux.

Des fossés sont disposés parallèlement à chaque ligne d'aréquiers ; mais ceux-ci ne sont plantés qu'à 0^m,40 c. du fossé d'irrigation, afin que leurs racines puissent bénéficier de cette irrigation sans que les plantes se trouvent déchaussées.

Cette irrigation a des inconvénients, elle détermine dans les jardins la poussée d'une végétation exubérante de mauvaises plantes ; si les jardins ne sont pas tenus en bon état comme c'est la règle, ils se transforment bientôt en véritables marécages plus malsains que les rizières. C'est là la cause réelle de l'insalubrité qu'on attribue aux plantations d'aréquiers.

Dans les contrées où les pluies sont assez abondantes pour qu'une fois les aréquiers transplantés et repris, il n'y ait plus besoin d'irriguer, on peut augmenter considérablement les bénéfices en cultivant entre les lignes d'aréquiers le caféier de Libéria. Le Libéria est le seul

caféier qui s'accommode réellement bien de cet abri, pour cette raison qu'il faut planter les aréquiers d'ombrage assez éloignés pour que les deux plantes ne se nuisent pas. Le caféier d'Arabie exige une ombre plus touffue, et comme l'aréquier a comme le caféier un système radicellaire superficiel, si les plantes sont trop rapprochées, elles épuisent toutes les deux les mêmes couches du sol.

Rendement — Dans l'Inde et dans les localités non abritées, il n'est pas rare de voir l'aréquier commencer à rapporter à la fin de la cinquième année et on considère ce palmier comme en plein rapport à sa neuvième ou à sa dixième année.

En Cochinchine on admet que l'aréquier ne rapporte que la septième année et on ne considère comme en plein rapport que les arbres de douze ans. Il est juste de dire que dans cette colonie on admet qu'un aréquier peut produire pendant trente-cinq ans, tandis que dans l'Inde on admet comme limite de production vingt-cinq à trente ans.

Dans l'Inde on considère 300 noix comme une récolte moyenne. En Cochinchine on compte seulement pour

un arbre en plein rapport trois régimes de fruits à 60
noix par régime ce qui avait permis à Turc de fixer le
revenu à 0,90 c. par arbre, soit un revenu *brut* de 2,250
francs par hectare.

Dans l'Inde on estime qu'un acre d'aréquiers contenant mille arbres (1) rapporte en moyenne 50 livres sterling par an. Les frais pour conduire les arbres à la cinquième année sont de 130 livres sterling (y compris
l'intérêt au taux habituel de 9 %). En défalquant les
frais d'arrosage, de récolte et de vente, il reste un revenu net de 19 livres sterling par acre, soit un revenu
net d'environ mille francs par hectare.

M. A. G. V. Borron estime que pour conduire un acre
d'aréquiers, jusqu'au moment de la production, la dépense totale comprenant la valeur de la terre et les intérêts s'élève à 200 roupies. Il admet que dans l'Inde, en
espaçant à 10 pieds en tous sens, on peut planter 435 aréquiers par acre dont le revenu brut est de 80 roupies et
le revenu net de 60 roupies.

On voit les différences considérables qui existent entre
ces diverses appréciations.

Masticatoire. — La noix d'arec forme une des parties importantes du masticatoire usité dans tout l'extrême
Orient par des centaines de millions d'habitants.

Le masticatoire se compose d'une feuille de bétel roulée autour d'un morceau de noix d'arec et d'un peu de
chaux rosée ; mais le masticatoire complet, celui qui est
usité dans les cérémonies, en un mot le « pan » clas-
sique de l'Inde se compose d'une feuille de bétel entourant une tranche de noix d'arec et de la chaux, le tout

*Bénéfices con-
sidérables rap-
portés par les
jardins d'aré-
quiers.*

(1) On plante jusqu'à 1,200 arbres à l'acre dans quelques régions.

additionné d'un peu de cachou, de girofle, de cardamome et d'eau de roses.

Les indigènes attribuent à ce mélange la propriété de préserver de la dysenterie, de fortifier l'estomac, de dissiper les tiraillements qu'on éprouve lorsque l'estomac est vide, de raffermir les gencives, etc. Quant à la noix d'arec employée seule elle est incontestablement anthelmintique.

Masticatoire de cérémonies. Le bétel intervient dans toutes les cérémonies officielles au même titre que le kawa ou le calumet chez d'autres populations.

L'usage du masticatoire de bétel teint la salive en rouge, mais au bout d'un long exercice les dents deviennent noires et comme laquées.

Commerce. — Les noix sont vendues à l'état naturel ou bien on les fait bouillir et lorsque l'eau est devenue rouge et épaisse, elles en sont retirées, coupées en tranches, puis séchées au soleil. On les fait ensuite macérer de nouveau dans leur liquide de cuisson.

Cachous d'aréquiers. Par la décoction des noix on obtient deux cachous dont l'un entre dans la composition du « pan ». Les cachous de l'aréquier qu'il ne faut pas confondre avec le « cachou vrai » sont surtout fabriqués à Travancore et dans le Canara. Ils ont été employés en lieu et place de la garance pour teindre en « brun café doré » ; avec une livre de cachou, on arrive au même résultat qu'avec une livre de garance.

Le commerce de la noix d'arec est considérable, les consommateurs se comptant par centaines de millions. Le marché a une grande élasticité. Je ne crois pas être bien éloigné de la vérité en estimant que le commerce total des noix d'arec porte sur une quantité qui n'est pas inférieure à deux milliards de kilogrammes ; ces chiffres expliquent pourquoi il nous a semblé nécessaire de décrire cette culture.

Bétel.

Piper Betel L.

Climat. — Comme les plus importantes des Pipéracées exotiques lesquelles sont surtout équatoriales, le poivrier bétel affectionne les climats très chauds. Le rôle qu'il joue dans la confection du masticatoire usité dans tout l'Extrême-Orient fait que cette plante, originaire sans doute de la Malaisie, est aujourd'hui cultivée dans une grande partie de l'Inde, de l'Indo-Chine et dans presque toute la Malaisie.

Culture très répandue.

Sol. — Quoique les indigènes recherchent pour les cultures de bétel les argiles noires friables riches en humus et les alluvions, cette plante exige cependant un terrain bien drainé, l'eau stagnante lui étant très nuisible.

Culture. — Dans les régions sèches de l'Inde on divise le sol en planches de 60 centimètres de large, séparées par des rigoles d'irrigation. On bêche à 18 pouces dans les planches. Dans quelques régions de l'Inde on pousse le soin jusqu'à recouvrir les planches d'une couche de 5 pouces d'alluvion ou de vase d'étang.

On sème au milieu de la saison chaude des graines de *Sesbania grandiflora* qu'on fait germer en irriguant de temps en temps. Des boutures de bétel de 11 à 18 pieds de long ayant six yeux, prises sur des plantes de deux ans sont alors mises en terres ; on en place deux autour de chaque plant de Sesbania. On enterre ces boutures à la longueur de deux yeux seulement et si la terre n'est pas très bonne on recouvre la partie enterrée d'une couche de feuilles mortes.

Irrigation nécessaire. Cela fait on irriguera un jour sur deux pendant les deux premières semaines, puis une fois par semaine ensuite. A la fin de la première année on peut commencer à récolter des feuilles.

En outre de l'Agathi on emploie comme plantes abris suivant les pays, le *Sesbania ægyptiaca*, l'*Erythrina indica*, le *Moringa pterygosperma*, et le *Boswellia serrata* dont l'ombre passe pour très favorable.

Comme culture d'entretien il ne reste plus qu'à fumer au fumier de ferme si la terre est médiocre. Dans l'Inde on amende le sol des planches en y déposant chaque année une couche de cinq centimètres de limon bien desséché. Dans quelques localités on emploie de préférence des tourteaux oléagineux (celui du ricin excepté), ou de la bouse de vache séchée et écrasée. Pour redonner de la vigueur aux pieds de bétel, au bout de la première ou de la deuxième année on les couche et on les recouvre de terre, de façon à les faire s'enraciner de nouveau. Au lieu de faire grimper les tiges sur les arbres abris, on dispose souvent des tuteurs en bambou sur lesquels on les fait grimper. En Malaisie et dans les régions où le bétel est cultivé « en tour de case » on le fait grimper sur les arbres fruitiers.

Ennemis de la plante. Les plants de bétel sont attaqués par diverses maladies et par un assez grand nombre de parasites. Dans quelques parties de l'Inde on prétend qu'en saupoudrant les plants avec un mélange de bouse de vache et de jus d'oignon mêlés ensemble on peut prévenir un certain nombre de ces maladies.

Masticatoire. — Le *Sirih* ou masticatoire de bétel se prépare à Java de la façon suivante.

On étend une, deux ou trois feuilles de bétel sur la main gauche ; on recouvre la feuille supérieure d'une couche mince de chaux préparée, puis on dispose au milieu de la feuille quelques fragments de gambir, et plusieurs morceaux de noix de pinang (arec) d'un centimètre environ coupés avec des ciseaux. Les feuilles sont alors repliées de bas en haut et de droite à gauche de façon à envelopper le tout en un petit paquet que l'on s'introduit dans la bouche sous une joue, après avoir pris soin au préalable de se frotter les lèvres avec une sorte de cold-cream.

Une fois qu'on en a pris l'habitude, chiquer du bétel devient un besoin bien plus impérieux que celui de fumer.

On se passionne en Malaisie pour ce masticatoire et le baschich, qui se nomme chez nous « pour boire » se dit à Java « Wang Sirih » c'est-à-dire argent pour le bétel.

Une coutume aussi répandue chez des centaines de millions d'êtres humains, qui ne sont ni des prodigues ni des enfants, a certainement à mon avis un avantage physiologique que l'on découvrira plus tard,

Les expériences et les essais auxquels je me suis livré me permettent d'affirmer qu'en outre de son action anthelmintique dans des régions où les parasites internes sont légion, ce masticatoire a pour effet d'augmenter singulièrement l'activité des organes qui président à la digestion des matières amylacées, action importante dans des régions où la base de l'alimentation est constituée par le millet, les sorghos et les grains divers pour l'immense majorité des habitants, et par le riz, aliment usité seulement par les classes riches ou comme aliment de luxe (1).

Rendement. — A Pondichéry le rendement d'un hectare de terrain est estimé à 5350 paquets de bétel dont le prix est d'environ 1,600 francs.

Déduction faite des frais, cette culture donnerait par hectare un bénéfice de 600 francs.

---

(1) Nous nous sommes déjà élevés ailleurs contre les assertions erronées des « voyageurs rapides » qui ont fait admettre en Europe que l'unique nourriture des hindous, la base de leur alimentation était le riz ; c'est comme si l'on disait que la base de l'alimentation des Européens est constituée par la brioche.

CHAPITRE XI.

DROGUES.

Quinquina.

Cinchona succirubra P. *Cinchona officinalis* L.
et autres espèces.

Les quinquinas d'où l'on extrait le précieux médica-ment nommé quinine, sont originaires des forêts monta-gneuses de la Nouvelle-Grenade, de la Bolivie et du Pérou. On les trouve surtout dans les vallées du versant oriental de la grande chaîne des Andes à des altitudes de 4000 à 12000 pieds (1280^m à 3840^m) au-dessus du niveau de la mer. Les propriétés médicinales de l'écorce de quin-quina étaient certainement connues des anciens habitants de ces régions; c'est par les indigènes de ces régions que les Jésuites qui vinrent à la suite des conquérants espagnols apprirent l'usage de ce remède. Les puissants effets cura-tifs du quinquina dans les fièvres paludéennes commen-cèrent à être bien connus en l'an 1638, quand ce remède fut administré à la comtesse de Chinchon, femme du vice-roi du Pérou et la guérit d'une fièvre qui défiait l'art des médecins espagnols. Les Jésuites tinrent secrète la nature du médicament mais ils l'introduisirent en Europe où il fut connu sous le nom d'*écorce des Jésuites* et plus tard

Habitat.

Historique
de la drogue.

Les Jésuites.

sous celui d'*écorce du Pérou*. Jusqu'à une époque relativement récente le médicament fut livré sous forme de poudre de quinquina et de teinture ou de mixture ; mais aujourd'hui les principes actifs nommés alcaloïdes dont le principal est la *quinine*, qui est bien connue, sont employés de préférence à l'écorce et leur consommation dans le monde est énorme.

Alcaloïde de quinquina.

Primitivement tout le quinquina du commerce venait des forêts des Andes où les ramasseurs d'écorce appelés *cascarilleros* abattaient les arbres, enlevaient l'écorce et la transportaient, avec de grandes peines, au port d'embarquement. C'était là un procédé coûteux et comme les arbres étaient détruits pour leur écorce, la drogue devint plus rare et plus chère d'année en année, de sorte qu'on put craindre que ce médicament si appréciable ne fût avec le temps entièrement perdu. Mais en 1839, le Dr Royle, distingué botaniste de l'Inde, suggéra l'idée d'essayer la culture du quinquina dans les montagnes de l'Hindoustan. Cette idée ne reçut pas d'exécution pratique pendant vingt ans. A ce moment, le Gouvernement de l'Inde qui consacrait plus de 12000 l. st. par an à l'achat de la quinine, organisa deux missions dans l'Amérique du Sud pour chercher des plants et des graines du véritable quinquina. Ces missions dirigées par MM. Cléments Markham et Richard Spruce, réussirent complètement, et les arbres à quinquina furent introduits d'abord au jardin botanique de Kew, puis dans l'Hindoustan septentrional et les Nilgherries. Des graines et des boutures furent aussi introduites à Ceylan, Java et autres contrées orientales, enfin à la Jamaïque et à la Martinique dans les Antilles. C'est donc à l'initiative éclairée du gouvernement de l'Inde que l'on doit d'avoir sauvé de la destruction cette plante précieuse. Sa culture, dans les diverses contrées, a tellement accru partout la production de cette écorce que la quinine est devenue très abondante et à bon marché ; actuellement elle peut sauver la vie des pauvres comme des riches, car par la modicité de son prix, elle est devenue à la portée de toutes les bourses.

Bon marché actuel de la quinine.

Jusqu'aux heureuses recherches de Markham, Spruce et autres, l'écorce du Pérou était censée produite par deux ou trois espèces de quinquina tout au plus, mais on sait aujourd'hui qu'il y a de nombreuses espèces produisant les alcaloïdes et plus de vingt sont entrées dans la culture courante. Cependant, à la Jamaïque, qui est la seule île des Antilles où les plantations de quinquina soient établies sur une grande échelle, on a reconnu que le *quinquina succirubra*, l'écorce rouge du commerce et le *quinquina officinalis*, ou l'écorce de Loxa, conviennent le mieux au climat et au sol et donnent, par suite, le plus de profit au planteur. Il faut toutefois mentionner une espèce hybride qui a été obtenue à la Jamaïque par croisement et qui donne aussi des résultats satisfaisants.

Variétés du quinquina.

Plantations de quinquina de la Jamaïque.

Espèce hybride de la Jamaïque.

Le sol. — Pour la culture du quinquina, il faut un sol riche et meuble ainsi qu'un sous-sol bien drainé ; l'humidité stagnante autour des racines causera promptement la mort de l'arbre. Le quinquina poussera mieux sur les terres des forêts fraîchement défrichées que sur les terres déjà couvertes de graminées ; mais, dans tous les cas, il faudra s'assurer de la nature du sous-sol. On devra éviter les argiles et encore plus les sables pauvres. Un loam riche profond et humifère reposant sur un sous-sol de gravier poreux est ce qui convient le mieux à la plante ; de plus, l'emplacement devra être abrité contre les vents violents. De semblables terrains existent en quantité à la

Sol riche nécessaire.

Jamaïque, à la Dominique et en d'autres îles des Antilles. M. Morris s'exprime ainsi : « Le sol de la Jamaïque est si évidemment approprié au quinquina et la croissance aussi bien que la vitalité de la plante y sont si satisfaisantes, comparativement à ce qui se passe à Ceylan et dans l'Inde, qu'il n'y a aucun doute que la culture du quinquina ne donne autant, sinon plus de bénéfice à la Jamaïque, que dans l'Extrême Orient ou dans n'importe quelle autre contrée.

Climat. — Le climat doit être sous peine d'échec, un climat montagneux car bien que quelques espèces comme le quinquina succirubra, poussent à de faibles altitudes, l'écorce des plantes cultivées en dehors du climat indiqué ne contient que peu ou point d'alcaloïdes. A la Jamaïque, les plantations de quinquina sont situées à des altitudes variant de 4500 à 6500 pieds (1440 à 2080 mètres) au-dessus du niveau de la mer, la température moyenne est de 63° Farenheit (170°) et la moyenne annuelle de pluie est de 110 pouces (2^m,75). Quoique le climat dans de telles situations convienne bien à la plupart des quinquinas, l'altitude est, cependant, trop élevée pour le quinquina succirubra qui peut pousser à des altitudes de 2000 à 4000 pieds (640 à 1280 mètres). Quand on éclaircit une forêt pour établir une plantation de quinquina il faut laisser de chaque côté des rangées d'arbres pour servir d'abri.

Multiplication. — La plante peut être propagée par boutures et par marcottes, mais il vaut mieux la faire venir de graines, semées, dans des nurseries ou simplement en caisses. Si l'on emploie des caisses, le fond de ces caisses sera percé de trous, puis recouvert d'un lit de pierres concassées recouvertes de sphagnum

Climat de montagne essentiel.

Altitudes auxquelles croît le quinquina à la Jamaïque.

Laisser des rangées d'arbres pour servir d'abri.

Semis.

pour empêcher que la terre qui servira au remplissage de la caisse, ne soit entraînée par l'eau entre les interstices des pierres. La terre peut être composée de terreau de feuilles, de terre de jardin, et de sable léger en égales proportions. Les graines seront placées à distances égales de façon à couvrir presque toute la surface de la caisse, puis légèrement recouvertes de terre. Les caisses sont placées dans un endroit ombragé et abrité, et garanties de la pluie. De fréquents arrosages avec un arrosoir fin sont nécessaires, en réalité le sol doit rester toujours humide. La germination se produira au bout de trois semaines environ, et, quand les pieds auront à peu près deux pouces de haut $(0^m,05)$, on pourra les transplanter dans les pépinières pour qu'ils prennent de la force. Si l'on emploie le système des planches, le sol devra être bien bêché, toutes les racines et pierres enlevées, et l'on répandra sur les plantes environ deux pouces de terreau composé comme celui des caisses. Les planches devront être couvertes pour garantir les jeunes pieds de la pluie, du soleil, et des grands vents, un toit grossier de chaume répondra à ce besoin. Les planches devront être arrosées de la façon recommandée pour les caisses. Quand ils ont atteint quelques pouces de hauteur les jeunes pieds sont transplantés dans les pépinières, couvertes elles-mêmes d'un toit en chaume. A mesure que les plants prennent de la taille et de la vigueur, on éloigne peu à peu l'ombrage pour les accoutumer au soleil, et quand ils ont huit à neuf pouces $(0^m,20$ à $0^m,22)$, ils peuvent être piqués dans la plantation à l'endroit où ils resteront.

Culture. — Le terrain une fois jalonné, on prépare des trous, pour recevoir les plants. Ces trous auront environ 15 pouces $(0^m,37)$ de profondeur et 18 $(0^m,45)$ de

Sol des caisses à germination.

Sol toujours humide.

Planches à couvrir.

Endurcir les plants.

Trouage de la terre.

largeur. Les racines et les pierres seront enlevées et la même terre qui en aura été extraite servira à remplir les trous. Primitivement, les quinquinas étaient plantés à de grands intervalles, mais on a reconnu que c'était là une erreur. Avec une plantation serrée, les arbres couvrent plus vite la terre et ombragent ainsi les racines, de plus, les mauvaises herbes ne peuvent pousser, les grands vents causent moins de dommages, et les tiges croissent plus droites et plus lisses. Quand les arbres grossissent, on peut les éclaircir ce qui procurera une récolte d'écorce dès la troisième ou la quatrième année.

Une plantation serrée est meilleure.

Distances. Les distances adoptées aujourd'hui aux Antilles sont de 4 pieds sur 4 pour *le quinquina succirubra* et de 3 pieds sur 3 pour *le quinquina officinalis* : ce dernier est plutôt un arbrisseau qu'un arbre.

Quand les trous sont remplis, les jeunes plants sont levés à la fin de la saison des pluies d'hivernage. On choisira pour cette opération un jour nuageux et brumeux.

Mise en terre définitive des plants. Les racines devront seules être recouvertes de terre et l'on pressera fortement cette terre autour de la tige. On assurera un ombrage temporaire en fixant en terre, près du plant une petite branche d'arbre ou une grande fougère. A part le soin de tenir la plantation propre et de remplacer les pieds qui manquent, la culture demande très peu de travail durant les premières années. Les mauvaises herbes seront coupées ; il ne faudra jamais

Sarclage au couteau et non à la houe. remuer la terre à la houe, parce que les racines délicates qui courent à la surface seraient blessées ou détruites. Dans les endroits exposés au vent, on peut lorsque les plants ont deux ou trois pieds (0^m,60 ou 0^m,90), les attacher à des tuteurs, enfoncés dans le sol, fortement et obliquement de façon à ce qu'ils ne touchent à la plante qu'en un seul point. Un peu d'herbe sèche peut être placée entre l'arbre et le tuteur de façon à protéger l'écorce, et la ligature sera faite solidement avec quelque substance fibreuse plate comme la fibre du maho.

Récolte. — Quand les arbres ont été plantés serrés, *Éclaircissement des arbres.* ils demanderont à être éclaircis vers la quatrième année, 25 % d'entre eux peuvent alors être déracinés. Cette opération peut être continuée d'année en année dans des proportions moindres, de manière par exemple à ce qu'à la fin de la septième année, il ne reste plus que la moitié des arbres primitivement plantés. On peut laisser croître ces derniers jusqu'à ce qu'ils s'entrelacent trop l'un l'autre, et alors une dernière éclaircie peut être faite avec discernement. Les arbres sont déracinés et écorcés *Écorçage.* de la façon suivante : Les racines sont sciées près de l'arbre et plongées dans l'eau, puis toutes les branches des arbres coupées; l'écorce des branches et des racines est pelée ou coupée, en prenant soin de n'enlever aucune parcelle du tissu ligneux. L'écorce de la racine a plus de valeur que celle des autres parties de l'arbre, et est plus riche en alcaloïdes. On coupe annulairement l'écorce de la tige à des intervalles de 18 pouces ($0^m,45$), puis on fait une coupure longitudinale, l'écorce est ainsi enlevée par sections à l'aide d'une spatule métallique; il faut prendre garde de briser les tranches d'écorce qui, en règle générale, se détachent facilement parce qu'elles sont pleines de sève. L'écorce est séchée au soleil pen- *Séchage de l'écorce.* dant trois ou quatre jours; sèche, elle a perdu ordinairement 1/3 de son poids; chaque pied de quinquina Loxa donnera à l'âge de quatre ou cinq ans au moins une livre (453^{gr}) d'écorce marchande. Les quinquinas rouges produisent beaucoup plus.

L'écorce est enlevée des arbres debout par quatre opérations qui sont : 1° l'élagage, 2° la coupe, 3° l'écorçage, et 4° le moussage.

Élagage. — Dans ce système, les branches des arbres sont élaguées, et leur écorce enlevée à la manière ordinaire ; les arbres sont, en fait, étêtés. Plus tard, de nouvelles branches poussent, et, quand elles ont atteint une grosseur suffisante, on les élague de nouveau. Primitivement, ce système était très suivi, mais dans ces derniers temps, il a fait place aux systèmes de la coupe et de l'écorçage, parce que ces deux dernières méthodes donnent plus de produit et font moins de mal aux arbres.

Le système de l'élagage aujourd'hui discrédité.

Coupe. — Les arbres, à l'âge de six ans environ, sont abattus et écorcés ; on laisse les rejetons$_2$ pousser et à leur tour ils sont abattus quand ils sont assez grands et assez forts pour donner un bon rendement d'écorce. Le système est le même que celui que l'on emploie dans la récolte de la cannelle, et il a été amplement décrit au chapitre VIII. Dans le cas où les arbres sont destinés à la coupe, on peut laisser pousser à la partie inférieure de la tige un ou deux gourmands, à l'effet de donner une plus grande surface à écorce. Quand les arbres ont été abattus, de nombreux rejetons surgissent ordinairement ; on laisse pousser les plus forts au nombre de 3 ou 5 et l'on coupe les plus faibles. On a calculé que 3 % des arbres soumis à la coupe meurent, il faut les remplacer par de jeunes plants.

Système de la coupe est le même que celui employé pour la cannelle.

Écorçage. — Ce procédé a été inventé par Moens qui a beaucoup fait pour la réussite de la culture du quinquina à Java. C'est un mode de décortication, qui peut s'exécuter expéditivement avec une plane ordinaire. L'écorce est enlevée aussi près que possible de la couche de cam-

M. Moens.

bium, sans toutefois y toucher. Le cambium est cette partie de la tige qui se trouve entre le bois et l'écorce : il se compose d'une légère couche de cellules délicates pleine des liquides nourriciers de la plante. L'écorce se renouvelle promptement après l'écorçage ; mais si la zone de cambium était atteinte il ne se formerait pas de nouvelle écorce à l'endroit de la blessure. La nouvelle écorce est toujours plus riche en quinine que la première : c'est pour cela que le système de l'écorçage est devenu général dans l'extrême-Orient. Quelques planteurs écorcent l'arbre tout autour du tronc, mais cela n'est pas à recommander. Le meilleur procédé est d'écorcer deux bandes de chaque côté du tronc : de cette façon l'arbre n'est pas endommagé. En temps de sécheresse, il est d'usage de lier de l'herbe sèche sur les parties écorcées; mais dans la plupart des cas, les arbres, s'ils ont été plantés serrés, se porteront bien sans cette précaution. L'opération de l'écorçage s'apprend facilement et est expéditive; de plus les bandes d'écorce sont bien appropriées au séchage et à l'empaquetage, enfin des récoltes peuvent être obtenues tous les sept mois.

Moussage. — Ce système a été introduit par Mac-Ivor, le plus distingué des hommes éminents qui ont créé la culture du quinquina dans l'Inde, à l'aide des plants et des graines récoltés dans l'Amérique du Sud au cours des recherches heureuses de Markham, Spruce et Cross. L'opération s'accomplit de la manière suivante : L'écorce des arbres, âgés de huit ans et au-dessus, est enlevée aussi loin qu'on peut atteindre, en bandes alternatives, sous forme de ruban d'une largeur de 1 pouce 1/2 ; puis le tronc est protégé par une couche de mousse liée avec une matière fibreuse quelconque : En temps

Le cambium.

Écorce se renouvelant promptement après l'écorçage.

Nouvelle écorce plus riche que l'ancienne.

Opération facile.

M. Mac-Ivor.

Comment se fait le moussage.

de brouillard, les longues blessures se cicatrisent bien vite, et en moins de deux ans, les portions de l'arbre mises à nu, se couvrent d'une écorce épaisse, plus riche en quinine que la première. Environ un an après que le premier écorçage a été fait, on enlève l'écorce qui avait été laissée et les arbres sont de nouveau moussés. On dit qu'il n'y a pas de limites au nombre de fois que l'écorce peut être enlevée de cette manière. A la Jamaïque, le lycopode, *Lycopodium clavatum* a été employé par M. Morris pour mousser; il le disposait en rouleaux au moyen de ligatures et ces rouleaux étaient contournés sans discontinuité autour de l'arbre de façon que toutes les blessures étaient couvertes.

Deuxième écorce plus riche que la première.

Moussage à la Jamaïque.

Séchage et empaquetage. — L'écorce est ordinairement séchée au soleil sur des terrasses. Il vaut mieux que le séchage se fasse graduellement, aussi l'écorce ne doit pas être tenue trop longtemps au soleil, tout d'abord. En temps de pluie, le séchage peut être effectué dans des hangars bien ventilés, dans lesquels on peut entretenir un feu continu. On peut aussi sécher expéditivement dans un évaporateur américain. Le séchage au soleil, toutefois, est le meilleur et les autres procédés ne seront employés qu'en cas de nécessité. Suivant la méthode d'écorçage, et la partie de la plante d'où vient le produit, l'écorce arrive au commerce sous différentes formes. Ainsi il y a *l'écorce de racines*, qui est toujours la plus riche en alcaloïdes; *l'écorce roulée*, qui provient des branches et des petits troncs et qui s'est roulée en tuyaux par le séchage; *les plaques*, produites par le procédé d'écorçage à la plane; *l'écorce plate*, qui est surtout l'écorce des gros troncs et qui a été soumise à une pression pour rendre le paquetage plus facile.

Sécher graduellement.

Écorce de racines la plus riche en alcaloïdes.

L'écorce séchée est ordinairement expédiée en balles **Paquetage.**
ou surons qui varient de grosseur suivant la volonté du
planteur, mais elle peut être empaquetée en caisses ou
en barils, en ayant soin d'emballer chaque sorte d'écorce
séparément.

Coca.

(*Erythroxylon coca* Lamk).

La coca n'est autre que la feuille sèche d'un arbrisseau **Habitat.**
qui croît dans les régions à quinquina des Andes de l'A-
mérique méridionale à une altitude de 2,000 à 9,000
pieds (670 à 3,000 mètres) au-dessus du niveau de la mer.
La plante est cultivée sur de grandes étendues dans les
vallées chaudes du versant oriental des montagnes des
Andes, et les feuilles sont mâchées par les Indiens hommes **Feuilles**
et femmes, ainsi que par beaucoup des autres habitants **mâchées.**
de la Nouvelle-Grenade, de la Bolivie, du Pérou et des
contrées avoisinantes.

La mastication de ces feuilles produit un effet agréable, mais elle a surtout pour résultat de permettre aux
Indiens de faire des marches longues et rapides et de
porter de lourds fardeaux sans dormir et sans manger.
Dans la Nouvelle-Grenade la coca est nommée *hayo*.

Spruce avait attribué à la plante le nom de « Spadic »,
mais le professeur Ernest, de Caracas a écrit à l'auteur de
cet ouvrage que ce terme n'est pas employé et qu'il est
la corruption de *ypadic* nom de la coca en langue Tupi.

Spruce affirme qu'un Indien avec une chique de **Remarquable**
hayo sous la joue, marchera deux ou trois jours sans **action produite**
par la mastica-
prendre de nourriture et sans ressentir la moindre **tion.**

envie de dormir. Markham voyageant dans les districts
à quinquina dit avoir mâché bien souvent de la coca et
avoir éprouvé une agréable sensation d'apaisement et
une disposition remarquable à endurer sans souffrance

COCA. *Erythroxylon coca.*

1. Fleur. 2. Ovaire et stigmates. 3. Fruit.

un long jeune; il devenait capable de gravir les flancs
escarpés des montagnes en éprouvant une sensation de
légèreté et de souplesse, et sans perdre haleine.

Ancienneté de la coutume.   Les Indiens chiquent parfois la feuille toute seule, parfois aussi ils la mêlent avec une petite quantité de chaux
ou avec de la cendre des racines du bananier. La cou-

tume de mâcher les feuilles de coca et très ancienne au Pérou ; les Espagnols en arrivant dans cette contrée remarquèrent que les feuilles étaient tellement appréciées qu'elles tenaient lieu de monnaie.

Dans ces dernières années, cette substance a été extrêmement employée comme tonique du système nerveux et des organes de la digestion, ses propriétés ont été hautement proclamées par beaucoup de médecins. Un alcaloïde, appelé *cocaïne,* a été extrait des feuilles et on a reconnu qu'il avait la remarquable propriété de rendre les divers tissus des corps totalement insensibles[1], permettant ainsi d'accomplir sans douleur certaines opérations chirurgicales. Les feuilles ne contiennent que de 1/2 à 3/4 pour °/₀ de cocaïne de sorte que de grandes quantités de feuilles sont consommées chaque année rien que pour la préparation de cet alcaloïde.

L'alcaloïde.

Proportion de cocaïne dans les feuilles.

Sol et climat. — L'arbuste à coca est rustique ; mais, bien qu'il pousse à peu près dans les sols de toute nature, il est nécessaire, pour une culture rémunératrice, de planter sur une terre riche et légère. Un loam humide mais bien drainé et riche en humus, convient le mieux ; la plante épuisant le sol, un amendement judicieux sera nécessaire après une récolte abondante. Bien que l'arbrisseau soit originaire des parties élevées de l'Amérique méridionale, une de ses variétés a été trouvée poussant au niveau de la mer, aux endroits où l'air est ordinairement humide et le sol approprié. Mais les parties basses du versant des collines produisent les feuilles les plus riches en alcaloïdes.

Le meilleur sol.

Le meilleur climat.

Multiplication. — La plante se reproduit par boutures, mais quand elle est cultivée en grand on la reproduit de graines en nurseries. Les planches sont préparées

Pépinières. à la façon ordinaire : les graines sont semées à la surface et légèrement recouvertes de terre fine. Les pieds seront protégés contre le soleil par des toits de chaume de la manière décrite pour le quinquina, et de fréquents arrosages seront pratiqués jusqu'à ce que les plants aient Germination. pris de la force. Les graines germeront environ quinze jours après le semis; les pousses pourront être transplantées quand elles auront de 8 à 10 pouces (0^m,20 à 0^m,25 de) de haut.

Culture. — La terre ayant été bien labourée, de façon à détruire les herbes et à rendre le sol léger et pé-Distances. nétrable, les plantes seront piquées à une distance de 6 pieds (1^m,80) l'une de l'autre, ce qui donnera plus de 1,200 arbustes à l'acre. Il suffit de ne pas s'écarter des principes généraux de la culture; les plantes n'ont, en effet, besoin d'aucun traitement spécial.

Récolte. — La première récolte peut être obtenue dix-huit mois après la plantation; les arbustes rapporte-Cueillette des feuilles. ront pendant quatre années. Les feuilles sont bonnes à cueillir quand elles deviennent rigides et quand elles craquent ou se brisent lorsqu'on les plie; leur taille et leur couleur n'importent en rien. Deux, trois, et même Nombre des récoltes. quatre récoltes peuvent être pratiquées chaque année sur les plants forts poussant dans une terre riche. Les feuilles sont prises une à une en ayant soin de ne pas endommager les bourgeons; et de n'enlever ni les jeunes Cueillir les feuilles sèches. feuilles ni les jeunes pousses. Il faut choisir pour la cueillette un beau temps sec, la cueillette ne sera pas continuée après midi afin que l'on ait le temps d'exposer les feuilles au soleil pendant plusieurs heures de façon à les dessécher. Si en effet elles devenaient humides, elles fermenteraient et tourneraient au noir; or, dans cet état elles sont sans valeur. Le séchage se fait en étendant les feuilles sur une terrasse et en les déplaçant légèrement au rateau de temps en temps. Dans de bonnes conditions, le séchàge sera complet après deux ou trois heures d'exposition au soleil; on placera alors les feuilles dans un endroit sec, pendant un jour ou deux, ensuite on pourra empaqueter.

Séchage au soleil.

Dans l'Amérique du sud, la coca est empaquetée, au moyen de presses de bois, en balles carrées couvertes d'une toile résistante et pesant environ 25 livres chacune (11ᵏ325). Deux balles sont ensuite liées ensemble et enveloppées de feuilles sèches de bananier, et trois de ces paquets plus gros pesant environ 150 livres (67ᵏ950) forment une charge de mulet. Toutefois comme la coca est facilement avariée par la chaleur et par l'humidité, le meilleur procédé est de la sceller aussitôt qu'elle est sèche dans des boîtes semblables à celles qu'on emploie pour le thé, et de l'expédier sans délai parce que les feuilles se conservent plus longtemps dans les climats froids et tempérés que dans les climats tropicaux.

Paquetage.

La drogue endommagée par la chaleur et par l'humidité.

Jalap.
(*Exogonium Jalapa*, H. Bn.)

Le jalap est une belle plante grimpante, à fleurs rosées qui se rencontre à l'état sauvage dans les montagnes du Mexique; elle tire son nom de la ville de Xalapa qui a longtemps été l'entrepôt du commerce du jalap.

Habitat.

Le jalap se trouve dans le commerce en masses ayant la forme de poires sèches et variant de la grosseur d'une noix à celle d'une orange; au point de vue botanique ce sont des tubercules.

Description de la drogue.

Culture dans l'Inde. Jusqu'à ces dernières années tout le jalap du commerce venait de l'Amérique centrale ; mais aujourd'hui la culture se pratique dans l'Inde sur une grande échelle ; la

Culture à la Jamaïque. plante est cultivée également sur les plantations de quinquina de la Jamaïque où elle réussit remarquablement bien. M. Morris recommande sa culture en petites quantités à ceux qui possèdent une terre appropriée, et à une altitude convenable ; en effet, comme produit secondaire, elle mérite d'attirer l'attention des petits propriétaires.

Sol riche nécessaire. **Sol et climat.** — Le jalap exige un sol riche, car c'est une plante épuisante. Primitivement les plants étaient élevés parmi les quinquinas ; mais ce système a été abandonné parce que le jalap se développait au détriment du quinquina. Un loam sablonneux riche et profond est le terrain qui convient le mieux à cette culture,

Climat. et bien que l'humidité soit nécessaire à la bonne venue de la plante, cependant un sol non drainé lui serait fatal. A l'état de nature, le jalap se rencontre dans les forêts épaisses des montagnes à une altitude de 5,000 à 8,000 pieds dans les régions ou la pluie tombe presque journellement et où la température du jour monte à 60 ou 70° F. (15 1/2 à 20° C.). Il faudra choisir un climat analogue mais il est très possible que dans d'autres régions, la plante donne un bon rendement à des altitudes beaucoup plus basses.

Multiplication. — Les plants peuvent être obtenus par boutures en piquant les pousses latérales dans un sol sableux, à l'ombre, et en les tenant constamment humides ; mais pour une culture étendue, on plantera de

Tubercules. petits tubercules ou bien l'on enterrera à deux pouces (0ᵐ,05) de la surface des morceaux de la tige souterraine. Les tubercules ne doivent jamais être exposés au soleil, sans quoi ils perdraient leur vitalité, il faudra les planter le plus tôt possible après qu'ils ont été déterrés.

Culture. — La terre sera bien labourée et disposée en tranchées de deux pieds ($0^m,64$) de profondeur. Les tranchées peuvent être, avec avantage, partiellement remplies avec du compost ou du fumier de ferme qu'on recouvrira avec la terre de surface. Les tubercules sont piqués dans les tranchées à un pied ($0^m,30$) de distance et à environ 6 pouces ($0^m,15$) de profondeur. Quand les lianes à jalap grandissent, on fixe fortement en terre des perches pour qu'elles puissent s'enrouler autour ; cette plante grimpante est en somme traitée de la même façon que les ignames et les haricots. Quand les plantes auront poussé, on les buttera avec de la terre prise dans la tranchée ; on sarclera de temps à autre de façon à ne pas laisser de mauvaises herbes.

Tranchées.

Sarclage.

Récolte. — A la troisième année on peut compter sur une récolte ; on a observé qu'au moins 1,000 livres (453^k272) de tubercules secs peuvent être obtenues par acre (40^a46) sur une plantation de jalap, et de plus une nouvelle récolte peut être recueillie tous les trois ans. Il est sage toutefois de ne récolter que sur deux ou trois parcelles chaque année, en laissant les autres en culture jusqu'à l'année suivante, et ainsi de suite. De cette façon, la récolte pourra être faite chaque année, et on aura moins de difficultés à préparer le produit pour les marchés, parce qu'on aura moins de tubercules à faire sécher à la fois en un temps donné. L'opération du séchage est difficile et fatigante, car il faut faire évaporer 70 % du poids. Il arrive fréquemment, lorsque les tubercules sont séchés au soleil, qu'on éprouve une perte considérable, parce que les uns moisissent et les autres fermen-

Rendement.

Comment
on obtient
des récoltes
annuelles.

Séchage.

Moisissure et
fermentation.

tent. Cette perte peut être évitée en grande partie en taillant les tubercules ou en les coupant en tranches ; mais le jalap ainsi préparé se paie moins cher sur les marchés d'Angleterre et d'Amérique. L'évaporateur américain convient très bien, mais il faut éviter une trop grande chaleur parce qu'elle détériorerait le produit.

Les Indiens de Mexico préparent le jalap de la façon suivante : Le tubercule une fois ramassé, est débarrassé de la terre et autres matières étrangères, puis pendu dans un filet au-dessus d'un feu de bois qui brûle constamment dans la hutte. Le jalap acquiert donc par le fait de cette opération une odeur de fumée qui est considérée par les acheteurs comme une des qualités des « bons tubercules ».

La méthode des Indiens du Mexique est à suivre par ceux qui entreprennent une culture de jalap. On peut construire sans dépense des ajoupas et y sécher les tubercules lentement au-dessus d'un feu de bois, ce qui ne cause que très peu de dépense et de peine. Pour prévenir les accidents, les feux sont éteints pendant la nuit ; la fumée et la chaleur empêchent la fermentation et la moisissure. Comme le jalap n'est employé qu'en médecine, pour obtenir les prix les plus élevés, il est nécessaire de présenter le produit sur les marchés dans la

forme la mieux connue des droguistes en gros, qui sont les principaux acheteurs. Voici la description du jalap d'après la *British Pharmacopeia*, publication officielle.

Jalap. — Tubercule séché de l'Ipomœa (*Exogonium purga*).

Caractères. — Variant de la grosseur d'une noix à celle d'une orange, ovoïde, les plus gros fréquemment incisés, couvert d'une légère cuticule brune, ridée ; la section offre une couleur gris-jaunâtre avec cercles concentriques d'un noir-foncé.

Salsepareille.

(Smilax officinalis K.)

La drogue bien connue sous le nom de salseparcille n'est autre que la racine d'une petite plante grimpante qui se trouve dans les forêts des terres basses de l'Amérique centrale. Cette racine a l'aspect d'une corde. La salsepareille provient de plusieurs variétés de *Smilax,* mais l'espèce la mieux connue et atteignant les prix les plus élevés est la salsepareille de la Jamaïque ou racines séchées du *smilax officinalis.* Cette espèce bien que cultivée partout dans l'île n'est pas originaire de la Jamaïque; son nom vient de ce que des quantités considérables de cette drogue ont été importées de l'Amérique centrale en Angleterre par la Jamaïque. **Habitat.**

Le docteur Garrod dans son ouvrage de matière médicale décrit ainsi ce produit : « La salsepareille est un rhizome portant de nombreuses racines souterraines généralement longues de plusieurs pieds, mais de longueur et d'épaisseur différentes suivant les variétés; ces racines émettent souvent des radicelles secondaires qui sont elles-mêmes pourvues de poils radiculaires : on les appelle alors barbues. En sectionnant transversalement ces racines, on voit qu'elles se composent d'une partie corticale et d'une zone ligneuse ou méditullium enfermant la moelle centrale. » **Description de la drogue.**

Sol et climat. — Le meilleur sol est un limon sablonneux léger et bien drainé; mais la plante peut pousser sur des plaines alluviales et sur une terre nou- **Le meilleur sol.**

vellement défrichée, aussi longtemps que le sol contient une large proportion de l'humus primitif de la forêt. Le

climat doit être chaud et humide; aussi la culture ne peut-elle réussir sur les terres hautes.

Multiplication. — La plante peut être obtenue par rejetons de racines, par marcottes ou par graines. Les rejetons sont divisés de façon à conserver la partie adhérente de la racine et plantés en temps de pluie. Quand

la reproduction se fait par marcottes, la liane ou tige est soulevée de terre, le sol ameubli et la liane simplement enfoncée, puis maintenue fortement dans sa position par un chevalet de bois fourchu. Les graines sont contenues dans des baies qui poussent en grand nombre en touffes pendant à la liane comme des grappes de raisin. Les

graines sont semées sur planches à la manière ordinaire, et les pieds transplantés quand ils ont de 5 à 6 pouces, ($0^m,12$ à $0^m,15$) de haut. La salsepareille se reproduit également par boutures; elle produit alors plus vite que lorsqu'on l'élève de graines.

Culture. — Il faudra retourner la terre par un bon

labour et l'on creusera des trous à une distance de 6 pieds sur 7 ($1^m,80 \times 2^m,10$), le pied de surplus entre les rangées étant destiné à rendre plus faciles le sarclage et la récolte. Ces distances donnent 42 pieds carrés

à chaque pied, soit 1037 pieds à l'acre. La terre doit être maintenue exempte de mauvaises herbes, on disposera des perches ou même des treillis sur lesquels la plante puisse grimper. La salsepareille pousse à peu près comme l'igname commune et réclame un traitement analogue.

Récolte. — Une première récolte pourra être obtenue la deuxième ou la troisième année, après quoi on obtiendra une récolte régulière tous les ans. Pour pratiquer la récolte, les racines seront soigneusement levées de terre et coupées tout près de la tige, qu'on butte ensuite avec la terre de surface. De nouvelles racines pousseront bientôt et graineront rapidement. Les racines tirées de terre, sont débarrassées des particules de terre qui y adhèrent; il est quelquefois nécessaire, pour les nettoyer convenablement de les laver à l'eau. Elles sont ensuite séchées au soleil, puis liées en bottes et mises en balles pour l'expédition. M. Morris affirme que « la première récolte à la Jamaïque a dit-on rapporté jusqu'à vingt livres (7ᵏ464) de racines sèches par plant. » Les nègres qui cultivent couramment la salsepareille, la plantent à 20 pieds de distance parmi d'autres cultures; ils dirigent la liane sur des supports ou des treillis. La première récolte est recueillie deux ans et demi environ après la plantation. Quand les prix sont élevés la culture de la salsepareille donne de gros bénéfices. Mais la demande de ce produit est très limitée. Dans l'exportation il est d'usage de lier les racines en bottes d'un pied (0ᵐ,30) ou 8 pouces (0ᵐ,20) de long pesant de 12 à 20 livres (5ᵏ436 à 9ᵏ060); chacune de ces bottes sont mises en balles pesant de 80 à 100 livres (36ᵏ240 à 453ᵏ) ou davantage.

La *British Pharmacopœia* contient cette description de la drogue :

« **Jamaïca salsaparilla.** — Racine sèche du *Smilax officinalis*. Originaire de l'Amérique centrale importée de la Jamaïque.

Racines grosses comme une plume d'oie, longues généralement de plusieurs pieds, d'un rouge brun, couvertes de radicelles, arrangées en bottes d'environ 18 pouces de long, inodores, saveur mucilagineuse légèrement amère, faiblement acide. »

(marginalia:)
Nettoyage des racines.

Paquetage.

Rendement.

Bottes.

Description officinale de la drogue.

CHAPITRE XII.

HUILES.

Ricin.

(Ricinus communis.)

Habitat.

La plante qui fournit l'huile de ricin, quelquefois appelée « palma christi », en raison de ses belles feuilles palmées, est bien connue de tous les habitants des pays chauds. On la croit originaire de l'Inde ; mais elle est aujourd'hui commune dans toute la zone tropicale et cultivée dans les parties les plus chaudes de l'Europe, et dans les contrées méridionales des États-Unis. Dans les Antilles, on peut à peine dire qu'elle est cultivée, car elle croît spontanément sur les terres les plus pauvres, et en certains endroits, c'est une mauvaise herbe. Les propriétés de la plante furent connues dans les temps les plus anciens et des graines ont été trouvées dans les tombeaux égyptiens qu'on suppose avoir 4,000 ans de date. L'huile était employée par les Grecs et les Romains et quelques autorités pensent que la plante est la gourde mentionnée dans les Écritures. Les Romains remarquant la ressemblance entre la graine et l'insecte désagréable connue aujourd'hui sous le nom de tique ont appelé les deux *Ricinus*, et ce nom latin a été adopté par les botanis-

Croît à l'état sauvage dans les Indes occidentales.

Histoire de la plante.

tes contemporains pour indiquer le genre de la plante.

L'huile a été employée de temps immémorial, comme purgatif et comme huile d'éclairage ; dans ces derniers temps, on l'a employée largement pour le graissage des machines, montres, pendules, etc. C'est une des meilleures huiles de lampe que l'on connaisse. Elle brûle lentement, et est, par suite économique, elle donne une bonne lumière blanche, est exempte de danger et forme très peu de fumée. Grâce à ces avantages, elle est employée comme huile de lampe sur tous les chemins de fer de l'Inde. L'huile exprimée à froid donne la meilleure lumière ; un écrivain autorisé dit même que « aucune autre huile ne peut rivaliser avec cette lumière, qui brille presque autant que la lumière électrique. »

Sol et climat. — La plante est robuste et résistera à une grande variété de climats. Dans les régions tropicales, elle pousse depuis le niveau de la mer jusqu'à une altitude de 5,000 pieds (1500^m), elle vit pendant l'été en Angleterre et dans la partie septentrionale des États-Unis d'Amérique. Dans les climats tempérés, toutefois, la plante est annuelle, tandis que sous les tropiques elle devient un arbrisseau vivace atteignant parfois une hauteur de 20 à 30 pieds. Le meilleur sol est un terrain sa- blonneux ou argileux, riche et bien drainé; il faut éviter les sables légers et meubles aussi bien que les sols lourds et humides.

On dit qu'elle accroît la richesse du sol où elle pousse ; mais c'est là une erreur, car les graines contiennent beaucoup d'azote, de potasse et d'acide phosphorique, de sorte que les récoltes abondantes enlèvent des quantités considérables de ces substances au sol. La plante a beaucoup de racines qui pénètrent profondément dans le sol ; en pourrissant, ces racines ouvrent donc des canaux pour la pénétration de l'atmosphère et augmentent en outre les éléments favorables du sol en lui ajoutant de la matière organique : on voit donc sur les terres recouvertes de ricins augmenter temporairement la fertilité du sol. C'est ainsi qu'on peut expliquer l'opinion erronée qui veut que les cultures de ricin l'enrichissent.

Culture. — La plante est reproduite de graines qui sont semées directement dans le champ. La terre est nettoyée et préparée de la manière ordinaire, un labour profond puis un hersage sont nécessaires pour rendre le sol propre et meuble, de façon que les racines puissent y pénétrer facilement. Avant de semer, on versera de l'eau chaude sur les graines, on aura même avantage à les laisser tremper pendant 24 heures. Les graines sont piquées de 6 en 6 pieds ($1^m,80$) ou de 8 en 8 (2^m40) dans un sol riche. La meilleure époque pour le semis est celle qui précède immédiatement la saison pluvieuse. On met quatre graines dans le même trou, à une distance de 6 pouces ($0^m,15$) l'une de l'autre, et quand les pieds ont de 6 à 10 pouces ($0^m,15$ à $0^m,20$) de haut, on arrache tous les moins bien venus. Les graines germeront ordinairement en dix jours environ ; les plantes croîtront rapidement, et commenceront à rapporter quatre mois après. On aura eu le soin d'enlever les herbes et l'on fera bien de chausser les plantes de temps en temps. Comme l'objectif du planteur est de produire des arbres qui aient beaucoup de branches à fruits, il sera nécessaire de pincer la tige principale quand elle poussera trop vite, autrement on n'obtiendrait que de longues tiges grêles avec peu de pousses à fleurs. La plante à huile de ricin a peu d'ennemis, car la plupart des insectes la

[Marginalia:]
Préparation de la terre.

Trempage des graines.

Distances.

Semis des graines.

Pincer la tige

fuient. C'est pour cette raison qu'on recommande, lorsque des insectes ont attaqué d'autres plantes, de piquer quelques touffes de ricin par intervalles dans les champs infestés. Cependant chez les très vieux plants, l'écorce des tiges est attaquée par divers insectes comme le *coccus* et *l'acarus*. Quand on s'aperçoit que ces insectes nuisent aux plants, on les tue par un badigeonnage à la chaux, ou au moyen d'une solution d'huile de pétrole qu'on applique sur la tige avec une brosse.

Insecticides.

Récoltes. — On cultive deux sortes de graines de ricin la grande et la petite variété. Les grosses graines donnent de 25 à 30 0/0 d'huile, mais cette huile est de qualité inférieure, et l'on ne s'en sert que pour l'éclairage ou le graissage. Les petites graines donnent de **38 à 40 0/0** d'huile de meilleure qualité, et cette variété est celle dont on extrait l'huile médicinale exprimée à froid. Les plants commencent à rapporter le quatrième mois, les récoltes deviendront de plus en plus abondantes à mesure que l'arbre grandit. Dans l'Inde, il arrive parfois qu'un seul arbre rapporte 6 kil. 975 de graines ; aux États-Unis, on a reconnu que sur une plantation de ricin on récolte de 15 à 25 bushels (1 bushel = 36¹ 34) par acre (40ᵃ46). La vente des graines nettoyées est facile sur les marchés d'Amérique et d'Europe. Aux États-Unis elles se vendent par bushel de 46 livres (18ᵏ 838). Le produit peut être transporté en sacs ou en barils.

Variétés.

Huile.

Rendement.

Les marchés.

La récolte commence aussitôt que les capsules commencent à tourner au brun ; car, si on les laissait mûrir indéfiniment sur l'arbre, la récolte se perdrait, les capsules s'ouvrant soudainement avec force et projetant les graines à de grandes distances. Les grappes de fruits,

Graines séchées au soleil. une fois coupées, sont portées au séchoir ou exposées au soleil sur des plates-formes. Pendant le jour, on les tourne et retourne une fois ou deux avec un râteau, de façon à permettre à celles de dessous de recevoir les rayons du soleil. En deux ou trois jours, les capsules se seront brisées, et les graines pourront être séparées des Vannage. cosses et autres matières étrangères par le vannage. Si la pluie survient pendant que les fruits sont exposés au dehors, on les râtellera en tas et on les couvrira avec des prélards ou des planches. Comme les graines « sautent » à quelque distance, il est d'habitude d'enclore le lieu du séchage d'une clôture en bois de 4 à 5 pieds ($1^m,20$ à $1^m,50$) de hauteur; mais si un espace propre de 12 pieds ($3^m,60$) peut être ménagé autour du lieu de séchage des capsules on pourra se dispenser de la clôture de bois. Les grappes de fruits doivent avoir été étendues en couches n'ayant pas plus de 6 pouces ($0^m,13$) d'épaisseur; plus la couche est mince plus le séchage est rapide.

Huile de ricin. — L'huile froide de ricin est préparée en Europe et en Amérique par plusieurs procédés Machine. assez compliqués, réclamant l'emploi de machines coûteuses, et beaucoup d'habileté, mais il y a toujours une vente assurée sur les grands marchés du nord pour l'huile brute laquelle est quelquefois raffinée et quelquefois vendue sans autre préparation pour le graissage. Dans Huile de l'Inde orientale. Fabrication de l'huile. l'Inde, l'huile brute, qui est exportée en grande quantité, se prépare de la manière suivante : Les graines sont écrasées entre des rouleaux disposés de façon que l'enveloppe dure soit brisée; les amandes blanchâtres sont ensuite séparées, placées dans des toiles de chanvre, et soumises à une forte pression sous des presses à vis ou des presses hydrauliques. L'huile exprimée est bouillie avec de l'eau pour séparer le mucilage et l'albumine. L'huile clarifiée est définitivement tirée, passée à travers une flanelle et mise en pots, barils, tonneaux ou dublers (1) pour l'exportation.

Filtrage de l'huile.

L'huile commune se fabrique dans l'Inde sur une petite échelle par un procédé très simple. Les graines sont d'abord roussies dans une marmite en terre, puis écrasées dans un mortier; les pellicules sont enlevées ou laissées, mais si on les enlève l'huile est meilleure. Les graines écrasées sont liées dans une toile de lin et mises à bouillir dans l'eau en une grande marmite : on écume l'huile qui monte à la surface. Cette huile est ensuite filtrée puis blanchie par une exposition au soleil dans des bouteilles de verre clair. Avec ce procédé, les graines rendront au moins 1/4 de leur poids en huile.

Huile des Indes occidentales.

Graines bouillies dans l'eau.

Rendement.

Palmier à huile.

Elœis Guineensis JACQ.

Le tronc de ce magnifique palmier est surmonté d'un superbe bouquet de feuilles dont la courbe est si régulière qu'elle semble sortir d'une vasque placée sur un gigantesque support. Après le palmier royal c'est un des plus beaux arbres connus; ce qui ajoute à l'aspect élégant de ce palmier, c'est la grande quantité de plantes épiphytes, retombant souvent en touffes gracieuses, dont se couvre presque toute l'étendue de son stipe.

Aspect.

Sol. — Le palmier à huile peut pousser dans un sol frais, mais il préfère un sol nettement humide, maréca-

(1) Un dubler est un vase ou bouteille de cuir globuleux usité par les Hindous pour conserver les huiles ou matières semblables.

geux même, pourvu que l'eau ne baigne pas continuelle-
Les régions sè-
ches ne convien-
nent pas.
ment son pied à l'état stagnant. Dans un sol aride et sec
il ne pousse que très lentement, ne formant qu'un tronc
gros et peu élevé; dans ce genre de sol il rapporte alors
qu'il n'a quelquefois qu'une hauteur de 1,^{m}30. Mais en
général on estime qu'il commence à rapporter dès la
huitième année.

Climat. — Le palmier à huile peut être cultivé depuis
l'équateur jusqu'au douzième degré de latitude dans les
pays secs, et depuis l'équateur presque jusqu'à la limite
du tropique dans les régions très humides, mais déjà par
le 20° son rendement a diminué considérablement et
l'époque de sa production est très retardée. A partir de
la Cazamance, il croît spontanément sur presque tous les
points de la côte occidentale d'Afrique situés entre ce
cours d'eau et l'équateur.

Multiplication. — On ramasse les graines tombées
récemment, en ayant soin de rejeter celles qui, détachées
par le vent, ne seraient pas complètement mûres. On
nettoie alors très soigneusement un terrain à sol suffisamment frais, et on sème à la volée les graines qu'on
recouvre d'une couche peu épaisse de terre. Cette opération doit se faire au commencement de la saison des
pluies. Un autre procédé, et c'est le meilleur, consiste à
creuser des trous dans lesquels on place quatre ou huit
graines selon la fraîcheur du terrain et les chances de
germination; on recouvre ces graines de terre et on les
laisse germer.

Quel que soit le procédé employé, lorsque les jeunes
pieds ont atteint de 0,25 c. à 0,35 c. de haut, on les
transplante, au coucher du soleil sur le terrain choisi
pour la plantation, terrain où l'on aura à l'avance

creusé des trous distants de 5 mètres en tous sens.

Récolte et rendement. — La maturité des fruits se produit deux fois par an, mais la meilleure récolte est de beaucoup celle que l'on peut obtenir pendant la saison des pluies ; on sait en effet que dans les régions équatoriales, ou pousse principalement le palmier à huile, l'année présente deux saisons sèches et deux saisons pluvieuses. Les régimes sont coupés et entassés à l'air libre pendant huit ou dix jours, c'est-à-dire jusqu'à ce que les fruits par l'effet de la maturation se détachent, au moindre frottement, du régime qui les porte, les graines sont alors récoltées; on enlève les sépales du calice, qui adhéraient à la base, opération qui se fait soit à la main, soit en roulant mécaniquement les graines les unes contre les autres. On se débarrasse de ces enveloppes détachées en pelletant les fruits par un temps de forte brise, ou en les vannant d'une façon quelconque.

Deux récoltes.

Les fruits sont alors jetés dans un trou, profond de 1^m,20, creusé en terre ; ils sont recouverts de feuilles de bananiers, puis de feuilles d'elœis, et par-dessus on jette de la terre. On laisse les fruits dans les fosses jusqu'à ce que la pulpe soit molle comme si elle avait été bouillie, ce qui peut exiger de un à trois mois selon le degré de maturité du fruit au moment où il a été recueilli. Moins cette opération et la suivante dureront, moins l'huile sera altérée. Ce résultat obtenu les fruits sont pilés dans de grands mortiers à l'aide de pilons en bois. Dans beaucoup de points de la côte d'Afrique on substitue aux mortiers des trous de 1^m,20 creusés en terre et dallés avec des pierres brutes ; plusieurs personnes armées de pilons se placent autour de ce mortier primitif et écrasent les fruits jusqu'à ce que toute la pulpe soit séparée des graines. On jette

Procédés indigènes.

alors pulpe et graines en tas, on enlève les graines, et la pulpe est jetée dans des vases de terre, ou de fer, où on la fait bouillir avec très peu d'eau en remuant toujours jusqu'à ce que l'huile commence à se séparer. La pulpe est alors placée dans une sorte de nouet, ou de filet grossier portant à ses extrémités des cordes permettant de le tourner en différents sens de façon à exprimer la pulpe qu'il contient ; l'huile qui s'en écoule est l'huile de palme.

Huile de ménage. — Les habitants des « Rivières d'huile » qui veulent préparer de l'huile pour leur propre consommation opèrent comme il suit :

Préparation rapide de l'huile.

Les régimes divisés au sabre d'abatis sont exposés quatre jours au plus au soleil et même trois jours seulement si on a des fruits bien mûrs. On en prend alors deux kilogrammes environ qu'on fait cuire dans une marmite en fer, et la masse pulpeuse qui en résulte est broyée dans un mortier et mêlée avec de l'eau tiède. A la main on sépare alors les fibres de l'enveloppe, des graines et on rejette les uns et les autres. L'huile est restée mélangée avec de l'eau tiède ; on jette le tout sur un tamis, puis la pulpe est mise à bouillir avec de l'eau jusqu'à ce qu'elle ne laisse plus exsuder de nouvelle huile, passée de nouveau au tamis et ainsi de suite jusqu'à ce que les pulpes ne contiennent plus d'huile. L'huile ainsi séparée en plusieurs fois est recueillie et bouillie jusqu'à élimination de l'eau. Le produit ainsi obtenu est excellent et convient très bien aux usages culinaires.

Huile des amandes ou huile des graines. — On extrait du périsperme qui constitue ce que l'on désigne vulgairement sous le nom d'amande de palme, trois espèces d'huile (blanche, brune et noire). Pour cela, les

Préparation
de l'huile de
graines à la côte
d'Afrique.

graines qui avaient été mises de côté, dans la préparation de l'huile au moyen de la pulpe, c'est-à-dire dans la
préparation de l'huile de fruits, sont mêlées avec les
graines qui jonchent la terre sous les arbres, et sont séchées au soleil sur des plates-formes jusqu'à parfaite siccité. Elles sont alors broyées entre deux pierres et l'a-
mande se détache entière. Elle peut être exportée en cet
état où elle constitue l'amande de palmes ; mais on
fabrique aussi dans les « rivières d'huile », au moyen de
ces amandes, de l'huile de palmes de trois qualités :

1° **Huile de palme blanche.** — Les amandes sont
écrasées finement dans un mortier de bois ; elles sont
ensuite passées au moulin de pierre qui les convertit en
une masse compacte qui est placée dans de l'eau froide
où elle est divisée à la main ; l'huile vient s'étaler à la
surface de l'eau, il ne reste plus qu'à la recueillir et à la
faire bouillir. L'huile ainsi préparée est d'une belle couleur paille ambrée ; on peut l'obtenir blanche par une
simple exposition au soleil et à la rosée.

2° **Huile brune.** — Les amandes sont grillées dans
une marmite ou casserole, l'huile s'en sépare et on l'enlève ; les amandes grillées, qui restent, sont pilées dans un
mortier de bois et passées au moulin de pierre ; le tourteau qui en résulte est jeté dans une petite quantité d'eau
en ébullition sur le feu, et y est agité continuellement ;
l'huile vient alors nager à la surface d'où on l'enlève. La
masse glutineuse qui reste est alors mise à refroidir dans
un vase large ; elle est de nouveau passée au moulin de
pierre et abandonnée jusqu'à la fin de la journée, moment où on la rend plus molle en y incorporant de l'eau ;
elle est alors de nouveau divisée à la main dans cette
eau, jusqu'à ce qu'elle ne laisse plus échapper d'huile

venant surnager, il ne reste plus qu'à la faire bouillir
pour enlever l'huile qui vient nager à la surface de l'eau.

3° **Huile noire.** — Selon le degré de grillage des
amandes et le temps nécessité, l'huile recueillie au cours
de cette opération est simplement brune, ou plus colorée
et constitue alors la sorte commerciale dite huile noire.
Il est inutile de dire que l'huile préparée en Europe à
l'aide de machines perfectionnées est beaucoup plus

*Tourteau
utilisé.*

belle, de plus on obtient alors un tourteau qui se vend
très bien aux éleveurs et particulièrement aux éleveurs de
porcs. Très friable, ce tourteau est employé aussi comme
engrais pour la culture des primeurs à la dose de 5 à
6,000 kilog. par hectare.

Composition du tourteau d'amandes
de palme (Wœlker).

Matières grasses......................	26,57
Matières albuminoïdes................	15,75
Amidon, gomme, sucre et fibres digestives.	37,89
Cellulose...........................	8,40
Eau................................	7,49
Cendres............................	3,90
	100,00

Rendement. — Le sarcocarpe ou pulpe rend de 65 à
70 0/0 d'huile; l'amande ne rend guère que 35 à 40 0/0
d'huile de bonne qualité, on peut en extraire cependant
bien près de 50 0/0, en Europe, au moyen de machines
perfectionnées.

Les graines récoltées pendant la saison des pluies
passent partout, pour être bien plus riches en huile que
celles récoltées à la suite du vent sec venant de l'hinter-
land, vent qui a la réputation de déterminer la maturation

brusque des fruits. Aussi n'y a-t-il pas lieu de s'étonner de trouver des amandes ne contenant exactement que de 40 à 42 0/0 d'huile, tandis que d'autres en contiennent de 47 à 50 0/0. D'après Schaedler les différences qui ont été remarquées dans le point de fusion (entre 23 et 28 degrés centigrades) du « palm-kernel-oil » tiendraient à l'âge des palmiers et sans doute aussi à la variété exploitée. On a donné comme chiffre exprimant la densité à 15° : D = 0.952.

Variation dans le point de fusion.

Des traitants disent que l'on peut obtenir en moyenne 4 litres d'huile par régime, ce qui, en comptant pour chaque année sur 4 régimes, donnerait 16 litres d'huile par palmier. Ces chiffres, que nous n'avons pas vérifiés, exacts sans doute pour des palmiers très vigoureux, nous semblent un peu élevés pour des chiffres moyens.

En adoptant les chiffres et pesées du Commandant Dumont, chaque palmier à huile donnerait en moyenne huit régimes du poids moyen de 8 kil., soit 8 kil. d'huile provenant du fruit, auquel il faut ajouter environ 3 kil. d'amandes.

Commerce. — Le commerce reconnaît en outre des divisions en huile brune et huile noire d'amandes dont nous venons de parler, trois qualités : l'huile dure qui, très riche en stéarine, est utilisée par les fabriques de bougies ; l'huile molle qui en contient peu, et est employée par la savonnerie ; l'huile moyenne « le médium » qui est intermédiaire.

L'huile dure est exportée surtout du Congo, des bouches du Niger, du nouveau Calabar, de Sallpond, Appam, Vinnebah ; l'huile molle vient de Lagos, Bonny, Opobo, vieux Calabar, Operta, Cameroon, Sierra Leone, Sherbro. Enfin, suivant le degré de pureté, le commerce

Points d'exportation.

admet les divisions suivantes : Pure « Regular », Impure « Irregular ».

Sont qualifiées huiles pures celles qui ne contiennent pas plus de 1 à 5, et au maximum 8 0/0 d'eau et d'impuretés réunies; impures ou « irregular » celles qui contiennent de 5 à 12 0/0, mais on voit des huiles de cette catégorie atteindre jusqu'à 32 0/0 d'impuretés.

L'huile de La- L'huile de Lagos est réputée la meilleure parmi les huiles
gos est la plus
estimée. anglaises. Parmi les marques françaises, il faut citer les Cazamance, Rio-Nunez, Rio-Pungo, Grand-Bassam, Assinie, Gabon. Marseille est le grand emporium de ces huiles.

La récolte de l'huile de palme se pratique de mai à
Prix sur place. novembre dans toutes les rivières du sud. Le prix sur place est de 16 à 17 fr. les 100 kil. Le taux du fret présente un écart considérable de 20 à 30 fr. les 1000 kil.

Le cours sur les marchés européens (Marseille, Liverpool) est de 24 fr. les 100 kil. avec des droits de 10 fr. les 100 kil. à l'entrée.

L'huile de palme se solidifiant à 20° présente généralement en France l'aspect d'un beurre. Fraîche elle a une odeur fort agréable d'iris, mais comme l'huile de coco, elle rancit avec une rapidité extrême. Formée surtout de tripalmitine et d'oléine, elle est complètement soluble dans l'alcool, dit M. de Lanessan. Cette huile est très employée pour la fabrication des bougies.

Par la saponification à l'aide de la chaleur de l'eau ou de l'acide sulfurique, on rend libres, ajoute le même auteur, la glycérine et l'acide palmitique qui distillent vers 170° ou 180° et qui par un traitement approprié sont séparées de l'acide oléïque.

En 1871, en 1880 et en 1891, les exportations pour le

Royaume-Uni ont atteint un peu plus de 500,000 kilog. d'huile correspondant à une valeur de un million de livres sterling. Le prix de l'huile a oscillé entre 35 sch. le cwt prix de 1889 et 23 sch. prix de 1890. Mais Marseille reste toujours le grand centre d'importation des graines oléagineuses de la côte d'Afrique.

Ce produit est menacé depuis quelque temps par la concurrence que lui font les suifs à bon marché de provenance américaine et australienne. Déjà les propriétaires de plantations de la côte occidentale d'Afrique ont renoncé à la lutte et substituent partout où ils le peuvent les plantations de cocotier aux plantations d'élœis.

Concurrence des suifs australiens.

Arachide.

Arachis hypogæa L.

L'arachide est une plante herbacée basse annuelle qui produit de petites fleurs jaunes papillonacées dont les unes s'épanouissent près de terre et s'y enfoncent pour développer leur gousse, et dont les autres situées plus haut sur la tige sont stériles. La gousse produite par les fleurs fertiles est ovoïde, blanchâtre, fragile, et contient le plus souvent deux graines; celles-ci sont ovoïdes arrondies, souvent étranglées au milieu, de la grosseur d'une noisette ; couvertes d'une pellicule membraneuse ténue, reticulée, elles sont tendres et très riches en huile.

Fleurs fécondes et fleurs stériles.

L'arachide est une plante oléifère d'un produit abondant, d'une culture facile, d'un traitement et d'un transport aisés. Sa graine renferme en même temps que l'huile, une matière azotée abondante et un aliment de haute valeur. Ce n'est pas à moins de 30 à 32 % qu'il faut estimer la quantié de matières azotées que renferme la farine préparée au moyen de l'arachide. Ce chiffre élevé peu connu encore, classe l'arachide parmi les substances alimentaires végétales, les plus riches que l'on connaisse.

Fourrage excellent. Sa tige feuillée fraîche est un fourrage d'un rendement faible, mais de première qualité. Sa tige feuillée sèche est après la récolte des graines mangée par le bétail.

Climat. — Le climat qui convient le mieux dans les pays chauds, à l'arachide, est un climat à saison pluvieuse un peu courte (quatre ou cinq mois) à pluies modérées mêlées de beaucoup de jours ou d'heures de beau soleil, à la condition que cette période soit suivie d'une longue saison sèche.

L'arachide met à peu près cinq mois à développer sa tige et à mûrir toutes ses gousses qu'on recueille du cinquième au septième mois. Cette manière de végéter nous fait comprendre comment la plante se comporte mal dans les pays à pluies trop prolongées, trop continuelles, trop rarement mêlées de journées ou d'heures de beau soleil. Elle y est étiolée par l'excès des pluies et ses premières gousses, arrivées à maturité trop tôt, germent ou pourrissent sous terre, en sorte qu'elle produit peu et souffre aussi du grand développement des mauvaises herbes. Et de fait, la qualité des arachides augmente au fur et à mesure qu'on s'éloigne de l'équateur.

On comprend aussi facilement que la plante ne peut s'accorder d'un sol trop dur, trop gras et trop argileux.

Sol. — Aussi bien, le sol le meilleur pour l'arachide est-il un sol sablonneux ou tout au moins une terre très légère et bien meuble.

Si on peut en réussir la culture dans les terres silico- Les terrains compactes ne conviennent pas.
argileuses, par contre dans les terres argileuses et com-
pactes la culture ne réussit pas, la plante n'ayant pas
la force de pénétrer le sol pour y enterrer sa gousse.

Enfin, on voit que si elle peut pousser dans la partie
la plus méridionale de la zone tempérée chaude, elle
doit souvent y exiger l'irrigation et souvent ne pas y
mûrir le nombre complet de gousses qu'elle pourrait
donner.

On trouve aujourd'hui presque partout l'arachide dans
les pays chauds, et au voisinage du tropique dans la
région de transition avec la zone tempérée chaude;
mais sa culture y est le plus souvent absolument restreinte et n'a même dans l'usage domestique qu'un rôle
absolument exceptionnel tel que celui de simple friandise.

Culture. — Il suffit de défoncer la terre à une profondeur de quinze centimètres, et d'y déposer les graines
à une distance de 25 à 35 centimètres suivant la richesse du sol; les lignes dans lesquelles se pratique le
semis doivent être distantes de 30 à 40 centimètres. Les
graines doivent être enfouies à une profondeur qui doit
être au minimum de 6 centimètres; on les sème souvent
plus profondément, afin de les préserver des attaques
des rongeurs.

Dans les régions où on n'a pas à craindre ces destructeurs, et dans celles où la terre est trop compacte, on
forme dans le champ au moyen des instruments aratoi-
res attelés, des dos d'âne parallèles d'environ 25 centimètres de hauteur, et on sème dans cette élévation. Quand
on opère ainsi, il est nécessaire de pratiquer de fréquents
buttages afin que les gousses soient toujours parfaitement enterrées, les pluies torrentielles d'hivernage ne

manquant pas de produire l'affaissement des dos d'âne
et de mettre les gousses à nu.

On recommande généralement de pratiquer les semis
au commencement de la saison des pluies mais en réalité
dans les pays de grande culture, comme le Sénégal ou
l'Inde, où on ne sème qu'en juillet ou août. Dans quelques parties de l'Inde : Chingleput, South Arcot et dans
quelques parties de Tanjore et de Trichonopoly, on
cultive des graminées à grain alimentaire pendant
la saison sèche, et l'arachide pendant la saison des
pluies.

Rotation des cultures.

Dès que les pluies sont établies, l'arachide germe vite
donnant des feuilles, puis de petites fleurs jaunes éphé-
mères, qui pendant assez longtemps se succèdent. Une
partie des fleurs reste stérile, mais chez d'autres particulièrement chez celles qui proviennent de la partie inférieure de la tige, l'ovaire fécondé se développe ; à ce
moment le pédoncule de la gousse, recourbé en dehors,
la ramène alors vers la terre ou pressée contre le sol par
ce pédoncule qui s'allonge, la gousse s'enfonce peu à
peu pour achever son développement. Il y a là dans
cette prévoyance de la nature un phénomène tout aussi
intéressant que celui qu'on admire tant dans la plante
aquatique : la Vallisnérie.

Prévoyance de la nature.

La gousse mûre est oblongue ou ovoïde oblongue,
et étranglée au milieu ; la coque d'un gris jaunâtre
pâle est, comme nous l'avons dit plus haut, recouverte
d'un réseau de nervures saillantes presque réticulées.
Cette coque, fragile, contient ordinairement deux graines, assez souvent une seule, quelquefois même trois.
Ces graines rouges ou brun rougeâtre à l'extérieur sont
blanches à l'intérieur ; à l'état naturel, elles ont un goût

de haricot cru mais après une légère torréfaction elles offrent un goût de noisette fort agréable.

Récolte. — Quand, la plante étant complètement fanée, les tiges et les feuilles sont presque sèches, on peut procéder à l'arrachage. Suivant les pays, la maturité de la gousse a exigé de quatre à cinq mois. Si l'arachide a été cultivée dans un terrain convenable on pratique l'arrachage à la main ; il faut avoir soin de secouer plusieurs fois les plantes arrachées afin de détacher les pelotes de terres fixées entre les racines et aussi la plus grosse partie de la terre adhérente aux gousses. Il ne reste plus alors qu'à faire sécher au soleil et à séparer les gousses des tiges. Sur la côte d'Afrique et dans l'Inde, pays où la main d'œuvre est à bon marché, cette opération est confiée à des femmes et à des enfants qui séparent les gousses à la main.

Sortes commerciales. — On distinguait naguère encore au Sénégal deux sortes principales d'arachides : les Cayor et les Galam.

Arachides du Sénégal.

Les Galam sont petites, pesantes et ont une saveur douce ; elles fournissent une huile de qualité supérieure avec un rendement relativement élevé. Mais ces arachides ayant à supporter des frais de transport considérables pour arriver aux ports d'embarquement ne peuvent, malgré leur excellente qualité, lutter contre la concurrence des arachides de l'Inde.

Les Cayor sont plus grosses, mais fournissent une huile moins bonne avec un rendement moins élevé.

Voici les principales sortes actuelles d'arachides :

1° Cayor Rufisque. Semer en juin et juillet. Récolter en novembre. Vente de décembre en mai. Production annuelle de 30.000 à 50.000 tonnes.

Points d'exportation dans les possessions françaises de l'Afrique : Rufisque et Saint-Louis. Valeur sur place 18 à 20 fr. les 100 kilog. Fret sur l'Europe, 25 fr. les 1,000 kilogs. Cours sur les marchés européens (Marseille, Bordeaux, Dunkerque, Delft) : 24 fr., 50 les 100 kilogs.

2° Sine Saloum. Semer de juin à juillet. Récolter en octobre, novembre. Vente de décembre à mai. Production annuelle de 6,000 à 12,000 tonnes.

Points d'exportation : Foundiongué, 17 fr. les 100 kilog. Fret sur l'Europe : 25 à 30 fr. les 1,000 kilog. Cours à Bordeaux et Marseille, 22 fr.,50 à 23 fr. les 100 kilog.

3° Gambie : Semer de juin à juillet. Récolter en octobre, novembre. Vente de décembre à mai. Qualité très inférieure aux précédentes. Production annuelle de 12 à 25,000 tonnes.

Points d'exportation : Bathurst, 15 fr. les 100 kilogs. Fret 25 à 30 fr. les 1,000 kilog. Droits à la sortie 8 fr.,50 les 1,000 kilog. Cours sur les marchés Européens (Marseille, Bordeaux, Dunkerque, Delft) 21 fr. les 100 kilog. Entrée en franchise.

4° Bas de côtes (1). Semer en juin. Récolter en octobre. Vente de décembre à mai. Huile de qualité inférieure.

Points d'exportation : Cazamance, Boulam, Rio-Nunez, 15 fr. les 100 kilog. Fret 25 à 30 fr. les 1,000 kilog. Cours à Marseille, 17 à 18 fr. les 100 kilog.

Rendement. — Au Sénégal on estime que l'arachide peut rapporter en bonnes conditions 2,000 kilog. de gousses à l'hectare. Je crois que le rendement baisserait

---

(1) A vrai dire cette 4e sorte n'existe plus commercialement, les Cazamance, Boulam et Rio-Nunez qui les représentent ne se vendent qu'en disponible et suivant qualité. Au sud de la Gambie les arachides au lieu de se vendre au poids se vendent au boisseau qui pèse de 9 à 14 kilogr. suivant la qualité.

facilement de moitié sous un climat moins favorable.

La graine contient de 45 à 48 % d'une huile qui, extraite à froid, est presque incolore ; cette huile d'une densité de 0,915, se fige à + 3° et n'a ni odeur ni saveur désagréables. L'huile extraite à chaud au contraire est d'une couleur plus foncée et d'une saveur absolument désagréable et caractéristique. Le rendement industriel est en général de 35 à 40 % mais les Mozambique donnent jusqu'à 47 % (1).

Les arachides de Rufisque sont les plus estimées comme qualité, elles sont traitées à trois pressions dont la première fournit une huile de table des plus belles. Les Mozambique et les Rufisque sont les seules huiles d'arachides dont la qualité permette trois pressions.

Préparation et exportation. — Comme nous l'avons dit plus haut, au Sénégal, on sème généralement en juillet pour récolter six mois après, faire sécher au soleil et expédier sur les grands marchés ou les escales de traite qui, sans parler du Cayor et du Galam, comprennent Rufisque, Albréda (Gambie), Sédhiou, Carabane, Cazamance, les escales du Rio-Nunez etc... Cette culture diminue néanmoins tous les jours dans la Cazamance, les rivières avoisinant Sierra-Leone et les Bissagos.

Escales
de traite.

L'huile rancissant assez facilement dans l'arachide décortiquée, il importe de l'expédier sur les marchés consommateurs à l'état naturel. L'huile extraite à froid est seule de première qualité, l'huile extraite à chaud de

(1) Nous avons donné ces chiffres parce qu'on en trouvera quelques-uns dans les ouvrages sur la côte d'Afrique, mais en réalité dans le commerce des arachides le rendement en huile doit être établi sur le poids de la graine entière (non décortiquée) il est alors en moyenne de 28 à 32 0/0. Un mètre cube d'arachides du Oualo et du Cayor pèse en moyenne 353 kilog., un mètre cube de Cazamance ne pèse que 274 kilogr. Les arachides décortiqués pèsent en moyenne 606 kilogr. le mètre cube.

deuxième expression acquérant une odeur désagréable.

L'acide arachidique se différencie par son peu de solubilité dans l'alcool froid, sa solubilité dans l'alcool
bouillant et son point de fusion lequel est de 74°.

Les ports d'importation principaux qui sont aussi les
centres pour le traitement industriel de l'arachide, sont
Marseille, Bordeaux et Dunkerque.

Le tourteau d'arachide frais et de bonne qualité, c'est-
à-dire blanc grisâtre sans pellicules jaunes, et surtout
sans odeur et goût désagréables, parait donner de très
bons résultats dans l'alimentation des animaux domestiques, particulièrement des porcs. Cela n'étonnera personne lorsqu'on examinera les chiffres suivants.

Analyse de tourteaux d'arachides.

	Muter	Vœlcker.
Eau	9.6	10.77
Huile	11.8	8.47
Matières albuminoïdes	31.9	47.44
Amidon et fibres digestives	37.8	22.27
Matières ligneuses	4.3	4.53
Matières minérales	4.6	6.52
	100.0	100.00

Mais le tourteau d'arachide est encore plus utilisé
comme engrais; on l'emploie à la dose de **1500** kilogr.
pour fumer les terres à betteraves, et à la dose de **800** à
1000 kilogr. pour les céréales. Le tourteau d'arachides
en coques, c'est-à-dire le tourteau des arachides pressées
avec leurs coques est particulièrement recherché comme
engrais pour les vignobles à la dose de $\frac{1}{2}$ à **1** kilogr. par
pied de vigne. Ce dernier tourteau n'est pas employé
pour l'alimentation des animaux, les débris de coques le
rendant nuisible au bétail.

Pays producteurs. — Presque exclusivement limitée

à la côte occidentale d'Afrique, la culture de l'arachide a été pendant nombre d'années une source de bénéfices considérables pour les indigènes et les traitants de cette région ; son prix à cette époque n'y descendait pas au-dessous de 24 fr. les 100 kilogr. Tentés par ce prix rémunérateur, les négociants de l'Inde poussèrent les cultivateurs de l'Indoustan à cette culture. Du premier coup, ils portèrent un préjudice énorme au marché africain, en livrant à 18 fr. les mêmes arachides. Ce fut un véritable désastre pour notre colonie du Sénégal et des rivières du Sud ; il fallut plusieurs années pour que les indigènes de ces régions se décidassent à livrer les arachides au nouveau cours. Les cultivateurs de l'Inde ont encore abaissé le prix de vente de ce produit, et on pourrait craindre que dans ce duel économique, le dernier mot ne restât à l'Inde où la main d'œuvre est à très bas prix et le travail très offert. La colonie française de Pondichéry était hier encore le grand port d'exportation des arachides qui sont cultivées aussi bien dans notre territoire que dans les possessions anglaises voisines.

Commerce de Pondichéry menacé.

En 1876, Marseille ne recevait de l'Inde que 11000 tonnes d'arachides, contre près de 44000 de provenance africaine. En 1886 les envois de l'Inde atteignaient 68000 tonnes contre 13000 tonnes de provenance africaine (1).

En dehors de l'Afrique et de l'Inde on cultive les arachides même pour l'exportation dans l'Amérique du Sud, dans la partie méridionale de l'Amérique du Nord et en Espagne.

(1) M. Rousseau, bien connu de tous les Africains et aujourd'hui âgé de 94 ans, fit faire en 1840 la première expédition d'arachides en France (12,000 kilogr.). Aujourd'hui la Sénégambie seulement importe en France 70,000,000 de kilogr. d'arachides d'une valeur de 15 millions de francs, et l'importation totale en France atteint 150,000,000 de kilogrammes.

CHAPITRE XIII.

PLANTES TINCTORIALES.

Roucouyer (*Bixa orellana*, L.)

La plante produisant la teinture « anatto » ou rou-cou qu'on prononce souvent « rocou » en Europe est originaire des Antilles et autres parties de l'Amérique tropicale; mais elle est aujourd'hui répandue dans toutes les régions tropicales de l'Orient. C'est un arbre robuste ayant 12 pieds (3^m,60) et davantage de haut, avec des feuilles cordiformes portant aux extrémités des branches de larges grappes de splendides fleurs couleur rose. Le fruit est une capsule en forme de mitre couverte d'épines molles, partagée en deux valves à l'intérieur desquelles sont attachées de 30 à 40 graines couvertes elles-mêmes d'une mince pellicule de matière granuleuse rouge qui, au point de vue botanique, est le *testa*. Cette substance quelque peu cireuse, détachée des graines, donne la teinture appelée anatto, le nom toutefois est écrit et prononcé de façons très variées et très différentes; les principales sont : arnatto, annatto, annota, arnotta, mais anatto est la consonnance généralement adoptée par les meilleures autorités.

Habitat.

Description de l'arbre.

Le fruit.

Graines.

Teinture. Différentes appellations.

L'usage de cette teinture était connu de ces fiers guer- Histoire de la plante tincto-riale. riers, les Caraïbes, qui habitaient les îles des petites Antilles et certaines parties de la Guyane, lorsque l'A-mérique fut découverte par Christophe Colomb. Les Ca-raïbes l'appelaient roucou, nom appliqué à la teinture et à la plante qui la produit par les Français, et consi-dérée pour cette raison comme étant un mot français. Les Caraïbes se peignaient le visage et le corps avec Caraïbes. le roucou pour se donner un aspect plus féroce et plus effrayant. Bryan Edwards fait allusion à cette coutume dans son ouvrage sur les Antilles et il traduit les rensei-gnements fournis sur la matière par l'ouvrage de Ro-chefort, écrivain français, qui a écrit sur les Antilles et dont l'ouvrage a été publié en 1658. « Mais non satis- Comment les Caraïbes em-ployaient cette teinture. « faits de l'œuvre de la nature, ils appelèrent le secours « de l'art pour se rendre encore plus formidables. Ils « se peignaient le visage et le corps avec de l'arnotta « d'une façon si bizarre que leur couleur naturelle, qui « était à peu près celle d'une olive d'Espagne, ne pou- « vait plus guère se distinguer sous l'incarnat de la sur- « face. » Bryan Edwards va jusqu'à dire que la mode de se peindre étant suivie par les deux sexes, il se pour-rait qu'elle eût été primitivement introduite comme une défense contre les moustiques si communs dans les cli-mats tropicaux. Un certain nombre de descendants Les Caraïbes à la Dominique. purs de ces Caraïbes, autrefois cannibales, habitent au-jourd'hui la Dominique, sur des terres spécialement ré-servées pour eux par le gouvernement; mais, bien que toujours braves, ils sont aujourd'hui de mœurs douces, tendant à l'isolement, et ils ne se peignent plus au rou-cou.

Aujourd'hui l'anatto est très employé comme colorant

pour le beurre et quelques genres de fromages et comme teinture pour les calicots, soies, laines, peaux, ivoires, os et toutes choses semblables. Il donne une couleur fixe, d'une belle teinte ; on l'emploie aussi quelquefois pour donner un aspect plus foncé aux teintures jaunes. On peut obtenir de l'anatto les couleurs jaunes et rouges.

Produit deux couleurs.

Sol et climat. — Le roucouyer est une plante robuste, il poussera sous un climat convenable, dans presque tous les sols, sauf les sols marécageux. Bien qu'il croisse et produise dans les sols pauvres, il donnera un bien plus fort rendement s'il est cultivé dans des terres riches, comme les rives des fleuves et les alluvions bien drainées. Cet arbre croît à une altitude de 2.000 pieds (600^m) ; à Ceylan, il réussit même à 3.000 pieds (900^m) au-dessus du niveau de la mer. Le meilleur climat cependant est un climat humide, où la température moyenne est de 75 à 80° F. (23°1/2.) et où les pluies sont abondantes.

Plant robuste.

Les meilleurs sols.

Climat.

Reproduction. — La plante s'obtient exclusivement de semences. La graine doit être semée non mûre sur une planche établie en un endroit frais et ombragé ; on peut encore semer directement en place définitive. Quand les plants auront un pied de haut (0^m,30), on arrachera tous ceux qui proviendront d'un même trou, ne gardant que le plus fort. Les pieds de semis seront bons à retirer des pépinières environ quatre mois après le semis, il faut profiter pour cela d'un jour de pluie ; si la transplantation a été faite avec soin, tous les pieds reprendront.

Pépinières.

Plantation au piquet.

Culture. — Des lignes ayant été tracées sur le terrain à des distances de 6 à 12 pieds (1^m, 80 à 3^m, 60), on

Distances.

creuse des trous et on les remplit comme il a été dit aux précédents chapitres. Les distances dépendent de la nature du terrain; sur les coteaux où le sol est quelque peu pauvre, on peut planter plus près, mais sur les terres riches de plaine, 15 pieds (4^m, 50) pourront devenir insuffisants en raison du grand développement que prennent les arbres. Les pieds de semis doivent avoir de 6 à 8 pouces (0^m,15 à 0^m,20) de hauteur pour être piqués dans les trous. Il faudra nettoyer la terre de toutes les herbes qu'on enlèvera à la houe et qu'on enterrera dans des tranchées entre les plants. *Plantation des pieds.*

Récolte. — On peut compter sur une pleine récolte dans les trois ou quatre ans; mais les graines peuvent être recueillies au bout de 15 mois et même plus tôt. L'auteur a planté récemment une pièce d'anatto, et beaucoup de jeunes plants ont fleuri moins d'un an après le semis. On a calculé que la première récolte pleine donnera environ 100 livres (45^k, 359) de graines à l'acre (40^a, 46) le rendement augmentera ensuite pendant plusieurs années. Quand les capsules s'ouvrent et découvrent les graines, on les fait couper par des femmes et des enfants et porter au hangar où les graines sont extraites puis séchées au soleil. On ne les met ensuite en barils pour l'expédition que lorsque les graines sont parfaitement sèches, car autrement elles moisiraient ou fermenteraient et alors la couleur serait détruite et le produit sans valeur. *Première récolte. Pleines récoltes. Cueillette. Paquetage.*

Préparation du roucou. — Les graines n'ont de valeur que par le testa d'un jaune rougeâtre qui les enveloppe; ce dernier est quelquefois enlevé et expédié soit en pains, soit en gâteaux ou tourteaux. Dix livres de *Pain de roucou et tourteau.*

graines ($4^k,535$) donneront au moins 1 livre ($0^k,453$) de roucou en pain.

Préparation du roucou.

La préparation du roucou est très simple. Les graines fraîchement cueillies sont mises dans un « tub » et de l'eau bouillante est jetée dessus; la masse est fréquemment remuée pour détacher le testa cireux des graines. Après quelques jours, la masse est passée à travers un Cribles. crible pour séparer les graines qui devront être détachées de la substance tinctoriale. Le liquide est laissé Fermentation. une semaine pour qu'il fermente, et aussi pour donner le temps à la nature colorante de se déposer au fond du vase, puis l'eau claire est décantée. La matière tinctoriale déposée sera alors versée dans des bassins pour que Évaporation. l'humidité en excès s'évapore à l'ombre. Quand la substance a la consistance d'un mastic, on la forme en pains de 2 à 3 livres ($0^k,906$ à $1^k,359$) qu'on enveloppe dans des feuilles de bananier; on a alors le pain de roucou qui est exporté en grande quantité du Brésil. On peut toutefois laisser le roucou devenir plus sec en le laissant plus longtemps exposé dans les bassins, et alors on le pétrira en tourteaux carrés pesant de 8 à 10 liRoucou enveloppé dans des feuilles de bananier.vres ($3^k,624$ à $4^k,535$) qui seront aussi enveloppés dans des feuilles de bananier. Les tourteaux sont ordinairement empaquetés dans des fûts contenant 500 livres du produit ($226^k,530$). Le tourteau de roucou est brun extérieurement, mais l'intérieur est d'une couleur rougeâtre ou jaunâtre. C'est sous cette forme qu'il atteint les plus hauts prix. Les tourteaux seront soigneusement séchés avant d'être empaquetés pour empêcher qu'ils ne perdent leur valeur en moisissant après leur embarquement.

Dans la colonie française de la Guadeloupe où le

roucou est cultivé sur une grande échelle, on a adopté un Procédé de la Guadeloupe. Broyage des graines. autre procédé de préparation. Les graines sont soigneusement écrasées entre des rouleaux, de façon qu'elles forment une poudre fine intimement mélangée de matière tinctoriale. Le produit est alors plongé dans l'eau ; quand il s'est déposé au fond, on décante l'eau et la pâte seule est bouillie pendant quatre ou cinq heures. Elle est ensuite mise dans des boîtes, percées, au fond, de plusieurs trous qui ont été recouverts d'une toile pour empêcher la pâte de passer au travers. On place une planche sur la pâte, Expulsion de l'eau. on pèse dessus fortement pour exprimer l'excès d'humidité à travers les trous du fond. On met alors la pâte dans des barils en couches séparées par des feuilles de bananier, dont le rôle est de maintenir la fraîcheur et de prévenir la fermentation. Si la pâte devient trop sèche, on peut verser de l'eau dans le baril, parce que le roucou qui ne reste pas humide perd de sa valeur. Le produit, naturellement, ne contient qu'une partie de matière tinctoriale mêlée à la poudre de graines, il est donc loin d'avoir autant de valeur que le tourteau de roucou pur. Plus pure est la pâte expédiée sur les marchés, plus élevé est le prix obtenu, et si l'on ne prépare pas un article de choix, mieux vaut expédier les graines sèches Avantages de préparer le roucou pur. desquelles la matière tinctoriale sera extraite en Angleterre ou aux États-Unis.

Curcuma (Haldi, dit à tort Safran des Indes).

(*Curcuma longa* L.)

La plante produisant le curcuma appartient à la fa- Habitat. mille du gingembre, plante à laquelle elle ressemble d'ailleurs absolument, par la croissance, l'habitat aussi bien que l'aspect. Elle est originaire de quelques districts de l'Hindoustan et de Ceylan, mais elle croît aujourd'hui dans toutes les parties du monde tropical. La plante fut introduite à la Jamaïque par Zacharie Bayley Edwards en 1783. Elle se naturalisa dans plusieurs parties de cette île, de la Dominique et d'autres Antilles.

Teinture. On retire du rhizome du curcuma une belle couleur jaune qu'on emploie peu aujourd'hui en raison du dé-faut de fixité de cette teinture. On l'utilise cependant en quantité relativement importante pour colorer en jaune *Ses usages.* les vernis. Dans quelques îles de la Polynésie, les natu-rels emploient cette couleur pour se peindre le corps absolument comme les Caraïbes employaient le testa des graines de roucou. En chimie, une solution de curcuma est utilisée pour reconnaître la présence des alcalis qui font virer sa couleur du jaune au rouge-brun. Le papier de curcuma plus employé est tout simplement un papier quelconque qu'on a plongé dans une teinture de cur-cuma et séché en l'exposant à l'air. Quand il est sec, il est d'une couleur jaune pâle qui devient rouge brun en présence des alcalis.

Action médicinale. Le curcuma est quelquefois usité en médecine, plus spécialement dans certaines affections de l'estomac dans lesquelles son amertume tonique et son stimulant aro-matique produisent quelquefois de bons effets. Dans les *Usité comme épice.* contrées de l'Orient, le produit est couramment employé comme épice ou condiment; il y entre dans la prépara-tion de la plupart des plats indigènes. C'est aussi un ingrédient qui entre dans toutes les bonnes poudres à kary.

Culture. **Sol et climat**. — La plante exige les mêmes sols et climat que le gingembre. Les méthodes de reproduction, de culture, de récolte et de préparation sont les mêmes pour les deux plantes. Il n'est donc pas nécessaire d'entrer dans tous les détails qui ont été complètement exposés à l'occasion du gingembre au chapitre IX.

Dans le Népaul, contrée située au Nord de l'Hindoustan, le curcuma est planté après le froment comme culture d'assolement; aux Antilles un bon système de rotation consiste à pratiquer la culture du safran dans les terres qui ont donné une abondante récolte de maïs ou d'une céréale quelconque des tropiques. *(Culture dans le Népaul.)*

Dans le commerce, le curcuma se présente sous trois formes appelées doigts, bulbes et bulbes coupés. Les doigts sont les plus longs et plus minces rhizomes; les bulbes coupés sont simplement les rhizomes coupés en morceaux avant d'être séchés. Pour la médecine et la chimie, les bulbes coupées sont préférées; ils sont jaunes extérieurement et orange foncé à l'intérieur. *(Doigts, bulbes et bulbes coupés.)*

Dans presque toutes les colonies françaises le curcuma est désigné sous le nom de safran. Le mot curcuma n'étant pas assez doux pour être facilement prononcé par les créoles des colonies françaises, les écrivains de ces pays devraient se faire une règle de ne plus employer, pour désigner ce prétendu safran, que le mot « haldi » connu déjà de plus de deux cent millions d'hommes en Asie (1).

Bois de Campêche.

(*Hœmatoxylum campechianum* L.)

Le bois de campêche est originaire de l'Amérique *(Habitat.)*

(1) Note du traducteur.

centrale; on le trouve en grande abondance dans les terres qui bordent la baie de Campêche; de là son nom botanique. Il fut introduit du Honduras à la Jamaïque par le Dr Barham en 1715, et depuis, dans toutes les autres parties des Antilles. A la Jamaïque, et à la Dominique, il s'est propagé spontanément par graines sur de vastes districts du littoral aussi bien que dans l'intérieur. Le Dr Macfadyen dans sa flore de la Jamaïque publiée en 1837 s'exprime ainsi : « peu de plantes se sont aussi complètement naturalisées. Le campêche pousse dans toute situation, à l'exception des terrains de montagnes; comme l'opoponax et l'algaroba, il occupe nos plaines ». Les graines étant ailées sont souvent transportées par le vent bien loin de la plante. Le campêche est usité en médecine comme astringent, mais il est surtout employé pour la teinture. Il a été introduit en Europe par les Espagnols quelque temps après que Cristophe Colomb eut découvert l'Amérique. Il était déjà employé comme bois de teinture en Angleterre sous la reine Élisabeth.

Les teinturiers de cette époque ne connaissaient pas les *mordants* ou substances chimiques servant à fixer les couleurs. Aussi les teintures de campêche s'en allaient-elles au lavage. Tout le monde se trouvait donc fort prévenu contre le campêche. Dans la 23° année du règne d'Élisabeth, un bill du Parlement prohiba même son usage ordonnant que ce bois fût détruit par le feu partout où on en trouverait. Cette loi ne fut rapportée que près d'un siècle plus tard, à l'époque où les teinturiers eurent appris à fixer les couleurs d'une façon permanente.

De nos jours on utilise principalement le campêche pour teindre les bons lainages « sur lesquels il produit

Naturalisé dans les Indes occidentales.

Graines.

Teinture.

Histoire de la teinture.

Usages de la teinture.

à l'aide de différents mordants, des teintes bleues variant du bleu clair de lavande au bleu noir, suivant la quantité de campêche employée ». On en fait aussi usage pour imprimer les calicots, pour teindre les vêtements et les chapeaux ; le beau velouté noir des chapeaux de haute forme s'obtient par l'emploi de la teinture de campêche combiné avec celui de l'indigo et de mordants. Outre le bleu et le noir, on peut obtenir beaucoup d'autres teintes en traitant une décoction de bois par divers agents chimiques ; le rouge campêche peut donc donner à peu près toutes les couleurs de l'arc-en-ciel. L'encre noire commune est également fabriquée avec le campêche et beaucoup de personnes sans scrupules en fabriquent des composés dangereux qu'elles vendent comme vin de Bordeaux.

Grande variété des couleurs.

Bois employé pour sophistiquer les vins.

L'arbre est petit et large atteignant rarement la hauteur de 4 pieds ($1^m,20$) avec un tronc ayant au plus 18 pouces ($0^m,45$) de diamètre muni de côtes longitudinales. La tige est fréquemment tortueuse et les plus petites branches sont couvertes d'une écorce blanchâtre. Quand l'arbre pousse dans un pays chaud et sec, les branches sont épineuses ; dans les régions montagneuses humides elles n'ont pas d'épines.

Description de l'arbre.

Sol et Climat. — Le campêche viendra bien dans la plupart des terrains sauf dans les sables légers et les argiles compactes. Il pousse mieux toutefois et donne un plus beau cœur, sur les sols riches et humides où il y a abondance de matière végétale. Le climat doit être chaud mais non trop sec, bien que la plante, une fois bien enracinée dans le sol, supporte très bien la sécheresse. M. Morris affirme que le campêche croît en grande abondance dans les terres humides qui se trouvent au Nord

Le meilleur sol.

Climat.

et à l'Ouest du Honduras britannique. On l'y trouve en immenses fourrés à Haïti ; le meilleur bois vient de l'intérieur du pays.

Reproduction. — La plante se propage par graines, qu'on sème en nurseries à la manière ordinaire. Toutefois dans les contrées où l'arbre s'est naturalisé, de jeunes plants peuvent être recueillis en grand nombre dans le voisinage des vieux arbres. Les jeunes plantes sont enlevées avec soin pendant la saison pluvieuse et plantées définitivement dans les endroits où elles devront grandir.

Culture. — On peut à peine dire que le campêche se cultive, car la plupart des billes sont coupées aux arbres venus spontanément, mais des terrains en friche qui ne peuvent convenir à d'autres cultures seront avantageusement plantés en campêche, des arbres bien soignés y donneront même un plus beau produit que les arbres poussés à l'aventure. En réalité il a été établi dans l'un des rapports du consul du Royaume-Uni à Haïti que « la demande est très grande plus grande même que l'offre, pour les meilleures variétés de campêche ».

On prépare des trous, comme il a été dit aux chapitres précédents à des distances de 15 pieds (4ᵐ,50) ce qui donnera à peu près 200 arbres à l'acre (40.46), on ne plantera les jeunes pieds que lorsque la terre sera tout à fait imprégnée d'eau. En opérant ainsi, il n'y aura que peu de plants perdus. Si l'on sarcle de temps en temps, les jeunes arbres pousseront plus vite ; on peut d'ailleurs mettre des bestiaux au piquet dans les intervalles pour paître les herbes. On élaguera les gourmands et rejetons latéraux, et pendant que les plants sont jeunes on sciera les basses branches au ras de la tige, afin de lais-

Pépinière.

Culture convenant aux landes.

Demande très grande pour les meilleures sortes de bois de campêche.

Distances.

Sarclage.

Élagage.

ser aux arbres un seul tronc bien droit; dans ces conditions l'arbre produit de plus belles bûches et exige moins
de travail pour l'enlèvement de l'aubier.

Coupe des bûches. — Quand ils auront dix ans, les Abattage.
arbres seront bons à abattre; cela se fait à la hache et
les hommes coupent ensuite le tronc en billes ou bûches
d'environ 3 pieds de long ($0^m,90$). L'aubier, qui est léger Le bois.
et sans valeur, est alors détaché; c'est la plus difficile des
diverses opérations. Le cœur est très lourd et d'un rouge
brun foncé; on en fait de très jolis ouvrages d'ébénisterie parce qu'il prend un beau poli. Quand les billes
sont arrivées sur les marchés, on les coupe d'ordinaire
en copeaux à l'aide de machines puissantes parce que les Copeaux.
teinturiers peuvent mieux les manipuler sous cette
forme. Dans les pays où l'on fait beaucoup de coupes de
campêche pour l'exportation, il sera plus avantageux de
préparer les copeaux tout de suite et de les empaqueter
en ballots fortement pressés. En agissant ainsi on évitera
beaucoup de pertes, parce que le cœur du bois tout entier pouvant être utilisé pour la confection des copeaux
augmentera considérablement ainsi, la quantité qu'on Comment
on augmente le
peut obtenir de chaque arbre. rendement.

A la Jamaïque s'est créé un important commerce qui
s'alimente exclusivement par l'extirpation et l'exportation
des racines de campêche abandonnées en terre après les
abattages des arbres qui furent pratiqués dans les vingt
ou trente dernières années. On peut se faire une idée de
l'importance du campêche comme bois de teinture, en Marché
d'Angleterre.
se rappelant que les importations en Angleterre seulement se sont évaluées à plus de 1/4 de million de L. st.
en une seule année (6,250,000 fr.).

Indigotier.

Indigofera anil L. et *Indigofera tinctoria* L.

La substance bleue appelée indigo est produite par plusieurs espèces *d'indigofera*. La culture des plantes d'indigo et la préparation de la teinture étaient pratiquées dans l'Inde depuis les temps les plus reculés. La teinture était connue des Romains sous le nom de *Indicum;* la nécessité des transports à grande distance à une époque où de tels voyages étaient difficiles et dangereux élevaient considérablement le prix du produit et en faisait cacher l'origine. Quelques écrivains anciens, décrivent la teinture comme un minéral; d'autres supposent que c'est une exsudation végétale mêlée de terre. Au dix-septième siècle les Hollandais importèrent d'Orient de grandes quantités d'indigo, mais comme c'était une concurrence à la fabrication du pastel (teinture bleue obtenue de l'*isatis tinctoria*, plante cultivée en Europe) l'emploi de l'indigo fut interdit par plusieurs gouvernements. En Allemagne, une loi de 1654 prohibe l'usage de l'indigo et l'appelle la teinture du diable; à Nuremberg, les magistrats obligèrent les teinturiers à prêter serment chaque année qu'ils n'emploieraient pas l'indigo. En France, de 1598 à 1737, l'usage de l'indigo fut interdit afin de protéger les producteurs de pastel. Bref ce ne fut pas avant le milieu du siècle dernier que les teinturiers furent autorisés à se servir des substances qu'ils préféraient. A la fin du dernier siècle et dans la première partie de celui-ci, l'indigo était cultivé sur une certaine étendue à la Jamaïque et à la Dominique; mal-

Antique teinture.

Histoire de la teinture.

Pastel.

Teinture du diable.

Première culture de l'indigo aux Antilles.

gré les bénéfices qu'elle donnait cette culture fut pourtant abandonnée en raison de l'incertitude des récoltes et de l'insalubrité causée par les émanations résultant de la fermentation des plantes au cours de la préparation de la teinture.

L'indigo se trouve aujourd'hui dans le commerce en pains carrés de deux à trois pouces cubiques (32^{c3}772 à 40^{c3}058) portant ordinairement sur l'un des côtés le nom de la plantation, des lettres initiales et autres particularités. La plus grande partie de la teinture employée aujourd'hui vient de l'Inde et des autres contrées de l'Orient; mais l'Amérique centrale et méridionale en fournissent aussi. *Description de la teinture. Source actuelle de la teinture.*

Indigofera anil. — Cet indigo est originaire de l'Amérique tropicale et des Antilles; dans de bonnes conditions il atteint une hauteur de 5 à 6 pieds (1^m,50 à 1^m,80). *Habitat.*

Indigofera tinctoria. — Il est au contraire originaire de l'Inde et des autres parties de l'Asie; ce n'est qu'un arbrisseau ne dépassant pas 3 à 4 pieds de hauteur (0^m,90 à 1^m,20). Les deux plantes produisent de petites gousses contenant en grand nombre de petites graines angulaires, toutes deux ont de longues racines pivotantes qui pénètrent profondément dans le sol. *Graines.*

Sol et climat. — Les plants d'indigo et plus spécialement l'*Indigofera anil,* — qui est une mauvaise herbe dans plusieurs contrées de l'Extrême Orient, — sont robustes et pousseront dans n'importe quel sol bien drainé pourvu que le climat soit convenable. Cependant le meilleur sol pour une culture rémunératrice doit être un loam riche avec un sous-sol léger et meuble permettant l'écoulement de toute l'eau en surcroît. Le sol ne doit être ni trop sec et sablonneux ni trop humide et *Le meilleur sol.*

argileux, mais tenir le milieu entre les deux. Si le sous-sol était humide, les plantes mourraient ou seraient chétives et donneraient de pauvres récoltes.

Primitivement l'indigo fut cultivé dans la Caroline du Sud, mais on s'est aperçu que le climat était trop froid, car les plantes rapportaient peu de teinture. Aujourd'hui la culture est entièrement limitée aux régions tropicales où la température ne tombe jamais au-dessous de 6° F. (15° 1/2 C.) et où l'atmosphère n'est pas saturée d'humidité. La plante aime les terres basses, il ne faudra donc jamais essayer d'en pratiquer la culture dans les montagnes.

Culture. — Les derniers jours de la saison sèche constituent l'époque la plus favorable pour le semis, mais les terres devront être bien préparées auparavant. On fera plusieurs labours et le sous-sol sera ameubli le plus possible. Le sol de surface sera amené à un fin ameublissement par un hersage soigné, et même si l'on veut obtenir ce que l'on appelle une bonne « planche à semis »

on pourra y passer légèrement le rouleau. La graine, qu'on prendra aussi fraîche que possible, sera mélangée de sable ou de cendre et semée à l'aide d'une machine appelée « *dull* » (semoir) en lignes distantes d'environ 2 pieds (0^m,60) l'une de l'autre. Il ne faut pas semer au hasard, car alors le sarclage deviendrait impossible et les plants seraient promptement gênés par la prompte poussée de la végétation sauvage.

Aux endroits où ne peut être employé le semoir, on peut déposer la graine dans de petits trous étroits faits à la houe, à des distances de 10 à 14 pouces (0^m,25 à 0^m,36) dans chaque ligne. On dépose dans chaque trou autant de graines qu'on en peut tenir entre le pouce et

l'index, puis on les recouvre d'environ un demi-pouce
($0^m,01$) de terre. La quantité de graines employée varie
de 10 à 15 livres ($4^k,539$ à $6^k,795$) par acre ($40^n,46$).

Dans les plantations d'indigo on laisse toujours un
grand nombre des meilleurs plants comme porte-grai-
nes en vue de la prochaine récolte. Dix bushels ($360^l,4$)
de gousses fournissent environ un bushel ($36^l,34$) de
bonnes graines.

Dans les saisons favorables, les plants sortent de terre
trois ou quatre jours après le semis, il faut alors sarcler à
la main et enlever toutes les herbes pour qu'elles ne nuisent pas aux jeunes pieds. Quand les plants ont quelques
pouces de haut on peut employer la houe. Il faudra trois
sarclages avant que l'indigo soit bon à couper, coupe
qui se pratiquera lorsque les fleurs apparaîtront, c'est-
à-dire trois mois environ après qu'on a semé.

Comme le mois de mars est le meilleur aux Antilles
pour semer l'indigo les opérations de la coupe commenceront en juin.

Les plants sont ordinairement coupés à quelques
pouces du sol à l'aide d'une faucille, puis liés en gerbes
pour être transportés au lieu de préparation. L'exposition au soleil étant mauvaise pour les plants coupés, l'o-
pération devra être commencée et finie dans l'après-midi.
Après la coupe les plants donneront des rejetons. Dans
des circonstances favorables on a obtenu jusqu'à quatre
coupes des mêmes pieds en une année; mais cela n'est
pas bon, car les plants s'épuisant vite dans ce cas, il vaut
mieux faire chaque année de nouveaux semis.

L'indigotier peut être attaqué par plusieurs insectes
qui parfois infestent tellement les feuilles que la récolte
est entièrement perdue. Quelques espèces de chenilles

Quantité de graines nécessaire.

Sarclage.

Époque des semis.

Coupe.

Rejetons.

Ennemis.

sont extrêmement friandes des feuilles et lorsque la plante est cultivée sur le même terrain plusieurs années de suite, le nombre des ennemis s'accroît considérablement. C'est pour cela qu'on conseille de choisir chaque année un nouveau terrain.

Engrais.

L'indigo contient de l'azote en proportion considérable, de sorte que si la même terre se trouve fatiguée par des récoltes successives, il faudra y remédier au moyen d'engrais riches en ammoniaque. Les résidus de la plante, une fois que l'indigo a été extrait, constituent le meilleur engrais; ils forment du reste un excellent combustible. Quand on ne peut rendre au sol les résidus, du fumier de ferme saupoudré de chaux répondra très bien aux besoins.

Fabrication de la teinture. — Les substances qui forment l'indigo se trouvent dans les feuilles. Par économie et pour plus de facilité on soumet la plante tout entière aux opérations de fermentation et d'agitation par lesquelles la teinture est fabriquée. La fermentation

Comment on prépare la teinture.

des plantes dans l'eau fait dissoudre les matières tinctoriales, et celles-ci combinées avec l'oxygène de l'air produisent la substance colorante bleue qu'on nomme

La teinture faite expérimentalement.

indigo. On peut faire à titre d'essai de l'indigo chez soi en mettant les feuilles à infuser dans l'eau chaude; puis quand la teinture s'est déposée, en exposant l'infusion au soleil; en agitant le liquide de temps en temps on hâte l'opération.

Quand on opère sur de grandes quantités, de larges cuves de bois ou des citernes de pierre disposées en gradins l'une au-dessus de l'autre sont nécessaires. La ci-

Citernes.

terne supérieure ordinairement appelée *steeper* doit être carrée et mesurer six pieds (1^m,80) sur chaque face et deux pieds et demi ($0^m,75$) en profondeur. Elle doit avoir un fond légèrement incliné vers l'un des angles d'où le contenu est déversé dans la seconde citerne au moyen d'un robinet fixé près du fond. La seconde citerne appelée *beater* aura 12 pieds ($3^m,60$) sur chaque face et 4 1/2 ($1^m,75$) en profondeur. Ces deux citernes seront suffisantes pour préparer la teinture des plantes produites par 7 acres de terre. Sous le beater on peut placer une troisième citerne où s'écoule le contenu du beater et on l'y laisse reposer pour permettre à la teinture de se déposer ; mais à moins qu'on ait à opérer sur de très grandes quantités, le dépôt de la teinture peut se faire dans la seconde citerne qu'on aura munie de plusieurs robinets à des hauteurs différentes pour laisser s'échapper le liquide clarifié qui reste au-dessus de l'indigo précipité.

Les bottes d'indigotiers fraîchement coupées sont apportés de la plantation et placées dans la première citerne ou cuve, en couches régulières jusqu'à 10 pouces du bord ($0^m,20$). Des planches sont alors disposées sur les plantes et fixées par quelque moyen mécanique. De l'eau est versée de façon à recouvrir les plantes de 3 ou 4 pouces ($7^c 5$ à $10^c 5$). Il faut que l'eau soit très pure ; de l'eau claire de rivière donnera le meilleur résultat, comme il en faut de grandes quantités on ne peut préparer l'indigo que dans un endroit ou l'eau est très abondante. Peu d'heures après qu'on a versé l'eau dans la citerne, la fermentation commence ; elle durera de douze à seize heures. Quand les feuilles deviennent de couleur pâle et que les sommités sont devenues molles, la fermentation est poussée assez loin. Si elle continuait au delà de ce degré, la putréfaction se produirait et la

Préparation de l'indigo.

Eau pure essentielle.

Fermentation.

matière colorante serait détruite. L'eau qui a dissous les substances solubles, qui deviendront de l'indigo après absorption d'oxygène, est de couleur grisâtre, on la fait couler par le robinet dans la seconde citerne. Le

Résidu. résidu des plantes est enlevé de la première citerne et soit séché au soleil pour servir de combustible, soit immédiatement enfoui, comme engrais, entre les lignes. Ce résidu a une odeur malsaine due à la putréfaction de la matière végétale ce qui explique le renom d'insalubrité des fabriques d'indigo.

Battage. Le liquide qui se trouve maintenant dans la seconde citerne doit être constamment agité pendant une durée de 1 heure 1/2 à 3 heures. Cette agitation empêche une nouvelle fermentation; en exposant à l'air les couches successives du liquide, elle permet au tout de s'oxyder en même temps et détermine la formation de la matière colorante bleue insoluble. Le liquide peut être agité soit par un procédé mécanique, soit par des hommes qui entrent dans la citerne et qui le battent et déplacent continuellement au moyen de palettes de bois.

Formation de la teinture. A mesure que l'on agite et que l'on bat, le liquide vert prend une couleur plus foncée et graduellement tourne au bleu pendant que l'indigo insoluble se forme en petites parcelles appelées grains. A ce moment, on verse dans la cuve une petite quantité d'eau de chaux clarifiée; celle-ci est ajoutée dans le but de former une combinaison entre la chaux et l'acide carbonique pro-

Eau de chaux. duit au cours de la fermentation, mais cette précaution n'est pas nécessaire et quelques planteurs préfèrent procéder sans le concours de l'eau de chaux qui passe pour altérer l'indigo. Le battage terminé, on laisse se déposer la matière colorante; en deux ou trois heures l'indigo se sera précipité, et à la surface se trouvera un liquide couleur d'ambre. On décantera ce liquide par les robinets, en ouvrant d'abord le premier, puis quand le liquide cessera de couler, le second situé au-dessous, et ainsi de suite jusqu'à ce qu'il ne reste dans la cuve que l'indigo qui ressemble alors à une pâte bleu-noir. Cette pâte est alors enlevée, et placée dans des sacs en toile de forme conique que l'on suspend pour que l'eau en surcroît puisse s'égoutter. On ôte alors l'indigo des sacs et on le place dans des auges peu profondes pour sécher à l'ombre. Avant qu'il ne soit tout à fait sec, on le coupe en petits cubes et on l'estampille avec la marque de la plantation.

Façon d'enlever
l'humidité.

Carreaux.

Dans l'Hindoustan et autres contrés orientales, la pâte d'indigo, avant d'être séchée est bouillie dans des vases de cuivre rouge pendant deux heures au moins, puis étendue sur des toiles fixées sur des cadres de bambou afin qu'elle achève de s'égoutter, résultat qui s'obtient de 12 à 14 heures. On soumet alors l'indigo, à la presse, on le coupe en cubes, on l'estampille et on le sèche pour le marché.

Indigo bouilli.

On a calculé que 8 livres ($3^k,624$) de feuilles produisent environ 1/2 once d'indigo ($14^{gr},17$) et 300 livres ($135^k,900$) de teinture représentant le rendement annuel par acre ($40^a,46$). Mais autrefois quand l'indigo était cultivé sur une grande échelle à la Jamaïque on a récolté jusqu'à 500 livres ($226^k,500$) d'indigo par acre de bonne terre.

Rendement.

Rendement
à la Jamaïque.

CHAPITRE XIV.

CÉRÉALES DES TROPIQUES.

Maïs (*Zea maïs*, L.)

Habitat. Le maïs, ou comme on l'a souvent appelé blé de Turquie, est originaire de l'Amérique tropicale où il était cultivé par les indigènes depuis les temps les plus reculés. Dans les régions extra tropicales, il croît avec une grande vigueur pendant l'été. Les premiers colons des États-Unis voyant la céréale cultivée par les indiens aborigènes Origine du nom. l'avaient appelée « blé indien ». A l'heure actuelle, le maïs est récolté en énormes quantités dans les États-Unis et le terme « corn » lui est universellement appliqué dans ce pays ; on y fait rentrer les autres céréales dans la catégorie des « grains ». Les conquistadors de l'Amérique ont Employé par les Caraïbes. trouvée le maïs partout employé comme nourriture par les Caraïbes et les autre tribus. Les grains étaient convertis en farine par ces anciens « Indiens de l'Ouest » à l'aide Moulins de pierre. de moulins de pierre de formes très pures L'auteur possède de remarquables spécimens de ces moulins trouvés avec d'autres instruments en pierre des Caraïbes dans les îles de la Dominique, St Kith et Nevis. Même de nos jours, le Base de la nourriture. maïs est la base de la nourriture des indigènes de l'Amérique centrale qui transforment sa farine en minces gâteaux appelés tortillas. Aux États-Unis le blé indien préparé de différentes façons forme une part très importante de la nourriture populaire et un juge du pays disait un jour : « le maïs est aussi indispensable au Yankee que la pomme de terre à l'Irlandais et l'avoine à l'Écossais. »

Aucune céréale sauf le riz n'est aussi généralement cultivée que le maïs ; d'Amérique la plante a été importée dans les régions les plus chaudes de l'Europe, de l'Asie, et dans le reste de l'Univers. Comme cette céréale est très riche en éléments nutritifs, on l'emploie dans le monde entier comme aliment pour l'homme et pour les animaux, de sa tige on peut faire du sucre ; des *spathes* ou gaînes de l'épi, du papier ; les feuilles vertes et la tige forment un excellent fourrage pour les animaux. Bien plus, dans quelques parties des Fidji, les indigènes cultivent de grandes quantités de maïs dans le but de payer leurs taxes, et le Gouvernement envoie ces grains en Australie pour les convertir en argent. On prépare avec le maïs une farine fine appelée *maizena*, ou *cornflour* qui est souvent employé à la place de l'arrowroot, et comme elle passe pour être facilement digestible, on l'emploie comme aliment pour des enfants et les malades. Un des avantages qu'offre le maïs sur les autres céréales c'est le peu de temps qu'il met à mûrir ; un autre réside dans cette circonstance que l'épi peut-être employé comme nourriture longtemps avant qu'il ne paraisse mûr.

Le maïs est une plante herbacée monoïque ressemblant à une canne à sucre et s'élevant à la hauteur de 5 à 10 pieds (1^m,50 à 3^m,00) ou même davantage. Les fleurs mâles ou staminées poussent au sommet de la plante sur les axes d'une large grappe ramifiée qui

Note marginale : Culture extérieure du maïs.

Note marginale : Usages multiples de la plante.

Note marginale : Employé au Fidji pour payer les taxes.

Note marginale : Avantages du maïs.

Note marginale : Description de la plante.

termine la plante. Les fleurs femelles ou pistillées se rencontrent en épis denses surgissant de l'aisselle des feuilles et enveloppées d'une gaîne ou spathe, les longs styles pendant comme des glands de soie. Les fleurs staminées produisent une immense quantité de pollen qui facilement emporté par le vent opère une fertilisation spontanée. Le nombre des épis de fleurs femelles varie selon la vigueur de la plante ; on en a trouvé jusqu'à 7 sur la même plante ; mais ordinairement il y en a de deux à cinq. Quand la fertilisation s'est produite, la floraison de la fleur femelle devient ce que l'on appelle l'épi de maïs. Les grains se disposent en rangées sur un axe épaissi et durci enveloppé de ses grandes bractées papyracées, cet axe se nomme *cône* (en anglais *cob*), le tout est enveloppé par les spathes qui se nomment parfois « balles ».

Une culture depuis longtemps pratiquée dans des climats et des sols différents, et la fertilisation croisée, n'ont pas manqué de produire d'innombrables variétés de maïs appropriées aux conditions diverses dans lesquelles la plante s'est développée. Les variétés se distinguent surtout par les caractères du grain. Ainsi sous le rapport de la couleur, ils sont blancs, rouges ou jaunes ; sous le rapport du nombre des rangées formées sur l'axe, il y a des variétés de 8, 10, 12 ou 24 rangées ; sous le rapport de la forme des grains, on a le « grain de riz », le maïs « dent de cheval » et autres ; sous le rapport du goût, il y a le maïs sucré employé comme légume, le maïs commun usité pour la nourriture de l'homme, et le grain employé pour les animaux. On trouve donc des variétés ou plutôt des races appropriées aux différents climats et aux sols.

Aux Antilles, le maïs commun, à grain jaune et à huit

rangées, est le plus robuste et le meilleur pour la culture générale; malheureusement, grâce à une mauvaise culture et au défaut de soin dans le choix des graines, cette variété a dégénéré dans beaucoup d'îles. Un planteur soigneux peut néanmoins en quelques saisons améliorer sensiblement son maïs par sélection, en ne semant que les graines provenant des plus beaux épis des meilleurs plants, et en ne semant que les plus gros grains de ces épis. Si l'on suit ce système pendant deux ou trois ans, l'amélioration sera bientôt marquée.

Le sol. — Le maïs pousse dans des sols les plus différents et on peut le cultiver suivant un auteur compétent « sur un sol pauvre contenant 90 0/0 de sable ». Mais il va sans dire que plus le sol est riche et plus le rendement est abondant. Le meilleur sol est un loam sablonneux comme il s'en trouve dans les plaines d'alluvion qu'on trouve le long des rivières; les loams formés par la désagrégation des roches volcaniques qu'on trouve dans maintes parties des Indes occidentales sont également tout à fait appropriés à cette culture. Les argiles et les terres froides humides doivent être évitées, car le maïs exige un sol bien drainé dans lequel ses longues racines puissent pénétrer aisément.

Climat. — La plante prospère et donne des récoltes très abondantes sous des climats très différents. « Les plus chaudes régions de la zone torride produisent le maïs en abondance; il y donne jusqu'à trois récoltes par an, il se rencontre même une variété qui mûrit son grain pendant les courts été du Canada. » Sous les tropiques la plante pousse depuis le rivage jusqu'à une altitude de plus de 9000 pieds (3000^m) au-dessus du niveau de la mer; mais jusqu'à ce qu'une variété, de montagne, très

Races réussissant le mieux aux Antilles.

Amélioration de la qualité.

Le meilleur sol.

Drainage nécessaire.

Altitude.

productive, ait été produite par une sélection attentive et longtemps continuée, cette culture dans les régions élevées n'aura pas grand succès. Aux Antilles les altitudes de 200 à 900 pieds (66 à 270^m) peuvent être considérées comme les meilleures.

Importance d'un bon labour.

Culture. — La terre devra être labourée et le sous-sol retourné jusqu'à une profondeur de 7 pouces (0^m,17). Le terrain sera ensuite hersé de façon à pulvériser le sol autant que possible, car, plus le labour est bon plus la récolte sera abondante.

La terre étant préparée on peut avec avantage la diviser en carrés de trois pieds (0^m,90). Pour cela à l'aide

Sillons.

d'une charrue légère, on trace des sillons en un sens, puis d'autres en croix, et à angle droit avec les premiers.

Semis des graines. Distances.

Aux endroits où les sillons se croisent l'un l'autre, on sèmera de 4 à 6 grains à une profondeur de 2 pouces (0^m,05) et on foulera légèrement la terre au-dessus. Si le champ est trop accidenté pour permettre l'emploi de la charrue, on peut faire des alignements à des distances de 3 pieds et ameublir le sol à la houe aux endroits où

Pépinières.

l'on doit semer les grains. On pourrait même, ce qui se fait rarement, faire germer des graines en nurseries et planter en pleine terre les pieds lorsqu'ils ont 5 à 6 pouces de haut (0^m,12 à 0^m,15); ils supportent très bien alors la transplantation. Aussitôt que les jeunes pieds commencent à pousser, on répandra dessus une légère couche de cendres de bois, ou de chaux, ou de superphosphate et on butera chaque plante pour assurer de la terre aux

Chaussage des plantes.

racines adventives qui sortent de la partie inférieure de la tige. On ne laissera pas plus de quatre plants par trou de sorte que si les six grains ont germé les deux plus petites plantes seront arrachées. La plantation doit être

maintenue exempte de mauvaises herbes, et la terre remuée à la houe pendant que les tiges poussent. Du collet
de la racine poussent des rejetons qu'il faut supprimer
avant le buttage, ces rejetons fatiguant inutilement la
tige principale. Quand la fécondation est accomplie, on
peut étêter les plantes, ce qui fait mûrir plus vite les épis
en leur procurant plus d'air et de lumière, on peut même
quand les grains se forment, effeuiller la tige. Ces feuilles
et ces tiges constituent un excellent fourrage pour le
bétail.

Enlever les gourmands.

Fourrage.

Récolte. — Quand les grains sont parfaitement durs
et que les spathes tournent au blanc, on peut récolter.
Cela se fait simplement en détachant les épis et en les
séchant ensuite ; ou bien on coupe la tige rez-terre et
on la laisse étendue quelques jours sur le terrain pour
qu'elle sèche au soleil. Naturellement on choisira un
temps sec pour ces opérations. Si on laisse le grain sur
l'épi, il se maintiendra dans de bonnes conditions pendant une longue période. Le meilleur procédé est de
couper les épis et d'en lier ensuite deux, nouant les bouts
des spathes. On les pend ensuite à des chevilles dans la
maison ou dans les hangars, de la même façon que le
tabac dans le séchoir (ch. x). Quand le maïs est séparé
du cône il est appelé *maïs décortiqué.* Si le nettoyage
se faisait à la main, ce serait une opération longue et
ennuyeuse, mais on a inventé des machines pour décortiquer le maïs ; comme elles sont peu coûteuses et travaillent vite, elles paient promptement leur prix en éco-
nomisant le temps et le travail. Les cônes, une fois les
grains enlevés font un excellent combustible et les spathes
sont employées en Amérique pour garnir les paillasses ;
elles sont en effet beaucoup plus moelleuses que la paille

Récolte.

Grain dans l'épi.

Emploi des spathes et des cônes.

et ne se réduisent pas en poussière. Le maïs nettoyé sera soigneusement séché si l'on veut le conserver longtemps parce qu'il est facilement attaqué par les insectes. Aux États-Unis le maïs est préservé par un séchage dans des fours qu'on ne chauffe pas à plus de 212° F. (100° C.). Par ce moyen le germe est détruit et toute l'eau « d'hydratation » est éliminée. Sous les tropiques, le maïs produira en deux ou trois mois; plusieurs récoltes peuvent donc être obtenues de la même terre en une année. Mais, à moins que la terre ne soit très riche, il faudra beaucoup d'engrais; aucun produit ne récompensant peut-être mieux que le maïs le planteur de ses dépenses pour achats d'engrais. Le rendement varie beaucoup suivant le sol, le climat et la culture. D'une bonne terre on peut obtenir 50 à 80 bushels (17^{hl} 17 à 29^{hl} 07), mais on a souvent récolté beaucoup plus et 100 bushels (36^h 34) à l'acre ne constituent pas un rendement extraordinaire pour quelques parties des États-Unis.

Four à sécher.

Rendement.

Engrais.

Récoltes abondantes.

Riz.

(*Oryza sativa* L.)

Énorme consommation du riz.

De toutes les céréales, c'est le riz qui passe pour constituer l'aliment du plus grand nombre d'individus de la race humaine. Il nourrit dit-on le tiers de la population du globe. Porter dit de lui : « De temps immémorial, le riz a été l'aliment fondamental de la grande masse de l'immense population de la Chine, d'une grande partie des indigènes de l'Inde et des îles voisines (1).

(1) Dans le premier volume du *Manuel des cultures tropicales,* page 97.

On croit que le riz est originaire des régions chaudes de l'Asie, mais comme on l'a trouvé à l'état sauvage dans plusieurs parties de l'Amérique méridionale,
soit qu'il y fût réellement à l'état sauvage, soit qu'il
y fût à l'état subspontané, quelques botanistes soutien-
nent qu'il est également originaire d'Amérique. La culture primitivement confinée dans l'Orient, s'est étendue
dans la plupart des contrées tropicales et subtropicales
de l'univers. Dans les États méridionaux des États-Unis, Culture en
la culture du riz a commencé vers l'an 1700 ; la graine Amérique.
avait été apportée par un capitaine de navire venant de
Madagascar. Au bout de très peu de temps, le riz de la
Caroline était devenu le plus beau du monde. Atwood
écrivait en 1791 : « Le riz vient très bien dans la Domi- Riz de la
nique ; on dit qu'il y a été introduit par des réfugiés amé- Caroline.
ricains, il y donne des récoltes d'une « grande perfection. »

Au commencement du siècle, Lunan écrivait que « le Ancienne cul-
riz vient bien en beaucoup d'endroits de la Jamaïque » ture dans les
et il exprimait le regret que la culture fût presque com- Indes occiden-
plètement abandonnée dans cette île. Elle est en train tales.
d'y reprendre aujourd'hui.

Le riz est une herbe annuelle ayant une tige ronde Description
et noueuse s'élevant à une hauteur de 1 à 6 pieds (0ᵐ,30 des plantes.
à 1ᵐ,80). Le grain est porté à l'extrémité de la tige et il Variétés.
est protégé par une enveloppe jaune et rude. Le mot
paddy est appliqué au grain couvert de son enveloppe ; dans cet état, il se conserve plusieurs années. Il y
a un très grand nombre de variétés de cette plante
comme on peut le supposer en songeant au grand nombre

nous avons dit que dans l'Inde, contrairement à ce qui est écrit partout,
le riz n'est pas la base de l'alimentation des Hindous.

d'années pendant lesquelles elle a été mise en culture dans différents pays; mais les deux espèces principales sont le riz commun ou·riz aquatique et le riz de montagne. Le premier ne peut pousser que dans une terre chaude et marécageuse; le second croît dans les terres ordinaires à des altitudes qui peuvent aller jusqu'à 6000 pieds (1920^m) au-dessus du niveau de la mer; il y supportera des froids qui tueraient promptement le riz commun ou aquatique, lequel a besoin pour mûrir d'une température de 60 à 80° Fahrenheit, la culture de ces deux espèces est tout à fait dissemblable; aussi convient-il de les étudier à part.

Riz commun et riz de montagne.

Riz de rizière.

Sol et climat. — Le meilleur sol pour ce riz est un loam sablonneux recouvrant un sous-sol argileux; l'alluvion forme une couche pour la pénétration facile des racines de la plante et l'argile empêche la disparition de l'eau en l'absence de laquelle le riz commun ne peut être cultivé. Il suit de ces faits que les argiles pures et les sables meubles ne conviennent pas à la plante. Le climat doit être chaud; et comme le riz se plaît dans le soleil, tout ombrage est nuisible. Les grands pays de riz en Orient sont les contrées chaudes, humides et malsaines situées sur les rives, ou à l'estuaire des grands cours d'eau.

Climat.

Préparation de la terre. — Dans les endroits où le sol n'est pas naturellement humide, l'irrigation est absolument nécessaire. En Orient, quand on ne peut détourner sur la rizière, l'eau des torrents et des rivières, à

Irrigation.

cause de leur niveau trop bas, on l'élève à l'aide de différentes machines dont quelques-unes sont très primitives et exigent beaucoup de travail. En certains endroits secs de l'Inde, on a construit de larges étangs ou lacs artificiels simplement dans le but d'emmagasi-

Un des épillets grossi.

RIZ (*Oryza sativa* L.).

ner l'eau pour l'irrigation des rizières ; en d'autres endroits, on tire l'eau des puits à l'aide de dispositifs actionnés ordinairement par des bœufs.

La surface de la terre est tracée et nivelée en petits carrés qui sont entourés de petites digues de 2 pieds (0ᵐ,60) de hauteur destinées à retenir l'eau. On dispose la terre en étages successifs que l'on divise également en

Champs et digues.

compartiments par des petits remblais de terre. Ces digues sont percées aux endroits convenables pour laisser entrer et sortir l'eau. L'eau des terrasses supérieures après un temps de séjour, est dirigée sur les champs situés plus bas. Lorsque les digues auront été construites, le terrain qu'elles entourent sera sarclé et labouré, ou bien retourné soit à la bêche soit à la houe.

Terrasses.

On laisse ensuite entrer l'eau et le terrain est transformé en mare (rizière), forme sous laquelle il retient le mieux l'eau.

Mares artificielles.

Culture. — La terre étant préparée, les graines qui ont séjourné dans l'eau 24 heures sont semées dans un coin du champ pour former une nurserie. Quand les jeunes pieds apparaissent, il est d'usage dans certains pays de les arroser avec une solution de chaux pour prévenir l'action des insectes. En Chine, cet arrosage à la chaux est considéré comme une opération très importante et n'est jamais négligée. Quand les pousses ont de 7 à 8 pouces ($0^m,17$ à $0^m,20$) de haut, elles sont transplantées assez rapidement pour que les racines ne restent pas exposées à l'air trop longtemps. On peut les planter séparément ou par touffes de 2 ou 3 à une distance de 6 à 9 pouces ($0^m,15$ à $0^m,23$) l'une de l'autre, soit irrégulièrement, soit en rangées. Quelques cultivateurs sèment les graines à la volée puis éclaircissent les pousses, si elles viennent trop serrées, les rejetons arrachés servent à remplacer les plants manquants. On a reconnu cependant que l'élevage en nurseries est le meilleur système et donne le meilleur rendement. Un bushel 1/2 (54^l 51) de paddy est généralement suffisant pour ensemencer un acre de terre (40^a, 46). Dans les premiers temps de la croissance, le riz doit être débarrassé de toute mau-

Eau de chaux.

Transplantation.

Quantité de graine pour ensemencer un acre.

vaise herbe et comme les plantes sont serrées, le sarclage devra se faire à la main. Les herbes peuvent être enfouies dans la boue ; de cette façon elles nourriront le sol car elles pourriront en peu de temps. Le champ doit rester inondé jusqu'à ce que le riz fleurisse ; après cela on l'irrigue tous les deux ou trois jours en temps sec. Quand les épis sont bien formés on fait écouler l'eau afin de hâter la maturation.

Sarclage.

Écoulement de l'eau.

Récolte. — La récolte se pratique ordinairement 5 ou 6 mois après le semis ; comme le planteur, grâce à l'irrigation n'a pas à se préoccuper de la pluie, il peut faire deux récoltes par an. Pour l'Amérique centrale et les Antilles mai et novembre sont les mois des semis, octobre et avril les mois de la récolte. Quand le grain devient jaune, le riz est bon à faucher. On ne coupe la tige qu'à une distance de $0^m,30$ au-dessous de l'épi. Les tiges ainsi fauchées sont liées en petites gerbes et après une exposition au soleil les gerbes sont portées sous les hangars pour être battues. En Extrême-Orient le battage se pratique généralement à l'aide de bœufs ou de chevaux ; les animaux tournent en cercle et les épis de riz pilés sous leurs sabots se partagent bientôt en grains et balles.

Saison de la moisson.

Battage.

On peut aussi faire expéditivement le battage au moyen de fléaux. Le paddy ou riz non décortiqué est alors séparé de la paille et vanné. Il peut alors se conserver pendant très longtemps. Pour transformer le paddy en riz blanc une opération de décortiquage est nécessaire. Les Américains, qui ne peuvent être surpassés en ingéniosité ont inventé de nombreuses machines très utiles pour cet objectif ; de petites machines pouvant traiter des quantités considérables de grains peuvent aujourd'hui être acquises à un prix modique. Après la décortication, le riz

Vannage.

Décortiquage.

Machines.

est vanné. Il est prêt alors pour marché. La proportion du riz blanc par rapport au paddy est de 1/2 à 2/3.

Le rendement du riz par acre de terre (40ᵃ,46) varie naturellement suivant la richesse du sol ; mais sur une bonne terre et avec une culture soigneuse le rendement sera d'environ 50 bushels (18ʰˡ). Au Bengale, le riz est divisé en trois qualités. La première et la plus belle est appelée *riz de table*, et c'est celle qu'on exporte le plus en Europe ; la seconde se nomme *riz ballam;* la plus commune qui entre dans la consommation du peuple est connue sous le nom de *riz moonghy*.

Quand le riz est cultivé sur la même terre plusieurs années de suite, un amendement devient nécessaire ; le compost ou le fumier animal donnent les meilleurs ré-sultats. Les Chinois qui sont de très habiles cultivateurs engraissent leurs champs avec toutes sortes de détritus, animaux et autres ; ils ne perdent rien de ce qui peut d'une façon quelconque accroître la fertilité de leur sol, donnant ainsi une leçon que devraient retenir les nations occidentales. Les cheveux humains sont considérés par les chinois comme d'une très grande valeur dans la culture du riz, et comme ces peuples se rasent la plus grande partie de la tête, d'immenses quantités de poils humains sont ramassés par les barbiers qui les vendent aux fermiers deux sous la livre anglaise.

Riz de montagne.

Le riz des terres hautes et des montagnes tout en produisant un grain semblable à celui du riz commun ou aquatique, en diffère beaucoup dans ses caractères et sa culture. Il pousse à des altitudes de 3.000 à 6.000 pieds (900 mètres et 1.800 mètres) dans les régions montagneuses de l'Inde septentrionale ; il poussera aussi sous les climats tempérés, bien qu'il ne produise pas de grains par ces latitudes. L'irrigation n'est pas praticable dans la culture de ce riz, aussi la culture en est-elle semblable à celle des céréales communes. Le riz de montagne constitue un excellent fourrage et paiera la culture sous cette forme : deux coupes pouvant être obtenues par an. Il peut être coupé et converti en foin ; les moutons, les bêtes à cornes et les chevaux, en sont extrêmement friands. Les récoltes sont plus abondantes que celle du riz commun, mais il ne donne qu'une moisson de grains par an. Le riz aquatique passe pour produire de 25 à 80 pour un, tandisque le riz de montage rend 100 et même 120 pour un.

Culture. — La terre est labourée et fumée à la fin de la saison sèche et au commencement de la saison des pluies ; elle est alors hersée et ensuite le grain est semé en sillons ou à la volée. Un autre procédé consiste à faire des trous avec le doigt à la distance d'un empan ($0^m,22$), à mettre quelques graines dans chaque trou et à les recouvrir légèrement le terreau. Les graines lèvent au bout d'une semaine environ et quand les pieds ont quelques pouces de haut on sarcle la terre.

On peut faire un second sarclage avant que la plante ne soit trop haute, après quoi on l'abandonne à elle-même jusqu'à la coupe qui peut se pratiquer trois mois et demi après le semis.

La moisson et les autres opérations usitées dans la récolte du riz de montagne sont semblables en tout point à celles déjà décrites pour le riz commun à une exception près. Quand on fait la moisson du riz de montagne, il est d'usage de couper seulement les épis sans y laisser attachée aucune partie de la tige et comme la plante ne dépasse pas 3 pieds de haut (0ᵐ,90), c'est un procédé de récolte très commode.

Sorgho.

(*Sorghum vulgare* PERS.)

Habitat. Le sorgho, qui est souvent désigné sous le nom de blé de Guinée, est originaire de l'Inde, mais plusieurs plantes voisines qui se trouvent dans l'Asie tropicale sont classées par le vulgaire dans la catégorie des millets.

De tous ces grains, le plus important est le *sorghum vulgare*, il est cultivé dans les contrées de l'Orient depuis un temps immémorial. Il a sur les autres céréales l'avantage de pousser et de donner d'abondantes récoltes **Climat.** dans les régions arides et brûlantes ; en Syrie, dans le nord de l'Afrique et au Soudan, le grain, qui est appelé **Nourriture fondamentale au Soudan.** *dhurra* en ces pays, est le principal aliment des habitants. P. L. James, dans un intéressant ouvrage *les Peuples sauvages du Soudan*, s'exprime ainsi : « Le dhurra est le fond de la nourriture dans tout le Soudan ; il contient une grande proportion d'amidon et on le dit plus nourrissant que le blé. Les indigènes le cuisent de différentes façons et y ajoutent des fèves et des oignons quand ils peuvent s'en procurer. Les chevaux ne travaillent pas sans une ration quotidienne de dhurra, et une petite quantité de ce produit permet de conserver les méhara en bon état ». Outre son précieux emploi comme plante nutritive, le dhurra fournit aux Africains une sorte de bière; ses feuilles et ses jeunes tiges forment un excellent fourrage pour les animaux, ses tiges, qui contiennent de la saccharose, sont quelquefois utilisées pour la fabrication du sucre. Il est même une race de sorgho, dont quelques auteurs ont cru pouvoir faire une espèce, le *Sorghum saccharatum,* qui est très cultivé dans les États-Unis du Nord-Ouest pour la fabrication des sucres, mélasses et sirops. La farine des grains est très blanche et fait un bon pain; les panicules, après l'enlèvement des graines deviennent dures et rigides et on les emploie beaucoup en Angleterre et en Amérique pour la fabrication des balais et des brosses à habits.

Bière.

Sucre.

Farine de millet.

Le sorgho et les espèces voisines de la même famille sont aujourd'hui cultivés sur de grandes étendues dans toutes les régions les plus chaudes de la terre; des noms variés ont été donnés au grain dans les différentes contrées. Ainsi on l'appelle aux États-Unis : *broom-corn, blé à balai,* aux Indes : *jowarrie,* dans l'Afrique méridionale : *blé Kaffir, blé de Cafrerie.*

Diffusion de la plante.

Sol et climat. — La plante croît et rapporte dans presque tous les sols; mais le sol qui convient le mieux à sa culture est un loam riche, sablonneux, bien drainé, et pas trop humide. Le climat doit être sec; et pour obtenir de bonnes récoltes, il ne faut pas que la température tombe au-dessous de 60 F. (15 1/2°). Les sorghos et millets supportent très bien la sécheresse, de sorte que les régions basses et sèches des Indes occidentales sont particulièrement propres à la culture de ces céréales.

Le meilleur sol.

Climat.

Culture. — La terre ayant été labourée et hersée de façon à l'amener à un ameublissement convenable, le grain est semé en sillons, ou en lignes au moyen d'un des semoirs fabriqués aujourd'hui par les construc-

Semailles.

teurs de machines agricoles. Les lignes ou les sillons se-

Distances. ront espacés de 3 1/2 à 4 pieds (1^m, 05 à 1 ^{m}, 20), et les plants seront éclaircis après la première pousse de façon que les pieds ne soient pas à moins de 12 pouces (0^m, 80)

Sarclage. l'un de l'autre dans les rangs. Aussitôt que le sorgho atteint quelques pouces, le champ sera sarclé avec soin ; il sera même nécessaire dans la suite, de pratiquer un second sarclage, ou bien de diriger une charrue légère ou une sarcleuse entre les lignes pour retourner la terre et détruire les mauvaises herbes. En très peu de temps, les plantes couvriront le champ d'un luxuriant feuillage.

Récolte.—Dans le centre Amérique et aux Antilles on sème en juin et la récolte peut être ramassée quatre ou

Moisson. cinq mois après; Dans de bonnes conditions on a même pu récolter trois mois après le semis. Quand le grain est arrivé à maturité, on moissonne, en coupant les épis près du sommet de la tige, et en les portant dans des paniers

Égrenage. aux hangars. Les épis sont laissés en tas pendant quelques jours, après quoi on les étend sur l'aire et le grain est séparé au moyen du fléau.

Dans quelques contrées de l'Orient, les sorghos sont

Système primitif en Orient. égrenés, comme le riz, c'est-à-dire en les faisant piler par les bœufs, procédé datant des temps primitifs. De fait, dans les contrées orientales, les systèmes d'agriculture et les procédés industriels se sont transmis sans changement, des époques les plus reculées aux temps modernes; les descriptions par les anciens auteurs de la vie journalière des habitants sont, dans bien des cas, de fidèles comptes-rendus de ce qui se passe sous nos yeux aujourd'hui.

Rendement.   Le rendement des sorghos par acre de terre (40^a,46)

varie considérablement, on peut, toutefois, estimer que 50 bushels (18 hectolitres) forment le rendement moyen. Mais le double de cette quantité est mentionné par Porter comme un rendement ordinaire dans une bonne terre.

CHAPITRE XV.

PLANTES ALIMENTAIRES.

Manioc (*Manihot utilissima* POHL.)

Habitat. Le manioc est originaire de l'Amérique méridionale où on en rencontre des espèces sauvages depuis la Guyane et la Nouvelle Grenade jusqu'au Brésil et au Pérou. Sa Histoire de la plante. culture par les habitants de l'Amérique tropicale date de fort loin, le manioc ayant toujours formé une partie importante de leur alimentation. De ses racines tuberculeuses grattées ils obtiennent non seulement la farine et le pain, mais aussi par la fermentation une boisson enivrante appelée *piwarri;* pour obtenir cette boisson ils faisaient mâcher des galettes de manioc, le produit de la mastication était craché avec la salive dans des Culture dans les Indes. vases à fermentation en bois. La plante est aujourd'hui cultivée dans un très grand nombre de contrées et plus spécialement dans l'Amérique du Sud, ainsi qu'à la Dominique et dans les colonies françaises de la Martinique et de la Guadeloupe où sa farine entre pour une large part dans l'alimentation des habitants. Le manioc contient beaucoup d'amidon ainsi que d'autres matières Tapioca. nutritives, et le *tapioca,* un de ses produits, est bien connu comme un aliment léger, facilement digestible employé pour l'alimentation des enfants et des malades.

La culture est simple et peu coûteuse, et le rendement considérable; la plante passe même pour être l'une des plus productives du monde : un hectare de manioc produit plus de matières nutritives que six hectares de blé. Le manioc est un arbrisseau à tige noueuse, s'élevant à une hauteur de cinq à huit pieds (1ᵐ, 50 à 2ᵐ, 40), ses racines produisent de gros tubercules de couleur jaune. Ces tubercules atteignent parfois une grosseur remarquable; c'est d'eux qu'on extrait la farine de manioc, l'amidon de manioc et le tapioca. La plante offre deux variétés : le manioc amer (*Manihot utilissima* Pohl.) et le manioc doux (*Manihot aipi* Pohl.) dont les différences botaniques ne sont pas très tranchées. Le manioc doux peut être consommé comme légume sans aucune préparation; mais le manioc amer contient un suc de nature très vénéneuse; ce suc vénéneux dans lequel il y a beaucoup d'acide cyanhydrique ou prussique se détruit heureusement par la chaleur, de sorte que le manioc amer qui donne un rendement supérieur au manioc doux est communément cultivé.

Productivité de la plante.

Variétés.

Liquide vénéneux.

Sol et climat. — Le meilleur sol est un loam sablonneux qui doit être bien drainé, car les racines meurent dans une terre marécageuse. Il faut que le sol soit riche, car le manioc est une culture très épuisante; sans amendement il ne peut être récolté sur la même terre plus de deux ou trois ans de suite. Le climat doit être chaud et sec, et la plante vient mieux dans les terres basses à proximité de la mer. Aucun ombrage n'est nécessaire et les grands vents ne gênent pas la plante.

Le meilleur sol.

Amendement.

Climat.

Culture. — Les procédés de reproduction et de cul-

Boutures.

ture sont simples. Les tiges ligneuses une fois venues sont coupées en morceaux de quatre à six pouces de long ($0^m,10$ à $0^m,15$), puis piquées obliquement en terre en laissant environ un pouce ($0,025$) au-dessus de la surface. Avant la plantation toutefois, le sol doit être préparé par un premier labour en croix, ou bien si l'on a peu d'étendue on se sert de la houe ou de la bêche. Un autre procédé consiste à planter les boutures dans de petits trous peu profonds remplis d'une bonne terre de surface, ou dans des sillons tracés à des distances con-

Distances.

venables avec la charrue. Les distances varient de quatre à six pieds dans chaque rangée ($1^m,28 \times 1^m,92$) ; on les augmentera dans les terres fortes. Les boutures commencent à pousser une quinzaine après la plantation, la terre doit être tenue exempte de mauvaises herbes jusqu'à ce que les plantes aient grandi et couvrent la terre d'une épaisse végétation, ce qui arrive ordinai-

Sarclage.

rement au bout de trois mois environ. En sarclant à la houe ou à l'extirpateur entre les rangées, il faut avoir soin de ne pas retourner la terre trop avant, autrement les racines latérales qui portent les tubercules seraient blessées et la récolte serait diminuée.

Époque
de la récolte.

Récolte. — A la Guyane on plante au retour des pluies. Aux Antilles on plante de préférence entre septembre et mai ; la récolte peut être recueillie de huit à douze mois après ; mais les racines peuvent être laissées en terre sans dommage pendant un temps considérable. Pour récolter, on enlève délicatement les tubercules et on

Lavage
des tubercules.

sépare les racines fibreuses, puis on les lave pour enlever la terre adhérente. Il faut alors sans délai les transformer en produit commercial, car elles se dessèchent promptement, se gâtent après avoir été déterrées et deviennent vénéneuses pour les animaux qui les mangent crues.

Préparation de la farine de manioc ou Couac.

Pelage des tubercules.

— Les tubercules, après avoir été lavés sont dépouillés de leur enveloppe brune en les pelant avec un couteau bien aiguisé. Les racines pelées sont ensuite réduites en

Rapage.

farine grossière par pression contre un cylindre, tournant rapidement, et recouvert d'une plaque rugueuse de cuivre ou de fer-blanc; on peut encore les réduire en farine au moyen d'une râpe de fer-blanc fixée à une planche. Dans ce dernier système l'opération est très laborieuse; malgré cela une grande partie de la farine de manioc se prépare, à la Dominique et ailleurs par ce procédé fatiguant. Les habitants fixent une large râpe à une cuve, et se penchant sur elle avec des tubercules dans chaque main, ils frottent rapidement et en mesure au son du tam-tam; ils s'encouragent à ce labeur par des mélopées variant dans chaque pays et même très souvent par de fréquentes libations de quelque boisson enivrante. La pulpe ainsi obtenue est ensuite mise en

Expulsion du suc vénéneux.

sacs et pressée pour en exprimer le suc vénéneux. Les Indiens de la Dominique et de l'Amérique méridionale pressent la pulpe au moyen de paniers curieux connus sous le nom de *matapies*. Ces paniers sont faits avec les

Les matapies.

bandes tressées de longues tiges flexibles provenant d'une plante du pays, de la même famille que l'arrow-root (1). Vides les matapies sont longues et étroites; remplies de racines râpées elles deviennent courtes et larges. On les pend alors à une branche d'arbre et on attache de lourds poids à l'extrémité inférieure. Les corbeilles s'allongent

(1) A la Guyane ces paniers étaient surtout fabriqués avec les tiges de l'arrouma.

et en se contractant exercent une pression qui exprime la

plus grande partie du liquide. Le produit est alors tamisé sur des tamis qui retiennent les fibres ligneuses et les petits fragments de racines qui n'ont pas été bien râpés ;

après cela on sèche rapidement le produit dans des bassins en fer poli, larges et peu profonds, établis sur maçonnerie, avec un tuyau passant au-dessous pour amener la chaleur d'un feu de bois. La farine est étendue en couches minces dans les bassins et constamment remuée de droite et de gauche avec un râteau de bois. Il ne faut pas que la chaleur soit assez forte pour brunir la farine ; il ne s'agit pas en effet de cuire le produit, mais de le sécher. Par ce système de séchage, tout ce qui reste du suc vénéneux est très rapidement dissipé. La

cassave n'est autre chose que la pâte fraîche et humide formée en galettes rondes et minces qui ont été légèrement cuites sur des platines chaudes ou sur des plaques de fer-blanc tenues au-dessus du feu.

Amidon de manioc. — L'amidon tiré du manioc est d'une nature très supérieure, et comme il peut être préparé à peu de frais en énormes quantités, il peut être l'objet d'un grand commerce, et devenir un important

article d'exportation. La méthode de préparation est fort simple. La pâte de manioc râpée est additionnée d'eau puis passée à travers un tamis. On répète plusieurs fois

cette opération afin de bien laver l'amidon ; après chaque lavage, on emploie des tamis à mailles de plus en plus serrées afin de débarrasser l'amidon de toute substance étrangère. Après le dernier lavage on laisse l'eau reposer pendant un certain temps jusqu'à ce que l'amidon se

dépose au fond du vase ; on décante le liquide clarifié qui est à la surface et on sèche l'amidon au soleil.

Tapioca. — Dans la description de la préparation de la farine de manioc, nous avons vu que le suc est expulsé par pression des racines râpées ; si l'on fait reposer ce suc vénéneux, une quantité considérable d'amidon très fin se dépose. On décante le liquide et l'on sèche l'amidon sur des plaques de fer-blanc ou dans des poêles en fer ; les grains d'amidon s'enflent, éclatent et s'agglutinent ensemble ; ainsi se fait le tapioca du commerce qui est exporté en grandes quantités du Brésil. Les grains d'amidon ayant été modifiés et ayant éclaté par la chaleur sont en partie solubles dans l'eau, ce qui rend le tapioca particulièrement précieux comme aliment en cas de digestion difficile.

L'amidon fin.

Éclatement des grains.

Valeur du tapioca comme aliment de malade.

Cassareep. — Le suc vénéneux des tubercules de manioc amer ne doit pas être jeté ; il peut être converti en un produit précieux connu généralement sous le nom de cassareep. Le liquide est simplement bouilli jusqu'à ce qu'il arrive à la consistance et à l'aspect de la mélasse. Sous cette forme, il constitue un puissant antiseptique pouvant conserver toutes sortes de viandes à l'état frais pendant des périodes considérables (1). Il est la base de célèbres sauces, comme le *pepper pot* si connu aux Antilles. Ainsi par la simple ébullition, ce suc si vénéneux est converti en un produit alimentaire important qui se vend bien. Le suc du manioc amer contenant beaucoup d'acide prussique, il faut bien prendre garde que les enfants et animaux en approchent. Beaucoup de morts ont été causées par le défaut de soin dans la manutention du suc, de sorte qu'on ne peut prendre trop de précau-

Le suc vénéneux bouilli.

Qualités antiseptiques du cassareep.

Nature dangereuse du poison.

(1) Le Cabiou se prépare en épaississant le cassareep bouillant au moyen d'un peu de cipipa (fine fleur d'amidon de manioc extraite par dépôt de l'eau de manioc) ; on ajoute au produit du sel et du piment.

tions pour éviter les accidents. On peut noter que les

Indiens de la Guyane se servent des poivres rouges trem-
pés dans le rhum comme antidote à ce poison.

Arrow-root.

(Maranta arundinacea L.)

L'arrow-root est une poudre blanche, sans saveur et
sans odeur, constituée par des grains d'amidon et employée comme aliment léger, plus spécialement pour les
enfants et les malades. On la retire des rhizomes blancs
et charnus, appelés aussi tubercules, d'une plante her-

Habitat. bacée que l'on trouve à l'état sauvage dans l'Amérique
tropicale et les Antilles. Le nom d'arrow-root est venu
de ce que les Indiens traitaient les blessures faites par
les flèches empoisonnées au moyen de cataplasmes con-
fectionnés avec les rhizomes de cette plante ; aujourd'hui
même, à la Dominique, l'amidon et la pâte des tubercules sont employés par le peuple comme cataplasmes
destinés à cicatriser les blessures et les ulcères. La plante
est cultivée sur de grandes étendues aux Bermudes et à
Saint-Vincent aussi bien que dans les Indes et à Natal.

Arrow-root L'arrow-root des Bermudes est considéré comme le
des Bermudes le
meilleur. meilleur, il trouve sur nos marchés un prix plus élevé

Raison de sa qu'aucune autre variété. Sa supériorité est attribuée
supériorité. au soin extrême et à la propreté observée au cours de
la préparation. Il est probable toutefois que le sol et le
climat, et plus spécialement une grande abondance de
belle eau de source exercent une grande influence sur

Arrow-root la qualité de ce produit ; l'arrow-root est en effet cultivé
de St-Vincent. en grand à Saint-Vincent, où quelques planteurs le trai-

tent avec autant de soin et de propreté que possible, et
pourtant l'arrow-root de Saint-Vincent a beaucoup moins
de valeur que le produit des Bermudes.

Sol et climat. — Un loam léger et bien drainé cons- Le meilleur sol.
titue le sol, le meilleur sol pour cette culture. Si le sol est
trop humide, les rhizomes pourriront; s'il est de nature
argileuse, les rhizomes ne se développeront pas convenablement et on aura de grandes difficultés à les déterrer
quand ils seront mûrs. La plante viendra très bien Climat.
dans les terres situées au bord de la mer, et comme elle
ne dépasse pas la hauteur de 3 pieds ($0^m,90$) les grands
vents ne lui font pas de mal. Plus la terre est riche, plus
le rendement est grand. Si des récoltes successives sont
demandées à la même terre, les amendements deviendront nécessaires. Comme il faut beaucoup d'eau pour Beaucoup d'eau
la préparation de l'amidon, la culture sera établie seule- essentiel.
ment dans le voisinage d'un cours d'eau ou d'une belle
source claire. L'arrow-root pousse depuis le niveau de Altitudes.
la mer jusqu'à des altitudes de plusieurs milliers de
pieds; mais le rendement est plus abondant dans les
terres basses, plus encore dans les riches vallées situées
à une altitude de 200 à 300 pieds (60 à 90^m). De tous les
produits tropicaux c'est celui dont le rendement est le
moins modifié par les variations atmosphériques; qu'il
fasse humide ou sec, le rendement ne semble pas altéré
d'une façon appréciable pourvu que le sol soit bon.

Culture. — La plante se propage soit au moyen de Reproduction.
jeunes rejetons détachés de la plante mère, soit par division des rhizomes. La terre devra être labourée profondément, puis hersée; ensuite on fait des sillons profonds de
6 pouces ($0^m,15$) et éloignées de 3 pieds ($0^m,90$) l'un de
l'autre. Les rejetons sont piqués dans ces sillons à envi- Sillons.

ron 12 pouces (0^m,30) de distance et recouverts de terre

Sarclage. à la charrue ou à la houe. La terre est tenue exempte d'herbes et durant la première période de croissance des plantes, on pratiquera avec avantage un léger labour entre les rangées afin de retourner le sol. On a remarqué

Coupe des fleurs. que les fleurs doivent être coupées aussitôt qu'elles apparaissent afin d'accroître les rhizomes en nombre et en taille, en empêchant la force de végétation d'être détournée au profit de la floraison. Ce système est d'accord avec la science et son adoption est recommandée.

Récolte au bout de onze mois. **Récolte.** — La récolte peut être attendue au bout de onze mois et comme le mois de mai est le meilleur pour planter, les rhizomes peuvent être déterrés en mars ou avril; on les trouvera à ce moment gorgés de grains

Enlèvement des rhizomes. d'amidon. La maturité des rhizomes se reconnaît par l'abaissement et la chute des feuilles; quand cela se produit, on soulève la plante avec une fourche, on arrache les rhizomes des tiges feuillues, puis on les lave pour enlever toute la terre adhérente. Dans cette opération, il reste toujours en terre de petits morceaux de tiges et des racines, lesquels donneront naissance à de nouvelles plantes. C'est pour cela qu'il est difficile d'extirper l'arrow-root d'un terrain où on l'a une fois cul-

Nature robuste de la plante. tivé; la plante est en effet très résistante et de petits fragments de rhizomes émettront de larges touffes. Les rhizomes contiennent 20 % ou même davantage d'amidon; mais eu égard aux procédés primitifs employés ordinairement pour isoler la fécule, on ne recueille

Rendement par acre. guère plus de 15 %, ce qui donnera environ 700 livres (317^k450) d'arrow-root préparé à l'acre. Mais avec une culture intensive dans un sol riche, on peut attendre un rendement beaucoup plus considérable; à Natal on a retiré jusqu'à une tonne d'arrow-root, des rhizomes poussés sur un acre de terre.

Préparation de l'arrow-rott. — Les rhizomes une fois déterrés et lavés sont nettoyés au moyen d'un couteau courbe, de façon que toute la peau et toutes les parties malsaines soient enlevées. La peau contient une substance résineuse qui altèrerait la blancheur de l'arrow-root et lui donnerait un goût désagréable; il est donc nécessaire d'apporter une grande attention dans le nettoyage des rhizomes. La peau une fois enlevée, un second lavage est nécessaire; pour obtenir ensuite l'amidon, on réduit les rhizomes à l'état de bouillie. Cela peut se faire de trois façons : 1° en les écrasant dans des mortiers de bois; 2° en les passant sous les meules du moulin; 3° en les pressant contre un rouleau qui tourne rapidement et est garni d'une tôle, rude comme une râpe à muscade, qui réduit en pulpe les rhizomes. Quand l'arrow-root est cultivé sur une moyenne étendue, ce dernier procédé de râpage est le meilleur, car on peut établir un cylindre-râpe à très peu de frais. Cela fait, on mêle soigneusement la pulpe avec de bonne eau claire, puis on passe le tout à travers un crible fin qui retient les substances fibreuses, pendant que la fécule est entraînée avec l'eau par les mailles du crible. Le résidu fibreux est fortement comprimé pour en faire sortir tout l'amidon qu'il a pu retenir, puis jeté, ou mieux, employé comme engrais en vue de la prochaine récolte. L'eau et l'amidon sont recueillis dans des citernes ou des cuves où on le laisse reposer; au bout de quelque temps tout l'amidon se déposera au fond et l'eau pourra être décantée. Quand elle sera décantée on versera de nouvelle eau fraîche dans laquelle la fécule sera remuée; redevenue ainsi en

Pelage des rhizomes.

Résine de l'enveloppe des rhizomes.

Lavage.

3 méthodes de préparation.

Moulin à râper.

Fécule séparée par crible.

Dépôt de l'amidon.

Lavage de l'amidon.

suspension elle sera passée à travers un nouveau tamis, aux mailles plus fines, qui peut être en fil de cuivre ou en mousseline, puis on laisse reposer comme auparavant; le liquide qui surnage sera écoulé quand tout l'amidon sera tombé au fond. On peut répéter l'opération plusieurs fois, jusqu'à ce que l'eau qui couvre l'amidon paraisse parfaitement limpide. Le but de ces lavages répétés est d'enlever de la pâte tout ce qui n'est pas de l'amidon, lequel, à l'état pur, constitue l'arrow-root du commerce. Quand l'eau est enlevée après le dernier lavage, on ôte la pâte d'amidon des citernes ou des cuves et on la place

Égouttage et séchage. sur des claies à fond de calicot pour s'égoutter et sécher; le séchage se fait ordinairement au soleil ou dans des séchoirs dont les côtés sont ouverts ou qui sont simplement enclos de fils métalliques galvanisés permettant la libre circulation de l'air. Aux Bermudes, on a calculé, selon Simmonds « que quatre barrels (6^k52 de rhizomes) pelés et nettoyés donneront dans les bonnes saisons environ 100 livres (45^k359) de bon arrow-root et absorberont de 5 à 6 puncheons (15^k8965 à 19^k0758) d'eau douce pure ou d'eau de réservoir, dans laquelle ils séjournent environ 24 heures depuis le moment où ils sont transformés en pulpe jusqu'à celui où l'amidon sera placé sur les

Avantage d'un prompt séchage. toiles à égoutter ». L'arrow-root mettra à peu près 3 ou 4 jours à sécher convenablement; mais plus le soleil est chaud ou l'air sec, plus vite le produit est séché, plus blanche aussi est sa couleur et meilleure sa qualité. Une

Soustraire l'arrow-root au contact de l'air humide. fois sec, l'amidon se trouvera en gâteaux qu'on écrasera en semoule ou qu'on pulvérisera selon la demande avant de les empaqueter.

L'arrow-root, convenablement préparé, se conservera très longtemps, s'il est empaqueté de façon à exclure l'air, car il absorbe très facilement l'humidité et prend l'odeur de toutes les substances voisines, en décomposition ou seulement très odorantes. A moins donc d'être scellé dans des boîtes de fer-blanc, il ne pourrait être chargé sur des navires portant du sucre, des cuirs etc. A Saint-Vincent, l'arrow-root est expédié en boîtes de fer-blanc contenant 25 à 50 livres $(19^k 333$ à $18^k 666)$, et dans d'excellents barils à farine, de construction américaine, qu'on entoure de papier collé à la pâte d'arrow-root.

Au cours de la préparation, la plus grande propreté doit être observée, il faut prendre bien soin d'écarter de l'arrow-root toute poussière et tout insecte. Dans les établissements de Saint-Vincent et des Bermudes où l'on fait l'amidon en grandes quantités, les bâtiments et les machines sont d'une propreté scrupuleuse, et des pelles d'argent bien poli, de fabrication allemande sont employées pour prendre et empaqueter l'arrow-root. A Saint-Vincent également les diverses opérations de préparation, de séchage et d'empaquetage se font dans des maisons à couvertures vitrées, afin d'arrêter toute poussière et toute matière étrangère, et d'assurer ainsi l'extrême pureté du produit.

Propreté essentielle.

Maisons de verre.

Tous-les-Mois.

(*Canna edulis* KER.)

Une sorte d'arrow-root appelé Tous-les-mois a été importée en Angleterre de Saint-Kitts vers l'année 1836, et, comme on a reconnu qu'elle formait un excellent produit alimentaire, on lui a ouvert les marchés natio-

Culture à Saint-Kitb.

naux. L'importation en Angleterre s'était faite jusqu'à ce jour exclusivement de Saint-Kitts; mais la plante est maintenant cultivée sur de grandes étendues en Australie. Les granules d'amidon des tous-les-mois sont très gros et on peut les distinguer à l'œil nu, tandis que pour les autres amidons, à l'exception de celui de la pomme de terre, les granules ne peuvent être distingués qu'au moyen d'un microscope.

Granules d'amidon très gros.

Le tous-les-mois est obtenu des tiges charnues souterraines, ou tubercules du *canna edulis,* plante parente des maranta et qui pousse à l'état sauvage au Brésil, au Pérou et à la Trinidad. D'autres variétés de canna produisant le tous-les-mois sont originaires de la Jamaïque, de la Dominique et de Saint-Kitts, mais le *canna edulis* est la seule cultivée ordinairement en vue de son amidon. C'est une plante très vivace, et au Pérou où on l'appelle *achira,* on la mange comme patate. Les fleurs sont brillamment colorées; dans le *canna edulis,* elles sont d'un rouge vif, et dans les autres variétés, elles affectent différentes nuances du jaune et de l'orange. La plante étant très ornementale est cultivée dans les serres d'Angleterre. Les graines sont rondes, dures et noires; les indigènes, les employaient autrefois, dit-on, comme projectiles. De là le nom de « balle indienne » appliqué quelquefois aux canna en général. Le tous-les-mois est très soluble dans l'eau bouillante; c'est tant pour ce motif qu'en raison de la largeur de ses granules que les médecins le regardent comme une des meilleures fécules alimentaires pour les enfants et les malades.

Habitat.

Description de la plante.

Qualités utiles de l'amidon.

La plante est reproduite par division de la tige souterraine ou par les graines; celles-ci germent même au bout de plusieurs années. La terre est labourée et pré-

Reproduction.

parée à la manière ordinaire et les boutures sont plantées à quelques pouces en terre dans des rangées distantes de 3 pieds. La culture de la plante est semblable à tous égards à celle de l'arrow-root ordinaire, et l'amidon est préparé de la même façon que l'amidon d'arrow-root, préparation qui a été décrite tout au long dans le précédent paragraphe de ce chapitre.

Culture.

Igname.

(*Dioscorea alata* L et autres espèces.)

Les ignames sont les tubercules comestibles de quelques espèces de *Dioscorea,* cultivées de tout temps dans les contrées chaudes. Plus nourrissantes que la patate commune, elles fournissent en grande quantité un excellent aliment aux habitants des régions tropicales et subtropicales; aux Indes occidentales, elles entrent pour une très large proportion dans l'alimentation de toutes les classes de la société. La plupart des espèces et des variétés d'ignames cultivées sont probablement originaires de l'Asie tropicale; elles ont été introduites en Amérique dans la première période de la colonisation européenne; aujourd'hui elles sont cultivées partout. La seule igname de bon goût et nourrissante qui appartienne naturellement à la flore des Antilles est la *waw-waw* de la Dominique, *Rajania pleioneura,* qui pousse abondamment dans les forêts de cette île. Elle est déterrée par les bûcherons et vendue sur le marché du chef-lieu, on la tient en grande estime. Après l'ouragan de 1883, quand la plupart des produits de la terre à la Dominique furent dévastés, beaucoup de gens du pays vécurent des semaines

Igname, aliment précieux.

Habitat.

Igname sauvage de la Dominique.

entières grâce aux waw-waw récoltés dans les bois.

Description de la plante.

Toutes les ignames sont le produit de plantes à tige faible et grimpante mesurant souvent plus de 20 pieds de longueur ($6^m,00$) et poussant sous terre des tubercules produits par les principales racines. Ces tubercules sont de taille et de poids variables, depuis la petite *coush-coush*, qui n'est pas plus grosse qu'une patate ordinaire jusqu'à l'énorme igname pesant 30 à 40 livres ($13^k,590$ à

Nomenclature.

$18^k,120$) et mesurant 3 pieds de long ($0^m,90$). Il y a une grande confusion dans les noms et les caractères des différentes ignames; chaque contrée paraît avoir sa nomenclature propre. Toutefois on distingue aux Antilles quatre sortes d'ignames, et leurs particularités les plus remarquables sont les suivantes :

Habitat.

Igname blanche (*Dioscorea alata* L.). — On la nomme parfois igname de la Barbade; elle est originaire des Moluques et de Java. La tige est carrée et ailée à chaque angle. Les feuilles sont larges, cordiformes, op-

Bulbilles.

posées. Une particularité de cette plante est que les *bulbilles,* ou petites ignames, poussent sur la tige et, tombant à terre quand elles sont mûres, servent à reproduire l'espèce. Les tubercules sont gros de 8 à 10 livres ($3^k,624$

Tubercules variétés.

à $4^k,535$), en bonne terre. Il en existe deux sortes principales, la blanche et la rouge ; la surface de cette dernière est pourpre foncé, et l'intérieur du tubercule d'une couleur de pourpre clair. Un troisième genre appelé igname

Igname aqueuse.

aqueuse est caractérisé par l'intérieur du tubercule qui est d'une nature humide et visqueuse. Ces ignames se conservent bien hors de terre et on les aime parce qu'elles sont de digestion facile et d'un goût plus agréable.

Habitat.

Igname nègre. (*Dioscorea sativa* L.). Elle est parfois nommée igname jaune, igname créole ou igname

ordinaire, et elle est originaire de Java et des Iles Philip-
pines. La tige, qui atteint une longueur de 15 à 20 pieds
($4^m,50$ à 6 mètres) est ronde, épineuse en dessous, lisse
au-dessus. Les feuilles sont cordiformes et alternes. Les
tubercules deviennent assez gros et pèsent ordinairement
10 livres environ ($4^k,535$); ils sont de forme palmée;
comme ils sont assez peu consistants on peut facilement
les écraser. A l'intérieur, ils ont une couleur blanche ou
jaunâtre, mais la variété blanche est préférée. Ces
ignames ne se conservent pas bien longtemps après avoir
été tirées de terre.

Tubercules.

Igname de Guinée (*Dioscorea aculeata* L.). — A la
Jamaïque on l'appelle quelquefois igname *Afou*. Elle est
très cultivée aux Antilles mais sa contrée d'origine est
la Cochinchine; on la rencontre aussi dans l'Inde, la
Malaisie, l'Océanie. La tige est ronde, épineuse et très
branchue; les feuilles sont obscurément cordiformes et
alternes ou opposées. Les tubercules sont très gros, atteignent une longueur de 2 à 3 pieds ($0^m,60$ à $0^m,90$), un
diamètre de 6 à 8 pouces ($0^m,15$ à $0^m,20$), et un poids de
15 à 20 livres (6^k795 à 9^k060). L'intérieur est de couleur
blanche ou jaune; cuite elle a le goût un peu amer.

Habitat.

Tubercules.

Coush-coush (*Dioscorea triphylla* L). — A la Jamaïque on l'appelle aussi igname de l'Inde et à la Guyane
igname bouc. La tige est ovoïde, les feuilles opposées et
divisées en trois lobes; les tubercules sont également
ovoïdes et ressemblent un peu à la patate. Ils dépassent
9 pouces ($0^m,22$) de longueur et 3 pouces ($0^m,07$) de diamètre, et sont même ordinairement beaucoup plus petits.
Elle passe pour être la plus petite et la plus délicate de
toutes les ignames. La plante est prolifique et porte jusqu'à douze tubercules à ses racines. Il y a deux variétés

Tubercules.

Variétés.

principales, la blanche et la rouge, la dernière produisant des tubercules violets à l'intérieur.

Les meilleurs sols.

Sol et climat. — Toutes les ignames exigent un *loam* riche, sablonneux, profond et meuble ; les forts tubercules ne pourraient se développer dans les terres lourdes et compactes. L'igname blanche pourtant réussira dans les sols calcaires de profondeur moyenne. Un bon draînage est nécessaire, et cette indication s'applique à la plupart des plantes qui produisent des tubercules sou-

Climat.

terrains. Le climat doit être chaud, mais non torride, car la plante pousse dans les montagnes et dans les régions extra-tropicales. Un juge compétent affirme que l'igname pousse dans une zone s'étendant à trente degrés au nord et au sud de l'équateur.

Reproduction.

Culture. — La plupart des ignames sont propagées de la façon suivante. Quand les tubercules sont bons à déterrer, on en coupe le bout avec la partie de la liane qui y est attachée, en ayant soin de ne pas froisser la plante plus qu'il ne faut. Ce bout est ensuite piqué en terre ; on le butte, ainsi que la base de la liane avec de bonne terre et on le laisse sans y toucher pendant trois

Plants d'ignames.

mois environ jusqu'à ce qu'une nouvelle igname appelée « *head* » dans les Antilles anglaises se soit développée. On fait ensuite du plant en coupant le « *head* » en morceaux possédant un œil ou bourgeon d'où se développera une nouvelle plante.

Distance.

La terre est ordinairement alignée à des distances de $0^m,60$ entre chaque rang, ou disposée en rangées avec des intervalles de $0^m,90$ à 1 mètre ; les plants sont piqués dans des rangées à $5^m,50$ l'un de l'autre. Au point marqué par chaque jalon, le sol est creusé, les pierres et les racines enlevées et la terre d'alentour ramenée au

râteau de façon à former de petites buttes où le plant Buttes.
d'igname est piqué à quelques pouces au-dessous de
la surface. Dans chaque butte, une forte gaule longue Supports.
de 8 pieds ($2^m,40$) est simplement enfoncée à côté de
la plante pour servir de tuteur à la liane qui s'enrou-
lera autour. On pique quelquefois deux plants dans
chaque butte. La terre doit être tenue bien sarclée; il
pourrait être nécessaire de chausser les plants de temps
en temps, parce que les fortes pluies peuvent défaire les
buttes. On fait parfois, entre les rangées, des cultures intercalaires de maïs ou de patates douces, mais c'est un
mauvais système, à moins qu'on ne possède une terre
très riche. La meilleure saison pour **planter** est la fin de Les ignames peuvent être plantées durant toute l'année.
la saison sèche; les ignames demandent de 9 à 12 mois
pour mûrir. La plantation toutefois peut se faire dans
n'importe quel mois de l'année, de façon à assurer un
approvisionnement constant de tubercules. On a calculé
qu'un acre de terre ($40^a,46$) rapportera 4 ou 5 tonnes Rendement.
(4064^k ou 5080^k) d'ignames par an; l'on peut, dit-on,
récolter la même quantité de patates douces comme
récolte intercalaire, ce qui porte le rendement à 9 tonnes
(9144^k) quantité équivalente au rendement en pommes
de terre d'un acre de bon terrain en Angleterre. Mais
comme l'igname et la patate douce contiennent plus de
principes nutritifs que la pomme de terre, le rendement
en substance alimentaire est à l'avantage des végétaux
des tropiques.

Patate douce.

(*Ipomea Batatas* Lamk.)

L'origine de la plante produisant la patate douce est Habitat.

obscure ; mais les botanistes pensent qu'elle est indigène

Histoire
de la plante.

dans les deux hémisphères. Elle pousse à l'état sauvage dans les forêts de l'Archipel malais, et *batatas*, mot malais est le nom qu'on lui donne dans l'Extrême-Orient. Les racines tuberculeuses de la plante ont été, dit-on, mentionnées pour la première fois par un auteur nommé Pizafetta, qui visita le Brésil en 1519 et qui trouva la patate usitée comme aliment chez les indigènes ; il est donc probable qu'elle est également originaire de l'Amérique méridionale. Bientôt après la plante fut introduite en Espagne, puis se répandit par toute l'Europe et pénétra en Angleterre longtemps avant la pomme de terre qui aujourd'hui a pris sa place et son nom. Le Dr Pavy dit que : « Les tubercules furent importés en Angleterre par l'intermédiaire de l'Espagne et vendus comme aliment de luxe avant que la pomme de terre ne fût connue, et c'est à ces tubercules que se réfèrent les écrivains anglais qui parlent des patates jusqu'au milieu du

Dispersion
de la plante.

dix-septième siècle. » La patate douce est aujourd'hui cultivée sur de grandes étendues dans toutes les régions chaudes du globe, et dans quelques contrées, elle constitue une partie importante de l'alimentation du peuple. Les tubercules féculents et doux ont un goût agréable ; ils contiennent plus de principes nutritifs que la pomme de terre commune, laquelle est la base de l'alimentation des paysans d'Irlande.

Description
de la plante.

La patate douce est un convolvulus possédant une tige herbacée traînante et une fleur pourpre. Les tiges ont de 6 à 8 pieds de long (1^m,80 à 2^m,40) ; elles émettent des racines à chaque nœud qui touche le sol. Les vraies racines et les racines adventives provenant de la tige portent de

Tubercules.

nombreux tubercules ; une seule plante rapporte parfois jusqu'à 40 à 50 patates de différentes grosseurs. Les tubercules atteignent une grande taille en bonne terre. Ils pèsent ordinairement de 3 à 12 livres chacun ($1^k,359$ à $5^k,436$), quand ils sont tout à fait venus ; mais à Java, ils ont atteint le poids énorme de 50 livres ($22^k,650$).

Il y a plusieurs variétés de tubercules qui diffèrent de grosseur, de forme et de goût. Les deux principaux genres, cependant, sont la patate blanche et la patate rouge. La variété blanche a une feuille ronde et entière ; dans la rouge, les feuilles sont divisées en lobes.

Variétés.

Sol et climat. — Le meilleur sol est un sol léger et meuble où n'entre que très peu d'argile. Ce sol doit être bien drainé et plutôt sec ; pour produire une récolte abondante, il doit être enrichi d'engrais végétal. Le climat doit être chaud, et bien que la plante pousse sur les hauteurs, même à des altitudes considérables, elle prospère mieux dans les terres basses brûlantes ; l'atmosphère saline ne lui est pas nuisible.

Les meilleurs sols.

Climat.

Culture. — Les plantes sont propagées au moyen de boutures des tiges. Ces boutures auront environ 12 pouces ($0^m,30$) de long, la moitié de la bouture seulement sera enterrée, soit 15 centimètres. L'enracinement se produit vite, même en temps sec, et une fois enracinée la plante pousse vigoureusement. La terre sera labourée et remuée à la houe, les herbes et le gazon enfouis dans le sol, pour pourrir et servir d'engrais vert. Plus le sol est travaillé à la charrue, à la houe ou à la bêche, plus le rendement est abondant. La terre est ensuite mise en sillon, à la charrue ou à la houe, les sillons seront à intervalles de $0^m,60$. Les boutures sont piquées sur les sillons à un intervalle de $0^m,30$ ce qui donnera une surface de 2 pieds carrés (0^{m2} 1800) pour chaque plant. Aussitôt

Boutures.

Distances.

Sarclage. que les tiges commencent à pousser, il faudra sarcler, en prenant bien garde de ne pas déchirer les feuilles. Un second sarclage peut être nécessaire pour butter les patates si de fortes pluies ont dérangé les sillons. La

Rotation. patate douce ne viendra pas constamment dans le même sol; il faudra la faire alterner avec d'autres produits : cette règle s'applique à la plus grande partie des céréales et des autres plantes alimentaires, aussi bien qu'à la culture de toute plante qui n'occupe pas le sol d'une façon ininterrompue; ce système qui, malheureusement n'est pas bien compris dans tous les pays tropicaux a été étudié dans la première partie de ce livre, sous le titre « Rotation des cultures ». Dans les cas cependant où il est nécessaire de cultiver continuellement la même

Amendement. plante sur la même terre, les amendements seront absolument nécessaires, si l'on veut conserver au sol sa fertilité et espérer un rendement rémunérateur.

Rendement. **Récolte.** — Aux Antilles, la patate douce est ordinairement plantée de septembre à mai et l'on peut récolter trois ou quatre mois après la plantation. Le rendement est en moyenne de 4 à 5 tonnes (4064^k à 6080^k) à l'acre, quand la culture a été faite dans des conditions favorables. La première récolte opérée, les tiges et les racines seront soigneusement buttées et une seconde récolte pourra être obtenue un mois ou deux après. On

Récoltes successives. peut donc, dans un sol riche, obtenir plusieurs récoltes successives des mêmes plantes. Les feuilles et les tiges succulentes constituent un excellent fourrage pour les chevaux et les bêtes à cornes; de plus, les moutons, chèvres, lapins et autres herbivores sont extrêmement friands des tiges de cette plante.

Taro.

(*Colocasia esculenta* Schott.)

Les Taros sont les rhizomes tuberculeux d'une plante Habitat.
cultivée en grand dans la plupart des contrées intra
tropicales. Elle est spontanée dans l'Inde, mais a été
cultivée de temps immémorial en Égypte ; le premier
nom botanique d'une des espèces, *Colocasia antiquo-*
rum Schott, indique qu'elle fut cultivée dans l'antiquité. Ancienne culture de la plante.
Comme pour les autres plantes alimentaires à culture
extensive, il y a beaucoup de confusion dans les dénominations qui la concernent. A Java le *Colocasia es-*
culenta se nomme *talés*, à Malacca *kladi*, enfin, dans
l'Océanie *taro* ou *talo*. On rencontre en Amérique des
espèces voisines qui se différencient nettement par leur
suc laiteux, par l'insertion non peltée du limbe de la
feuille, par le volume moindre des tubercules, lesquels
atteignent jusqu'à deux kilogrammes dans le taro. A la
Jamaïque les tubercules des espèces américaines sont
appelés *cocos*, et dans d'autres parties des Antilles, on
les appelle *eddoes* et *tanias*, ce dernier nom écrit parfois Nomenclature.
tannias, taniers et tanniers. Un vieil auteur français écri-
vant sur Saint-Domingue les désigne sous le nom de ta-
yaux. En Guyane on les nomme en effet *tayes* et *tayoves*.
Nous emploierons le nom de *Tanias* et de *tayoves* pour
distinguer les *espèces américaines*, ces noms étant les
plus répandus, nous écarterons les termes cocos et choux
caraïbes, à cause de la confusion qu'ils peuvent faire
naître. Nous parlerons dans ce même chapitre des tanias aussi bien que des taros, leurs propriétés étant
les mêmes, et leurs utilisations identiques.

La plante qui produit le taro est une plante herbacée

très ornementale. Elle n'a qu'une courte tige, laquelle donne naissance à de larges feuilles hastées portées sur de longs pétioles paraissant sortir du sol. Les rhizomes tubéreux contiennent une grande proportion de matières

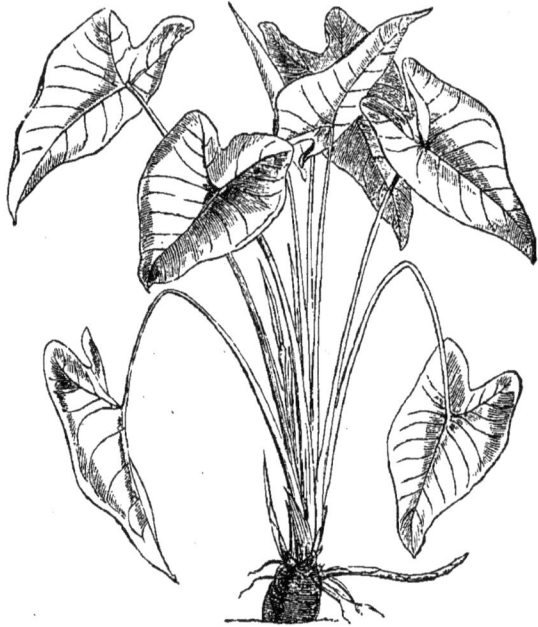

TANIA. *Colocasia esculenta* SCHOTT.

amylacées, ce qui fait de cette plante une précieuse ressource alimentaire. Ils contiennent aussi une substance acre urticante pour les muqueuses, qui, toutefois, peut être évaporée par la cuisson. Les tubercules de tanias, qui ont parfois jusqu'à 0,15 et 0,17 de diamètre et sont blancs en dedans, deviennent jaunes par la cuisson.

On les emploie comme légumes de la même façon que les patates, on en fait aussi des soupes très nourrissantes. Un excellent amidon comestible, ressemblant à l'arrow-root peut aussi être obtenu par le râpage des tubercules et le lavage de l'amidon, de la manière qui a été décrite au chapitre de l'arrow-root.

Il y a deux principales variétés de tanias, l'une à tige et feuilles vertes, l'autre à tige et feuilles pourprées ; mais les tubercules sont identiques dans les deux espèces. Les jeunes feuilles aussi bien des tanias que des taros sont quelquefois bouillies et mangées comme épinards ; les feuilles et les tiges mûres forment un excellent fourrage pour le bétail et une bonne nourriture pour les porcs. Variétés. Utilité des feuilles.

Sol et climat. — Le meilleur sol est une alluvion sablonneuse ayant abondance de matière organique. La plante ne réussit pas aussi bien dans les sols argileux et ne pousse pas du tout dans le sable pur. Tous les climats chauds conviennent à ces aroïdées, elles supportent les plus grands extrêmes de chaleur et d'humidité dans les régions tropicales. Elles donnent les plus beaux rendements quand il y a abondance d'humidité, mais elles peuvent pousser aussi dans les lieux secs. Le meilleur sol. Climat.

Culture. — La plante se propage de la même façon que l'igname, c'est-à-dire que la récolte une fois faite, on coupe la tête du rhizome tubéreux, on détache les feuilles et on laisse quelques pouces de la partie inférieure des pétioles. Ces fragments de tubercules sont piqués en terre, et bientôt un grand nombre de bourgeons se montrent à l'extrémité et produisent des tanias. On peut garder quelque temps les têtes avant de les planter, sans qu'elles souffrent aucun dommage ; aussi peuvent-elles être portées à de grandes distances. Reproduction.

La terre sera labourée puis hersée et les têtes piquées à des intervalles de trois à quatre pieds (0^m,90 à 1^m,20), Distances.

ou bien on alignera la terre et on fera de petits trous à la manière ordinaire pour y placer les plants. Les mauvaises herbes doivent être enlevées à la houe entre les rangées et la terre retournée en même temps. Ces plantes peuvent être utilisées pour servir d'abri à de tout jeunes cacaoyers; les feuilles larges, fraîches et succulentes de toutes ces aroïdées, exhalant abondamment de la vapeur d'eau, donnent un excellent ombrage et assurent une bienfaisante humidité aux tout jeunes pieds du cacaoyer venus de graines.

Tanias plants d'ombrage.

Saison de la plantation.

Récolte. — Les taros et tanias peuvent être plantés pendant tout le cours de l'année, sauf en temps trop sec; mais la saison ordinaire de la plantation est la dernière période de la saison des pluies. La récolte se fait au bout de neuf à dix mois. Un avantage de la culture des taros et tanias réside dans ce fait que l'on peut les laisser en terre longtemps après leur maturité sans qu'ils se détériorent; on peut donc ne les déterrer qu'au fur et à mesure des besoins.

Rendement.

Dans une bonne terre le rendement est abondant; une seule tête produit souvent assez de plants pour récolter un bushel (36 litres 34) de tanias.

Valeur de la plante.

Les taros et tanias sont une des plantes alimentaires tropicales les plus utiles. Les tubercules, comme nous l'avons vu, constituent une excellente nourriture; les jeunes feuilles forment un bon légume vert; les feuilles mûres donnent un fourrage de choix et toute la plante, comme une nourrice attentive, peut servir à abriter et à protéger les jeunes pieds délicats des cacaoyers, des arbres à épices et de tant de plantes semblables dont la production intensive est le véritable facteur sur lequel se fonde la prospérité durable des populations des colonies.

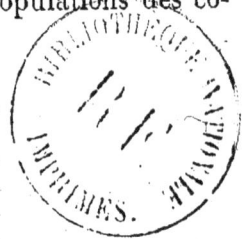

ERRATA

———

Page 11, ligne 23, *supprimez* sédimentaire.

Page 142, *lisez* Camellia theifera *au lieu de* Camélia.

Page 219, *lisez* all-spices *au lieu de* all-pices.

Page 221, ligne 6, *lisez* pour les graines de bois d'inde *au lieu de* pour
le piment.

Page 330, *lisez* un bulbe *au lieu de* une bube.

Page 233, ligne 6, *lisez* sont ceux *au lieu de* sont celles.

Page 235, ligne 23, *lisez* le cajou *au lieu de* l'acajou.

Page 291, ligne 20, *lisez* une seule plante *au lieu de lisez* un seul arbre.

Page 292, ligne 19, *lisez* l'huile exprimée à froid *au lieu de* l'huile
froide.

Page 328, ligne 8, *lisez* odeur nauséabonde *au lieu de* odeur malsaine.

Page 329, ligne 17, *lisez* qui s'obtient au bout de 12 à 14 heures.

Page 331, ligne 10, *lisez* riche *au lieu de* très riche.

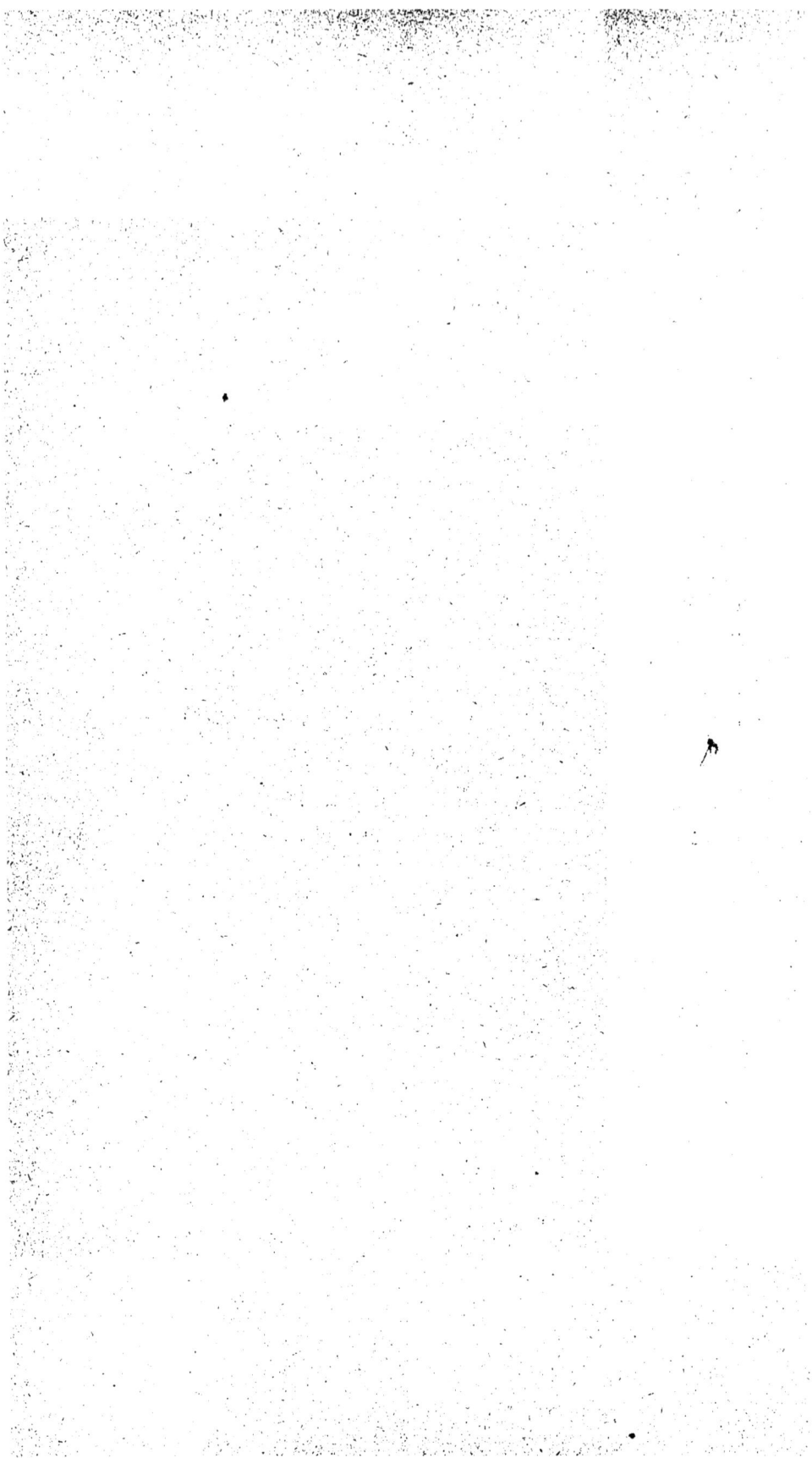

INDEX

378

INDEX.

VOIR LA TABLE DES MATIÈRES AU COMMENCEMENT DU VOLUME.

MANUEL PRATIQUE DES CULTURES TROPICALES
ET DES PLANTATIONS DES PAYS CHAUDS
Par E. RAOUL et P. SAGOT
3 volumes de 700 à 800 pages chacun

PREMIER VOLUME par **P. SAGOT** et **E. RAOUL** (*déjà paru*)

CONDITIONS SPÉCIALES DE L'AGRICULTURE DANS LES PAYS CHAUDS

CULTURE DES PLANTES FOURNISSANT LES PRODUITS SUIVANTS : Manioc et tubercules en général. — Légumes. — Riz. — Maïs. — Sorghos et grains divers. — Bananes.— Dattes. — Mangues.— Goyaves.— Letchys.— Oranges, Citrons, Durians, Mangoustans, etc. — Description de tous les fruits des pays chauds. — Description des diverses races de canne à sucre. Reproduction par semis. Culture des végétaux produisant du sucre. — Fourrages spéciaux pour les régions intratropicales, les régions sèches, les régions désertiques, les terrains salés. — Description des seules races de bœufs, chevaux, moutons, chèvres, chameaux, éléphants pouvant être utilisés dans les exploitations agricoles des pays chauds.

Prix. . . . . **12 fr.**

DEUXIÈME VOLUME par **E. RAOUL** et **P. SAGOT**.
(*la Culture du Caféier*) vient de paraître

CULTURE DES PLANTES FOURNISSANT LES PRODUITS SUIVANTS : Café. — Thé. — Maté. — Cacao. — Coca. — Kola. — Boissons théiformes. — Huiles et beurres d'origine végétale. — Coprah et huile de coco. — Huile de palme. — Huiles d'arachides. — Huile de ricins. — Huile d'illipé. — Huile de carapa. — Beurre de Karité. — Graisses végétales. — Épices, condiments, pickles, chutneys et aromates, girofle, cannelle, muscade, amomes, cardamomes, poivre, gingembre, vanille, etc. — Plantes médicinales de culture rémunératrice.

Prix. . . . . **12 fr.**

En raison de l'importance considérable de certaines cultures décrites dans le 2e volume, il est possible que quelques-unes des matières énumérées dans la composition de ce volume ne puissent prendre place que dans le tome III.

Le 1ᵉʳ fascicule du tome II (*Culture du Caféier*) se vend à part. . . . . **7 fr.**

TROISIÈME VOLUME (*en préparation*)

CULTURE DES PLANTES FOURNISSANT LES PRODUITS SUIVANTS : Tabacs. — Opiums. — Chanvre indien, haschich. — Masticatoires. — Textiles. — Tannins.— Essences. — Résines. — Kaoris. — Huiles de bois. — Gommes. — Caoutchoucs. — Guttas. — Balatas. — Bois de construction et d'ébénisterie. — Reboisements. — Transport des plantes vivantes dans les serres portatives. — Somme de travail fournie par les diverses races de travailleurs.

En dehors de ce qui a trait à la culture, ces volumes donnent en outre des renseignements commerciaux très complets sur la préparation, l'expédition, l'emballage, les entrepôts, les conditions de vente, les usages commerciaux des produits ci-dessus énumérés.

TYPOGRAPHIE FIRMIN-DIDOT ET Cⁱᵉ. — MESNIL (EURE).